信息技术与人工智能

（信创版）

主　编： 王　强　彭丽英　彭　娟

副主编： 李　媛　芦　星　李东霖　李佳琪

参　编： 刘海德　唐　剑　郭恒强　彭衍财
　　　　　马　骏　王帅帅　庞　彬　逯昌浩
　　　　　张天宇　郑元超　李　洋　曲文鹏
　　　　　张嘉欣　高　颖　肖建新

机械工业出版社

本书依据教育部发布的《高等职业教育专科信息技术课程标准（2021年版）》编写，主动对接信息系统运维工程师考评标准、全国计算机等级考试二级WPS Office考试大纲（2025年版），厘清国产信创企业与传统行业企业数字化转型对学生数字素养和职业技能的就业岗位新要求，扎实推进以工作项目为载体、以工作任务为引导、以就业提升为导向的教学改革，将岗、课、赛、证融入日常教学，达成"教学做一体化"。

全书共设8个项目，涵盖了解国产计算机系统、WPS文字编辑、WPS表格处理、WPS演示文稿制作、AIGC应用、信息检索、探秘新一代信息技术、培养信息素养与社会责任等内容。全书将课程思政贯穿始终，构建了"任务描述—相关知识—任务实施—机考助手—课后练习"的学习思维模式，增强了学生对新时代信息技术领域科技成就的自信，提升了学生的数字素养和职业技能。

本书紧扣新一代信息技术应用创新前沿，脉络清晰、例证翔实、步步递进、层层深入，可作为高职高专、职教本科信息技术课程通用教材，亦可作为信息技术入门者、爱好者及办公文员的参考用书。

图书在版编目（CIP）数据

信息技术与人工智能：信创版 / 王强，彭丽英，彭娟主编. -- 北京：机械工业出版社，2025.9. -- ISBN 978-7-111-79128-7

Ⅰ．TP3；TP18

中国国家版本馆CIP数据核字第2025LG4347号

机械工业出版社（北京市百万庄大街22号　邮政编码100037）
策划编辑：赵志鹏　　　　责任编辑：赵志鹏　饶雯婧
责任校对：梁　园　陈　越　　封面设计：马精明
责任印制：单爱军
保定市中画美凯印刷有限公司印刷
2025年9月第1版第1次印刷
184mm×260mm・14.5印张・311千字
标准书号：ISBN 978-7-111-79128-7
定价：53.00元

电话服务　　　　　　　　　网络服务
客服电话：010-88361066　　机　工　官　网：www.cmpbook.com
　　　　　010-88379833　　机　工　官　博：weibo.com/cmp1952
　　　　　010-68326294　　金　书　网：www.golden-book.com
封底无防伪标均为盗版　　　机工教育服务网：www.cmpedu.com

序 言

在当今数字化时代，信息技术与人工智能正以前所未有的速度重塑着世界，深刻影响着社会的每一个角落，教育领域也不例外。教育作为国家发展的基石，肩负着为时代输送创新型人才的重要使命。

山东工业职业学院王强同志，1984年7月出生，计算机信息工程专业博士，有干劲，有使命感。他能够认识到信息技术与人工智能的重要性，并且积极投身于信息技术与人工智能教育改革的浪潮之中，牵头建设工信部信息技术应用创新人才培养与评价基地，搭建起产教融合的坚实桥梁；成功申报人工智能领域山东省重点科技计划，为科研创新注入源头活水；获批山东省首批新一代信息技术产教融合实践中心，推动教育链与产业链的深度衔接；承办信息技术应用创新职业技能竞赛，激发学生的创新活力与实践热情；同时，全面布局高职公共课、专业基础课的信创课程转型，为人才培养模式革新开辟了新路径。特别是其牵头申报的教育部职业院校信息化教学指导委员会《2025年度全国高等职业院校信息技术与人工智能通识课程教学改革研究项目》成功立项，并在此过程中精心打造了《信息技术与人工智能》《人工智能通识》两本高质量教材，成为其教育改革成果的重要缩影。

《信息技术与人工智能》依据教育部发布的《高等职业教育专科信息技术课程标准（2021年版）》编写，具有很强的针对性和实用性。教材主动对接信息系统运维工程师考评标准、全国计算机等级考试二级WPS Office考试大纲（2025年版），精准把握了市场对人才的需求。在内容设置上，厘清了国产信创企业与传统行业企业数字化转型对学生数字素养和职业技能的就业岗位新要求，扎实推进以工作项目为载体、以工作任务为引导、以就业提升为导向的教学改革理念，将岗、课、赛、证融入日常教学，达成"教学做一体化"。

《人工智能通识》的编写源自2024年两会期间，国家提出开设人工智能通识课，这一战略决策为人才培养指明了新方向。教材以应用场景为依托，帮助学习者全面系统地了解人工智能的基本概念、发展历程，深入掌握人工智能发展的核心要素，熟悉各类人工智能应用技术，包括自动生成文本、图像、音频、代码等背后的原理和技术要点，构建了完整的知识体系。这种以应用为导向的编写思路，符合高职教育培养应用型人才的目标，能够让学生更好地将所学知识运用到未来的工作中。

王强及其团队在教育领域的探索与实践，彰显了新时代教育工作者的使命担当与创新精神。内容上，紧密结合国家信创战略和市场需求，将最新的技术和理念融入其中，使教材具有很强的时代性和前瞻性。教学方法上，采用"教学做一体化"和以应用场景为依托的教学模式，打破了传统教材重理论轻实践的弊端，更加注重学生的实践能力和创新思维的培养。课程思政方面，巧妙地将思政元素融入专业教学，实现了知识传授与价值引领的有机统一。

　　这些创新举措，不仅为山东工业职业学院的通识教育提供了有力支撑，更为全国高职院校基础课教材建设提供了宝贵经验。希望王强同志能够继续保持创新精神和进取态度，在信息技术和人工智能教育领域取得更大进步，为培养更多适应新时代需求的高素质技术技能人才贡献力量！

熊璋

　　北京航空航天大学教授、国家教材委员会科学学科专家委员会委员、教育部基础教育教学指导委员会技术（信息技术、通用技术）教学指导专委会副主任、教育部义务教育信息科技课程标准专家组组长，曾任国家教委高校计算机科学与技术教学指导委员会委员。

前　言

在当今时代，计算机技术的蓬勃发展引领着人类社会大步迈进信息时代。信息技术以前所未有的深度和广度融入人们的生活、工作与学习，深刻改变着人类的思维模式与行为方式，成为推动社会进步和经济发展的核心动力之一。从日常的智能设备使用，到各行业的数字化转型，信息技术的应用无处不在，其重要性不言而喻。对于当代大学生而言，掌握信息技术、熟练运用计算机进行信息处理，已成为必备的基本能力，是适应未来社会发展和职场竞争的关键。

信息技术作为职业院校的一门公共基础必修课，在学生的知识体系构建中占据重要地位。它不仅要传授实用的技术技能，还要培养学生的信息素养、创新思维和解决实际问题的能力，更要注重对学生爱国情怀的培育，增强对新时代科技成就的自信心。

本书紧密围绕信创产业发展和产业转型升级的需求，以培育应用型人才为根本目标，结合大量贴近生活、就业的实际案例，以工作项目为载体，以工作任务为引导，以就业提升为导向，实现教育链、人才链和产业链的有机衔接，为学生未来的职业规划和个人成长奠定基础。

书中涵盖国产计算机系统、WPS Office办公软件应用、信息检索、新一代信息技术以及信息素养与社会责任等多个模块，精心设计内容框架，设定知识目标、能力目标、素养目标、就业导向等，采用"任务描述—相关知识—任务实施—机考助手—课后练习"的创新教学方式，引导学生主动探索，深入学习。

本书内容

本书聚焦当下主流信息技术，围绕工作和生活展开全面且深入的讲解，旨在帮助学生系统掌握信息技术知识与实践技能，提升信息素养，适应数字化时代的发展需求。

项目一　了解国产计算机系统：深入解析国产计算机硬件组成，详细介绍国产处理器、主板、存储设备等核心部件，并在此基础上，以银河麒麟桌面操作系统为核心，介绍该系统V10版本的特色功能，助力学生熟悉国产计算机系统，为信息安全筑牢基础。

项目二　WPS文字编辑：细致讲解在WPS文字中创建文档、编辑文本、设置格式、插入与编辑对象以及处理长文档的技巧，提升学生文字处理与排版能力。

项目三　WPS 表格处理：深入阐述 WPS 表格中工作簿与工作表的编辑、数据处理、公式函数运用、图表制作、数据透视表应用以及数据保护和打印等内容，增强学生数据处理与分析能力。

项目四　WPS 演示文稿制作：详细介绍 WPS 演示文稿的创建、幻灯片编辑、主题与母版应用、动画设置、放映以及输出打包等操作，帮助学生掌握演示文稿制作技巧，提升展示与表达能力。

项目五　AIGC 应用：讲解 AIGC 在个人形象塑造、项目展示以及求职等场景中的应用，介绍利用 AIGC 提升工作与生活效率、质量的方法，使学生紧跟时代技术发展步伐，提升自身竞争力。

项目六　信息检索：主要介绍信息检索在就业领域的深度应用，从就业市场探索到求职准备，形成一套完整的信息获取与运用体系，使学生提升自身在数字化就业环境中的竞争力，为未来的职业发展打下坚实基础，从容应对复杂多变的就业市场。

项目七　探秘新一代信息技术：详细解读新一代信息技术的产生原因、发展历程、关键技术，以及我国前沿技术的发展概况，和新一代信息技术与制造业、生物医药产业、汽车产业的融合应用，拓宽学生技术视野，把握技术发展趋势。

项目八　培养信息素养与社会责任：深入探讨信息素养的概念和要素、信息技术的发展历程、正确的职业理念、信息安全与自主可控，以及信息伦理相关法律法规和职业行为自律等内容，强化学生信息素养和社会责任意识。

本书特色

本书在信息技术教学领域独具特色，多维度为学生打造优质学习体验，助力学生掌握信息技术知识与技能，提升综合素养。

1）对标课程标准，提升综合素养：严格遵循《高等职业教育专科信息技术课程标准（2021 年版）》，采用理论与实践一体化的教学模式，精心组织教学内容，确保学生所学知识紧密贴合标准要求，真正做到学以致用，为未来的职业发展和社会生活奠定坚实基础。

2）任务驱动教学，目标清晰明确：以任务为导向构建全书架构，每个任务均按照"任务描述—相关知识—任务实施—机考助手—课后练习"的科学结构进行讲解。部署就业案例，以提升学生职业规划和就业能力为目标。

3）讲解深入浅出，兼具实用操作：在内容编排上，注重知识的系统性和科学性，更突出实用性和可操作性。对于重点概念和关键操作技能，进行详细且深入的讲解，语言表达流畅自然、通俗易懂，完全符合计算机基础教学的标准，精准满足社会对信息技术人才的培养需求。

4）就业导向，突出新时代成就：采用前沿科技案例素材，展现大模型、人工智能等技术创新成就，设置知识目标、能力目标、素养目标、就业导向等，将课程思政与职业规划融入教学，培养学生爱国情怀和创新精神；结合行业趋势分析，帮助学生明确职业目标，提升就业竞争力。

本书由山东工业职业学院王强、彭丽英，邵阳工业职业技术学院彭娟担任主编，山东工业职业学院李媛、李东霖、李佳琪，久其软件股份有限公司芦星担任副主编，其他参加编写的人员还有山东工业职业学院刘海德、郭恒强、彭衍财、马骏、王帅帅、庞彬、逯昌浩、张天宇、郑元超、李洋、曲文鹏、张嘉欣、高颖、肖建新，邵阳工业职业技术学院唐剑等。

特别感谢久其软件、山东省人社厅、淄博市人社局等单位提供的就业素材和就业案例，同时感谢各单位支持本教材的编写工作。

由于编者水平有限，尽管对此书付出诸多努力，书中难免存在不妥之处，欢迎广大读者批评指正，不断完善。

编　者

目 录

序言
前言

项目一　了解国产计算机系统 ...001
任务一　匠心筑梦——探秘国产计算机硬件 ...002
任务二　知行合一——掌握国产操作系统 ...011

项目二　WPS文字编辑 ...035
任务三　职海领航——打造个性化就业资料 ...037
任务四　学海无涯——精进毕业设计（论文） ...053

项目三　WPS表格处理 ...067
任务五　慧眼识珠——构建智能就业信息表 ...068
任务六　洞若观火——解锁工资表分析密码 ...084

项目四　WPS演示文稿制作 ...097
任务七　前沿趋势——制作就业方向演示文稿 ...099
任务八　动态展示——优化就业方向演示文稿 ...113
任务九　职在必得——输出就业方向演示文稿 ...118

项目五　AIGC应用 ...126
任务十　智领未来——AI优化个人名片 ...127

CONTENTS

任务十一　脱颖而出——AI升级项目展示　...138
任务十二　锦上添花——AI打磨精英简历　...150

项目六　信息检索　...159
任务十三　智联未来——探索相关专业就业新蓝海　...160
任务十四　深寻机遇——定制AI时代求职通关文牒　...174

项目七　探秘新一代信息技术　...183
任务十五　智绘苍穹——解码智械跃迁之钥　...184
任务十六　量链跃迁——开创通信新纪元　...189
任务十七　模物协同——智筑万物互联新范式　...197

项目八　培养信息素养与社会责任　...204
任务十八　明辨求真——锻造数字时代新罗盘　...205
任务十九　溯本求源——解码信息技术基因脉络　...211
任务二十　守正出奇——探寻信息伦理新坐标　...214

参考文献　...221

项目一　了解国产计算机系统

信息技术与人工智能（信创版）

随着全球数字化进程的加速，计算机系统已成为国家核心竞争力的重要体现。在国际形势复杂多变的背景下，关键信息基础设施的自主可控已成为国家安全战略的重要组成部分。近年来，我国在计算机领域持续加大研发投入，国产计算机产业迎来了快速发展的黄金时期。从国产CPU的自主研发突破，到高性能服务器、存储设备的国产化替代，从芯片设计制造技术的提升，到整机系统的自主创新，国产计算机在硬件层面已逐步构建起完整的技术体系。同时，在操作系统、数据库、中间件等基础软件领域，国产厂商也不断推陈出新，形成了具有自主知识产权的软件生态。这些成果不仅打破了国外技术垄断，更为我国数字经济发展和网络安全保障提供了坚实支撑。

本项目旨在带领学生深入认识国产计算机系统。在硬件层面，了解国产计算机硬件组成。通过系统学习，学生将掌握国产计算机硬件架构与功能，为理解国产计算机系统奠定坚实基础。软件方面，以银河麒麟桌面操作系统V10为核心，剖析其发展历程与应用场景，助力学生掌握国产系统操作技能，夯实国家信息安全基石，契合信创产业人才需求，增强职场竞争力。

01　知识目标

熟知国产计算机的基本架构，明晰其硬件与软件系统的构成原理及相互关系。
掌握麒麟操作系统的基础理论知识，包括系统架构、运行机制等。

02　能力目标

能够熟练完成国产微型计算机硬件的组装、调试及软件系统的安装与配置。
精通麒麟操作系统工作环境的搭建、个性化设置，以及窗口、对话框操作和汉字输入法设置。
具备对麒麟操作系统文件和系统进行高效管理的能力，能进行系统优化及日常维护。
拥有较强的自主学习能力，可灵活运用互联网解决计算机操作及系统运维中遇到的实际问题。

03 素养目标

激发学生对计算机知识和技能学习的浓厚兴趣与内在潜能,培养积极主动的学习态度。

推动大学生德智体美劳全面发展,提升运用信息技术解决实际问题的综合实践能力与创新创业能力。

增强学生信息安全意识,树立维护国家信息安全的责任感与使命感。

04 就业导向

随着国产操作系统的持续发展,掌握国产计算机系统知识已成为各专业学生的必备技能。对于计算机相关专业学生而言,就业可向国产操作系统运维工程师、硬件研发工程师等方向发展,深入钻研系统优化、故障排查等核心技术;而对于非计算机专业学生,如金融、设计、医学等领域,国产计算机系统知识的掌握能够助力其在行业数字化转型中,更好地运用国产工具进行数据处理、系统操作与安全管理,显著提升职场竞争力。例如,财经专业学生可利用国产办公软件与系统完成财务数据安全处理,艺术设计专业学生能通过国产计算机硬件与软件实现创意高效落地。

此外,随着国产计算机生态在政务、教育、医疗等领域的全面渗透,各行业对具备国产计算机系统应用能力的复合型人才需求激增。无论未来从事何种职业,掌握国产计算机系统知识,不仅是拓宽就业路径、适应行业变革的关键,更是为国家信息安全与数字化建设贡献力量的重要途径,帮助学生在时代浪潮中实现个人价值。

05 思维导图

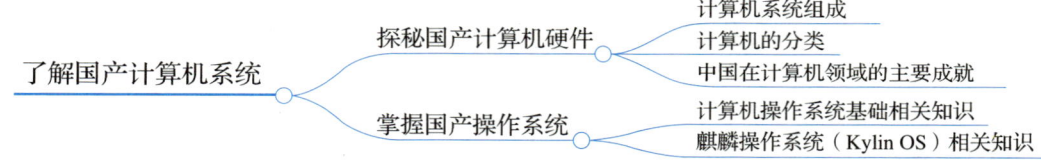

任务一　匠心筑梦——探秘国产计算机硬件

一　任务描述

阳光明媚的下午,计算机教室里,同学们正专注地进行着编程练习。突然,一台国产计算机发出"嗡嗡"声后,屏幕一黑,死机了。周围的同学立刻围了过来,七嘴八舌地讨论起来:"是不是CPU温度过高了?""或者是内存条松动了?""硬盘会不会有问题?"这时,老师走过来,微笑着说:"看来大家对国产计算机硬件很感兴趣嘛!今天,我们就来一起探索一下这些'幕后英雄'的奥秘吧!"。

本任务旨在全面认识国产计算机的硬件系统。要求学生对国产计算机的主机硬件有清晰认知，能够将显示器调整至个人舒适的使用模式，熟练掌握键盘的基本布局、操作方法并进行有效的指法练习，熟悉鼠标的基本操作方式，从而确保在实际工作场景中，能够迅速定位并妥善解决各类硬件相关问题。

二　相关知识

（一）计算机系统组成

计算机系统由硬件系统和软件系统两大部分构成。硬件系统主要由中央处理器、存储器、输入/输出控制系统以及各种外部设备组成。软件系统则分为系统软件、支撑软件和应用软件。系统软件包含操作系统、实用程序、编译程序等；支撑软件涵盖接口软件、工具软件、环境数据库等，从某种程度上，支撑软件也可视为系统软件的一部分；应用软件是用户根据自身需求自行编写的专用程序，它依托系统软件和支撑软件运行，处于软件系统的最外层。

（二）计算机的分类

计算机的分类方法较为多样，依据其性能的综合指标，可分为巨型机、大型机、中型机、小型机、微型机。日常生活中，我们通常所说的计算机一般指的是微型机。

（三）中国在计算机领域的主要成就

1958年，中科院计算所成功研制出我国第一台小型电子管通用计算机103机，这一成果标志着我国第一台电子计算机正式诞生。

1965年，中科院计算所研制成功第一台大型晶体管计算机109乙机，随后推出的109丙机，在两弹试验中发挥了关键作用。

1983年，国防科技大学成功研制出运算速度每秒上亿次的银河巨型计算机，这是我国高速计算机研制历程中的重要里程碑。

1993年，国家智能计算机研究开发中心研制成功曙光一号全对称共享存储多处理机，这是国内首次基于超大规模集成电路的通用微处理器芯片和标准UNIX操作系统设计开发的并行计算机。

2001年，中科院计算所成功研制出我国第一款通用CPU——"龙芯"芯片。

2005年，由中科院计算所研制的中国首个拥有自主知识产权的通用高性能CPU"龙芯二号"正式亮相。

超级计算机的发展：近年来，中国在超级计算机领域成绩斐然，多次在全球超级计算机排名中名列前茅。例如，"神威·太湖之光"和"天河二号"等超级计算机，在运算速度和性能方面均达到世界领先水平。

量子计算机的研究：中国在量子计算机领域也取得了重大突破。例如，中国科学家成功构建了世界首台超越早期经典计算机的光量子计算机原型机,并在量子计算领域收获多项创新成果。

国产操作系统的崛起:除了"龙芯"等国产CPU研制成功外,中国在国产操作系统领域也取得显著进展。例如,银河麒麟、统信UOS等国产操作系统,在政务、金融、教育等领域得到广泛应用,逐步打破了国外操作系统的垄断局面。

中国在云计算和大数据技术方面同样成果丰硕。阿里云、腾讯云等国内云计算服务提供商在全球范围内颇具声誉,为各行各业的数字化转型提供了坚实支撑。同时,中国在大数据存储、处理和分析等方面也取得众多创新成果,推动了大数据技术在各个领域的广泛应用。

三 任务实施

通过以下步骤,可深入了解计算机硬件系统的组成及功能。

步骤1 观察计算机硬件系统的构成,一台完整的计算机,通常由主机箱、显示器、键盘、鼠标等核心部件构成。在一些特定需求场景下,为拓展计算机功能,还会配备音箱、打印机等外围设备。

观察计算机硬件系统的构成

步骤2 观察主机正面区域。在这一面,我们可以发现电源开关、复位开关、电源指示灯以及硬盘指示灯等关键元素。

- 电源开关:用于控制计算机电源的开启与关闭,是启动和关闭计算机的关键按钮。
- 复位开关:在必要情况下,可通过此开关重新启动计算机,例如,当计算机出现死机等异常情况时,可通过复位开关重新启动计算机。
- 电源指示灯:该指示灯亮起代表计算机电源已成功接通,显示计算机的通电状态。
- 硬盘指示灯:当该指示灯亮起时,表明硬盘正在进行数据的读写操作,用户可借此直观了解硬盘的工作状态。

步骤3 观察主机背面,如图1-1所示,包含主机电源接口、USB接口、显示器接口等。

- 主机电源接口:用于接入电源线,为计算机稳定运行提供电力支持。
- 电源散热风口:主要用于排放电源内部在工作过程中积累的热量,保障电源稳定运行,进而确保整个计算机系统的稳定性。
- 鼠标接口:用于接入鼠标设备,部分较为老旧的机型可能采用串行端口来连接鼠标。
- 键盘接口:专门设计用于连接键盘,实现键盘与计算机的通信。
- USB接口:可连接各类USB设备,如U盘、移动硬盘、USB接口的打印机等,极大拓展了计算机的功能。
- 显示器接口:用于连接显示器,将计算机生成的图像信息传输至显示器进行显示。
- 打印机接口:连接打印机,实现文档、图片等内容的打印。

- 网线接口：通过插入网线，实现计算机与网络的连接，使计算机能够访问互联网或局域网资源。
- 麦克风接口：通过采集声音信号，将声音转化为电信号输入到计算机中，实现语音输入、语音通话、录音等功能。
- 音响接口：与音响设备连接，将计算机处理后的音频电信号输出到音响设备上，转化为声音播放出来。

步骤4　打开主机侧板，观察、认识并了解主机箱内部构件。

主机箱中主要构件包括CPU、主板、内存、硬盘、显卡、光驱、电源等（见图1-2），部分关键构件介绍如下。

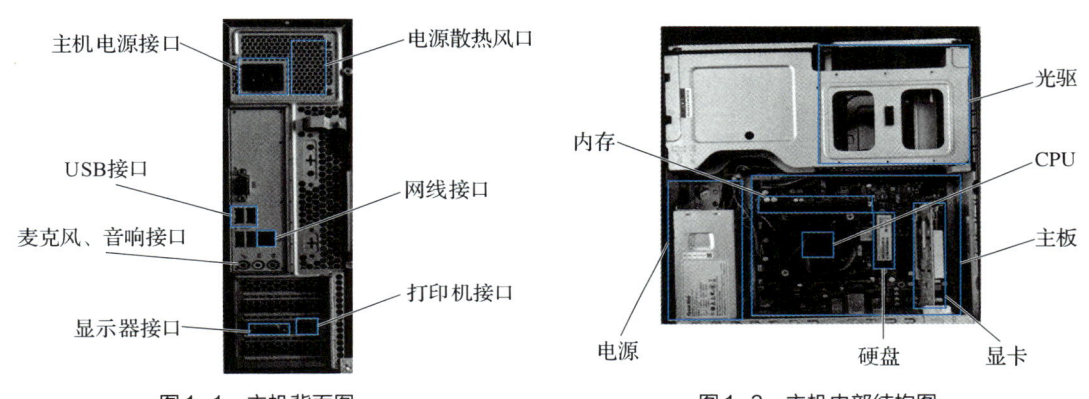

图1-1　主机背面图　　　　　　　图1-2　主机内部结构图

1. CPU

中央处理器（Central Processing Unit，简称CPU），堪称计算机系统的中枢大脑，全面掌控计算机的工作流程。它由一片或几片大规模集成电路构成的微处理器组成，内部包含控制单元与算术逻辑单元，分别承担管理与计算任务。CPU不仅是计算机接收并执行指令的核心组件，更是系统中拥有最高执行权限的关键部分。它位于主板之上，主要职责是执行各类指令，对计算机的整体运算速率起着决定性作用，图1-3所示为国产芯片腾锐D2000外观。

图1-3　CPU外观

2. 主板

主板，又称"主机板"或"系统板"（System Board），是构建计算机核心电路系统的根基。它集成了众多关键组件，如基本输入输出系统（BIOS）芯片、输入输出控制芯片、键盘及面板控制接口、扩展插槽，以及为主板及其插卡供电的直流电源接口等。

随着主板制造技术的不断革新，许多计算机硬件，如CPU、显卡、声卡、网卡乃至BIOS芯片和南北桥芯片等，都能够高度集成在主板之中。BIOS芯片为矩形存储器，内部存储着与主板适配的BIOS程序，该程序能够精准识别并管理各种硬件设备，同时支持系统设置，例如引导设备选择、CPU外频调整等。南北桥芯片组一般由南桥和北桥两部分组成，其中南桥芯片主要负责处理硬盘等存储设备与PCI总线间的数据传输；北桥芯片则着重承担CPU、内存及显卡之间的高速数据交换任务。主板作为一块长方形的多层印制电路板，集成了计算机系统的主要电路系统。其上布满了各类扩展插槽、BIOS芯片、控制芯片、CPU插槽、内存卡槽、跳线开关、键盘（鼠标）接口、指示灯接口、电源插座以及串行/并行接口等部件，共同搭建起计算机稳定运行的基础架构，图1-4为国产计算机主板。

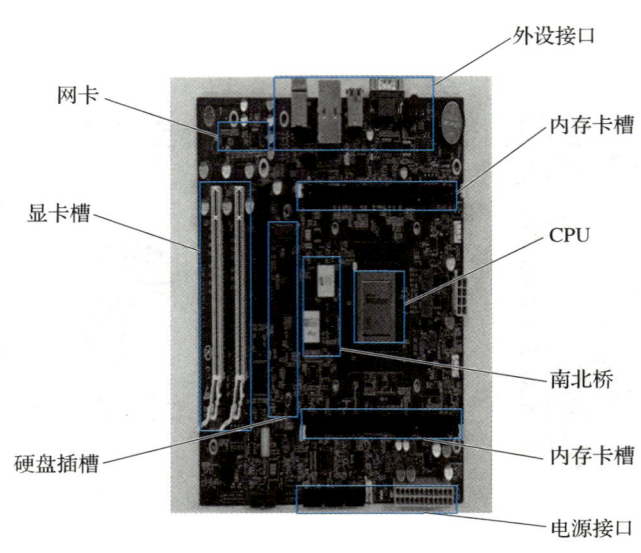

图1-4 主板的组成

3. 内存

计算机存储器主要分为两大类：内部存储器（简称内存或主存）和外部存储器。内存直接与运算器及控制器进行数据交换，尽管其容量相对有限，但存取速度极快，主要用于存储当前正在运行的程序和待处理的数据。内存作为CPU处理数据的临时存放空间，其容量大小和存取速度对CPU的处理效率有着直接且显著的影响。

从运作机制来看，内存主要采用半导体存储单元，具体涵盖随机访问存储器（RAM）、只读存储器（ROM）以及高速缓存（Cache）。通常人们提及的内存主要指RAM，它允许计算机对数据进行读取和写入操作，但一旦电源关闭，存储在RAM中的数据便会即刻消失。与之不同的是，ROM主要用于读取数据，不支持写入操作，即便断电，其存储的数据依然能够保持不变，例如BIOS ROM便是如此。

计算机的内存结构由RAM、ROM和Cache共同构成。任何程序若要被执行，都必须首先加载到内存中，并且在执行过程中持续从内存中调取所需数据，同时将产生的临时信息及最终结果写回内存。在这一过程中，RAM的使用频率最高，程序在执行期间主要与RAM进行数据交互。这些内存芯片经过封装后形成内存条，图1-5所示为国产光威内存条外观。

图1-5 光威内存条外观

4. 总线

总线是计算机内部各功能组件间进行数据交流的公共通道，宛如一条"信息高速公路"，将主机内的各个部件紧密相连，同时通过特定的接口电路与外部设备相通，共同构建成完整的计算机硬件架构。根据所传输信息的不同性质，总线可细分为数据总线、地址总线以及控制总线三类。

数据总线在CPU与随机访问存储器（RAM）之间搭建起数据传输的桥梁，负责传递待处理及存储的数据。

地址总线则承担着传递CPU向存储器及输入/输出（I/O）接口设备发出的目标地址信息的任务。

而控制总线负责传输各类控制指令，这些指令包含CPU对内存及I/O接口的读写操作指令、I/O接口向CPU发出的中断请求信号、CPU对I/O接口的应答信号、I/O接口的工作状态反馈以及实现其他功能的控制指令等。目前，业界广泛采用的总线标准包括ISA总线、PCI总线以及EISA总线等。

5. 硬盘

外存储器，通常简称为外存，是指计算机系统中除内存之外用于数据存储的设备。这类存储器的突出特点是，在电源关闭后仍能持久保存数据。尽管外存的访问速度相对较慢，但其存储容量极为庞大，适合长期存储海量信息。硬盘与可移动存储装置是外存中最为常见的两种类型。

硬盘作为计算机系统中最大的数据存储组件，肩负着保存永久性数据与程序的重要使命。依据技术差异，硬盘主要分为机械硬盘与固态硬盘（SSD）两大类。机械硬盘内部结构较为复杂，包含主轴电机、磁盘片、读写磁头及传动臂等关键部件；固态硬盘则以固态电子存储芯片阵列为基础构建而成，以其出色的数据读写速度脱颖而出，不过目前在容量和成本方面仍面临一定挑战。

可移动存储装置，如USB闪存盘（U盘）及移动硬盘，凭借其即插即用的便捷性和较大的存储容量，成为计算机不可或缺的辅助存储设备。

硬盘作为计算机系统外存的重要组成部分，专门用于存储操作系统、应用软件、用户资料等需长期留存的信息。尽管其访问速度不及内存，但凭借巨大的存储容量与持久的数据保存能力，在计算机系统存储体系中占据着不可或缺的地位，图1-6为国产固态硬盘外观。

图1-6　国产固态硬盘外观

6. 显卡

显示卡和显示器共同构成了计算机的显示系统，二者决定了计算机系统显示效果的优劣。

显卡，又称显示卡（见图1-7），是计算机进行数模信号转换的设备，它将计算机中的数字信号转换为模拟信号后传递给显示器进行显示；同时，显卡具备图像处理能力，能够协助CPU工作，有效提升整机的运行速度。

图1-7　显卡外观

7. 输入设备

输入设备是连接用户与计算机系统，实现信息输入的关键工具，其主要功能是将数据、文字、图像等信息转换为计算机能够识别的二进制代码。这类设备包括键盘、鼠标、扫描仪、光笔及语音输入装置等。接下来，重点介绍三种广泛应用的输入设备。

鼠标，因其外形酷似老鼠而得名，是计算机操作过程中不可或缺的输入工具。按照外观设计，鼠标可分为双键、三键、带有滚轮以及感应式鼠标；依据内部工作机制，又可分为机械式鼠标与光电鼠标两大类。

键盘，是计算机系统中极为重要的输入设备，作为用户与计算机沟通的重要桥梁，用户可通过键盘直接输入各类字符与指令，极大地简化了操作流程。需要注意的是，不同制造商生产的键盘在型号与设计上可能存在一定差异。

扫描仪，运用光电技术与数字处理技术，通过扫描的方式将纸质文档或图像中的信息转换为数字信号。其核心功能在于高效地对文本与图像进行扫描与输入处理。

8. 输出设备

输出设备处于计算机硬件系统的末端，负责将计算机处理所得的数据、信息转化为用户易于理解的形式，如数字、文字、图像及声音等。常见的输出设备包括显示器、音箱、打印机、投影仪、绘图仪及语音输出装置等。以下详细介绍五种常用的输出设备。

显示器，作为计算机的核心输出设备，主要功能是将显卡传递的信号（模拟信号或数字信号）以视觉形式呈现给用户。显示器类型丰富多样，涵盖传统的阴极射线管（CRT）显示器、广泛普及的液晶显示器（LCD）、先进的发光二极管（LED）显示器以及能提供沉浸式体验的3D显示器等。

打印机，也是计算机系统中不可或缺的输出设备，在办公场景中应用广泛，主要用于将文本与图像打印到纸张上。当前主流的打印机类型有点阵击打式、激光与喷墨打印机。点阵击打式打印机通过电磁铁驱动打印针撞击色带，将墨迹转移到纸张上，但其打印速度较慢且噪声较大。激光打印机利用激光束产生静电效应，吸引碳粉附着在纸张上，实现高速、低噪、高分辨率的打印效果。喷墨打印机的性能则介于前两者之间。

投影仪，又称投影机，是一种能够将图像或视频信号投射到屏幕上的设备。通过与计算机连接，投影仪可以播放各类视觉内容，成为计算机重要的输出辅助设备。

音箱，在音频系统中的作用与显示器在视觉系统中的作用类似，它直接连接至声卡，将音频信号转换为可听到的声音。需要注意的是，音箱是音响系统的终端输出组件，而音响系统通常指包括声音生成与输出在内的完整系统，音箱是其中的关键一环。

耳机，作为一种音频设备，接收来自媒体播放器或接收器的信号，并通过贴近耳部的扬声器将这些信号转换为可听见的音波，为用户提供私密且清晰的听觉体验。

步骤5 键盘的使用

1. 认识键盘的结构

键盘按照各键功能的不同，可划分为功能键区、主键盘区、编辑键区、小键盘区和状态指示灯五个部分，国产键盘外观如图1-8所示。

键盘的使用

图1-8 国产键盘外观

2. 键盘的使用

打字时需保持正确的坐姿，并运用正确的指法敲击键盘按键。键盘的指法分区为：除拇指外，其余8个手指各有特定的活动范围，将字符键位划分为8个区域，每个手指负责对应区域字符的输入。同学们可借助金山打字通等专业软件进行系统的打字训练。图1-9展示了各键位的功能。

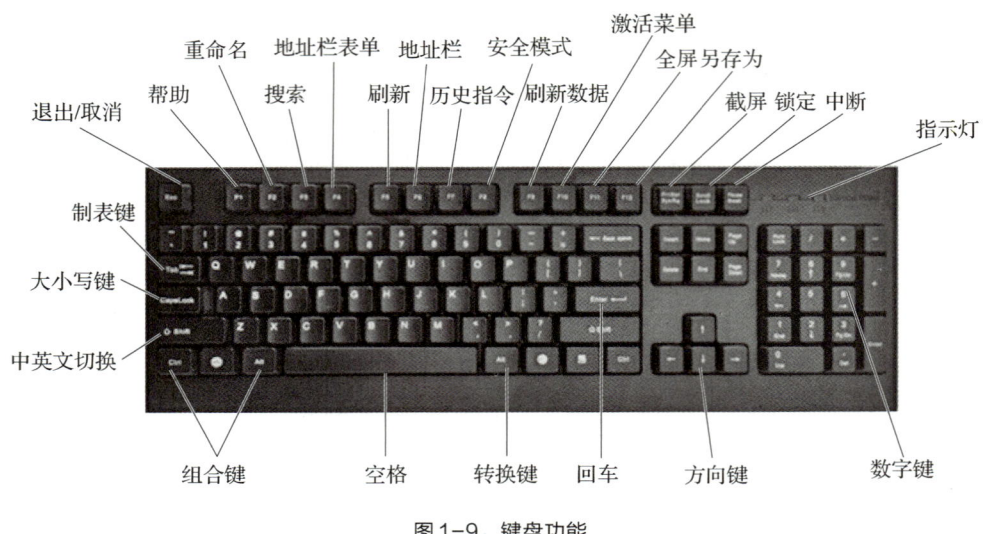

图1-9 键盘功能

四　机考助手

考试中该任务的考核形式可能为操作题或案例分析题，要求考生基于国产硬件（如鲲鹏服务器、龙芯CPU）完成配置、故障排查或性能优化任务，或在运维场景中结合国产硬件与软件生态（如麒麟操作系统、达梦数据库）进行系统部署。

（一）典型考点

1. 国产硬件基础运维

国产服务器（如华为鲲鹏、中科曙光）的硬件组成与参数配置；国产CPU（龙芯、兆芯）的指令集兼容性与外设适配问题处理。

2. 国产软硬协同运维

在国产硬件平台上部署国产操作系统（如统信UOS、银河麒麟）及中间件（东方通）；硬件驱动安装、固件升级与国产化替代方案的验证。

（二）提升技巧

掌握国产硬件技术文档：熟读华为、龙芯等厂商的硬件技术手册，理解国产架构与传统x86的差异。

参与国产化替代实训：通过信创实验室或云平台（如工信部信创实训基地）实操国产服务器配置与运维。

关注国产硬件生态动态：跟踪信创工委会发布的硬件适配清单（如《信创产品目录》），了解主流产品的技术迭代。

五　课后练习

操作题

小明计划组装一台计算机，价位在6000元左右，主要用于平时的学习和生活。请访问计算机基础知识相关网站，如太平洋电脑网、装机之家、中关村在线等，查阅相关资料，帮他设计出一套合适的计算机组装方案。

任务二　知行合一——掌握国产操作系统

一　任务描述

小明刚拿到新买的国产计算机，兴奋不已。然而，当他试图找到之前保存的文件时，却在错综复杂的文件夹中迷了路；想安装个新软件，又不知道从哪里下手；系统设置的选项更是让他眼花缭乱。他挠着头，心想："这国产操作系统的基本操作怎么这么多门道？"看着旁边同学熟练地在计算机上操作自如，小明暗下决心，一定要好好掌握这些技能。让我们跟随小明的脚步，一起探索国产操作系统的神秘世界，解锁那些看似简单却充满技巧的基本操作吧！

本任务聚焦于指导学生熟练掌握银河麒麟桌面操作系统的基础操作，其中涵盖系统的启动与关闭流程、高效运用开始菜单与窗口、应用软件的安装与卸载操作，如何将常用程序固定在便捷位置以便快速访问。熟练掌握银河麒麟桌面操作系统的这些基本操作，将助力学生高效管理系统文件、精准配置网络设置及进行其他系统设置，进而提升学生在国产操作系统环境下的专业运维能力。

二　相关知识

（一）计算机操作系统基础相关知识

1. 定义与核心功能

操作系统（Operating System，OS）是用于管理计算机硬件和软件资源的系统软件，起到协调计算机各部分工作的作用，同时为用户和应用程序提供统一的操作接口。操作系统的核心功能包括：

进程管理，负责调度CPU资源，实现多任务并发执行。操作系统可以高效地管理进程的创建、切换和终止，确保系统资源被合理分配。

内存管理，动态分配和回收内存资源，保障程序运行的稳定性和效率，同时避免内存冲突和碎片化。

文件系统，通过支持不同的文件系统（如 FAT32、NTFS、EXT4 等），实现对文件存储、读取和管理的统一控制。

设备管理，通过设备驱动程序与硬件交互，控制外围设备（如打印机、磁盘等）的运行状态。

用户接口，为用户提供友好的交互方式，包括图形用户界面（GUI）和命令行界面（CLI），以便用户控制和操作计算机。

2. 常见操作系统类型

根据应用场景不同，操作系统可以分为以下几类。

桌面与服务器操作系统，常见的有 Windows、Mac OS 和各类 Linux 发行版（如 Ubuntu、CentOS）。这些系统主要用于日常办公、软件开发、企业服务器等场景。

移动操作系统，如 Android、iOS，主要用于智能手机和平板电脑，具有轻量化和触摸屏优化的特点。

嵌入式操作系统，如 FreeRTOS、VxWorks，广泛应用于物联网设备、工业控制系统等，需要高实时性和可靠性的场景。

3. 操作系统架构

操作系统的架构决定了其内核的设计方式和功能划分，主要包括以下几种：

单内核（Monolithic Kernel），将几乎所有操作系统功能集成在内核中，具有高性能的特点，但代码复杂，扩展性较弱，例如 Linux。

微内核（Micro Kernel），将内核功能最小化，仅保留核心功能（如进程通信、内存管理等），其他功能通过用户态服务实现。微内核架构具有更高的安全性和稳定性，但性能略受影响，例如 QNX。

混合内核（Hybrid Kernel），结合单内核和微内核的优点，既具备高效性，又便于扩展，例如 Windows NT 和 Mac OS。

（二）麒麟操作系统（Kylin OS）相关知识

1. 背景与定位

麒麟操作系统是由国防科技大学牵头研发的一款国产操作系统，后由中标软件、天津麒麟等公司推动实现产业化。其核心目标是打破国外操作系统在关键领域的垄断，满足政府、国防、金融等领域对安全、可控操作系统的需求。

麒麟操作系统基于 Linux 内核，兼容国际标准（如 POSIX），并针对国产 CPU（如龙芯、鲲鹏）进行了深度优化。

麒麟操作系统与其他操作系统的对比见表 1-1。

表1-1　麒麟操作系统与其他操作系统的对比

操作系统	麒麟OS	Windows	主流Linux发行版
内核	Linux	Windows NT	Linux
自主可控性	高（国产化适配）	低（闭源，依赖微软）	中（开源，依赖社区）
安全性	国家认证，内置国密算法	依赖更新和第三方工具	依赖配置和社区维护
生态兼容性	支持国产软硬件生态	商业软件生态最丰富	开源软件生态丰富
典型用户	政府、国企、国防	个人用户、企业	开发者、服务器运维

2. 主要版本

银河麒麟：面向桌面和服务器场景，支持x86、ARM和MIPS架构，广泛用于政务、国防和企业级应用场景。

优麒麟：与Ubuntu社区合作开发，专注优化中文用户体验，适合个人用户和教育环境。

中标麒麟：注重企业级应用场景，提供高安全性和稳定性，满足金融、交通等行业需求。

3. 核心特点

安全性：麒麟操作系统通过了国家信息安全认证（如等保四级），支持强制访问控制（MAC）和可信计算，全面保障数据和系统安全，同时，内置支持国密算法（如SM2、SM3、SM4）。

自主可控：通过内核级自主优化，麒麟操作系统能够更好地适配国产CPU和硬件设备，确保技术可控性。

兼容性：麒麟操作系统不仅可以运行Linux生态的开源软件（如LibreOffice、Firefox），还通过Wine技术兼容部分Windows应用，进一步丰富了软件可用性。

生态适配：麒麟操作系统与国产软件（如金山WPS、永中Office）和硬件（如华为、飞腾）进行了深度适配，形成了完整的国产化生态体系。

4. 应用场景

麒麟操作系统已经被广泛应用于以下领域：

政务与国防，用于政府办公和军事指挥系统，保障信息安全。

关键基础设施，在金融、能源、交通等领域的核心系统中发挥作用。

企业服务器，支持数据库管理、云计算平台等企业关键业务。

麒麟操作系统与其他操作系统的对比见表1-1。

三　任务实施

（一）银河麒麟桌面操作系统的启动与关闭流程

在计算机硬件完成组装且操作系统安装成功后，用户通过开启计算机电源，即可启动并进入银河麒麟桌面操作系统的工作环境。当完成一系列操作任务后，用户需要执行关机操作来结束计算机的使用。

1. 启动银河麒麟桌面操作系统

接通计算机显示器与主机的电源后，系统随即开始将银河麒麟桌面操作系统载入内存，并自动对计算机的主板、内存等关键硬件进行检测。待系统启动流程全部完成，用户将看到登录界面，此时需输入正确的用户密码，方可解锁并顺利进入系统桌面。

2. 认识银河麒麟桌面操作系统的桌面

默认状态下，银河麒麟桌面操作系统的桌面布局由桌面图标、桌面背景以及任务栏这三个核心元素构成，具体布局如图1-10所示。

图1-10　银河麒麟桌面操作系统的桌面布局

桌面图标，作为直观的操作入口，结合了象征性的小图像与描述性的文字，图像作为视觉标识，文字则揭示其名称或功能。在银河麒麟桌面操作系统中，文件、文件夹及应用均通过图标形式展现，用户只需双击图标即可迅速访问或启动。这些图标分为系统图标、应用程序快捷方式图标及文件/文件夹图标三类。系统默认包含"计算机""回收站"及以用户名命名的主文件夹这三个系统图标。随着应用程序的安装，桌面会增添相应程序的快捷方式图标。此外，将文件或文件夹放置在桌面也会自动生成对应的图标。

桌面背景，即桌面所显示的图像或单一颜色，旨在根据个人偏好美化工作环境，提升视觉享受。用户可以自由选择喜爱的图片或色彩作为背景。

任务栏，通常位于屏幕底部，集成了多个功能按钮与通知区域。由"开始菜单"按钮、"显示任务视图"按钮、"文件管理器"按钮、"软件商店"按钮和通知区域等部分组成。其中，"开始菜单"按钮用于打开开始菜单；"显示任务视图"按钮用于显示多任务视图，切换桌面工作区；"软件商店"按钮用于打开软件商店；通知区域包括搜索、网络、声音等告知特定程序和计算机设置状态的图标。

3. 退出银河麒麟桌面操作系统

计算机操作结束后需要退出银河麒麟桌面操作系统，方法为：保存文件或数据，关闭所有打开的应用程序,单击"开始菜单"按钮,在打开的开始菜单中单击"电源"按钮,在打开的界面中选择"关机"选项,如图1-11所示。

图1-11 选择"关机"选项

(二)使用开始菜单

开始菜单是操作系统使用的"门户",它扮演着浏览、搜索及启动已安装应用程序的重要角色。用户只需单击任务栏上的"开始菜单"按钮,即可展开这一菜单。通过在"搜索应用"栏内键入应用程序的名字或关键词,用户可以迅速锁定目标应用。此外,利用鼠标滚轮滚动开始菜单,用户可以方便地浏览并查找所需的应用程序。一旦找到目标应用,如"QQ",只需单击其选项,即可启动该程序,具体操作如图1-12所示。

图1-12 使用开始菜单启动QQ

(三)使用窗口

窗口是操作系统内一个至关重要的用户界面组件,它对于高效地管理应用程序、文件及执行各类操作起到了关键作用。它不仅提升了用户管理应用与文件的便捷性,还简化了系统设置的流程。

1. 银河麒麟桌面操作系统窗口的构成解析

当用户单击任务栏上的"文件管理器"图标时,文件管理器随即启动,并默认展示主文件夹窗口,具体界面如图1-13所示。作为文件管理活动的核心平台,文件管理器不仅是访问"计算机"窗口及多种文件夹窗口的门户,而且通过开启这些窗口,用户可以轻松启动文件管理器。接下来，我们将详细阐述银河麒麟桌面操作系统窗口的各个构成部分及其各自的功能。

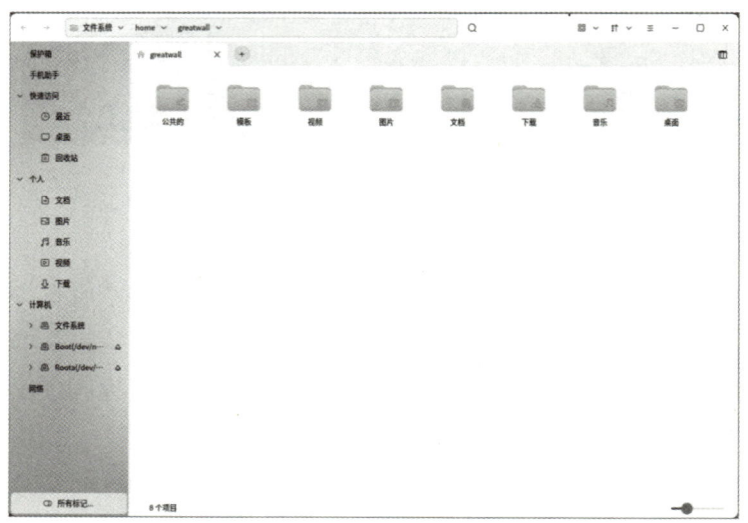

图1-13　文件管理器主文件夹窗口

　　工具栏和地址栏：工具栏和地址栏位于窗口顶部，从左至右，最左侧的"后退"按钮"←"、"前进"按钮"→"分别用于后退或前进一次浏览的窗口；区域为地址栏，用于显示当前窗口的地址路径；"搜索"按钮用于搜索、查找文件/文件夹；"视图类型"按钮用于设置窗口中项目的视图显示效果；"排序类型"按钮用于设置窗口中项目的排序方式；"编辑"按钮用于置顶窗口、显示隐藏文件、显示文件扩展名等；最右侧的"最小化"按钮、"最大化"按钮和"关闭"按钮分别用于最小化、最大化和关闭窗口。

　　侧边栏：侧边栏列出了所有文件的目录层次结构，用于切换、浏览操作系统中不同类型的文件夹目录。外接的移动设备、远程连接的共享设备、文件保护箱和手机助手等也显示在侧边栏中。

　　窗口区：窗口区的上方显示窗口标签，下方的窗口工作区列出了当前窗口包含的所有项目。在侧边栏列表中选择一个目录选项，其中的内容就会显示在窗口工作区中。单击窗口标签右侧的按钮，可添加多个窗口区，如图1-14所示。单击窗口区右上角的"详细信息"按钮，可打开预览窗格查看选中的文件/文件夹的详情，如图1-15所示。

　　状态栏：状态栏主要用于显示当前窗口所包含项目的个数和选中项目的大小。管理窗口中的项目主要是管理文件和文件夹。文件指各种信息和数据，计算机中的文件类型很多，如文档、表格、图片、音频和应用程序等。文件一般由文件图标、文件名和文件扩展名3部分组成，如图片文件"2025-01-16_14-24-28.png"，其文件图标为图片的缩略图，文件名为"2025-01-16_14-24-28"，文件扩展名为"png"。文件夹本身没有任何内容，但可放置多个文件和子文件夹，让用户能够快速地找到需要的文件。文件夹一般由文件夹图标和文件夹名称两部分组成。

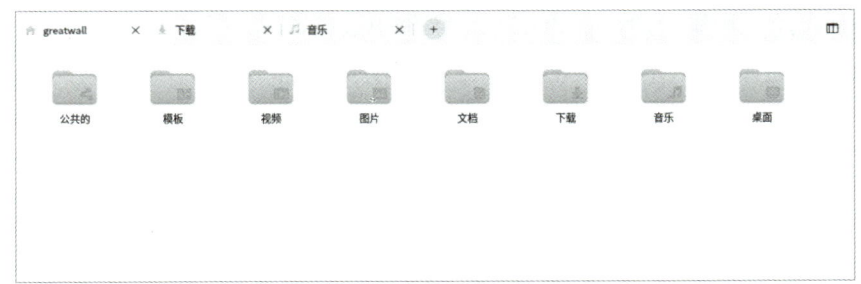

图1-14　添加多个窗口区

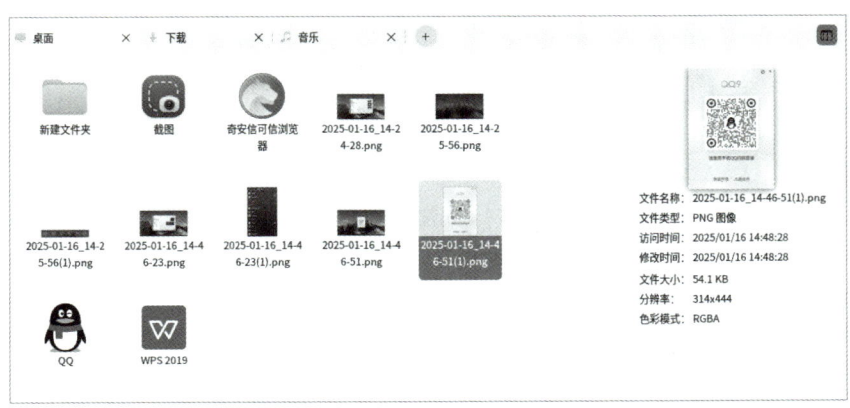

图1-15　打开预览窗格查看文件或文件夹的详情

2. 管理文件/文件夹的具体操作

打开文件/文件夹：打开文件/文件夹的基本方法是在窗口中双击文件/文件夹选项。

选择文件/文件夹：单击文件/文件夹选项可选中单个文件/文件夹；按<Ctrl+A>组合键可选择窗口中的所有文件/文件夹；按住<Ctrl>键不放，依次单击所要选择的文件/文件夹，可选择多个不连续的文件/文件夹，如图1-16所示；选择第一个文件/文件夹后，按住<Shift>键不放，选择最后一个文件/文件夹，可选择这两个文件/文件夹及其中间的所有文件/文件夹，如图1-17所示。

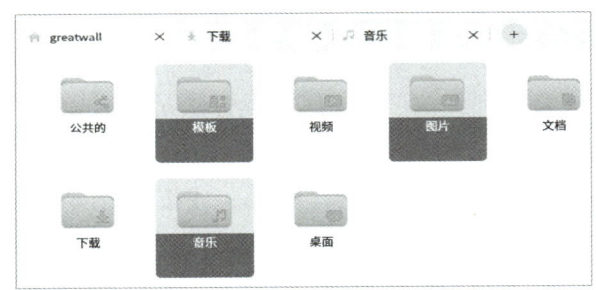

图1-16　选择多个不连续的文件/文件夹

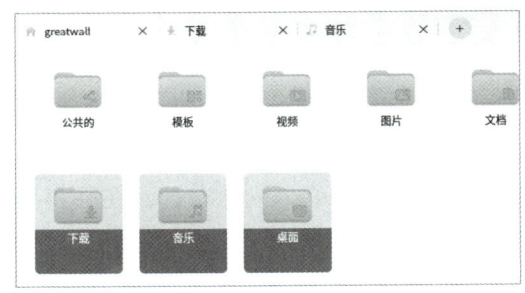

图1-17　选择多个连续的文件/文件夹

新建文件/文件夹：新建文件/文件夹是根据计算机中已安装的程序类别，新建一个相应类型的空白文件，或空白的文件夹。其基本方法是在窗口区的空白处单击鼠标右键，在弹出的快捷菜单中选择"新建"命令，再在其子菜单中选择相应命令，如图1-18所示。可选择"空文本"命令新建".txt"格式的纯文本文档，选择"文件夹"命令新建空白的文件夹。

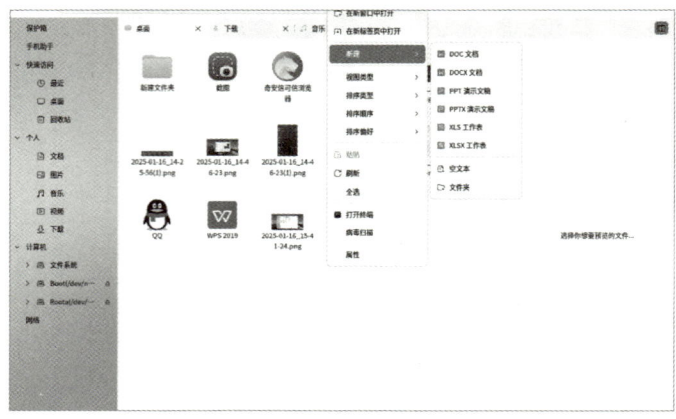

图1-18　新建文件/文件夹

重命名文件/文件夹：重命名即为文件/文件夹更换一个新的名称。其基本方法是选择目标文件/文件夹，单击文件/文件夹名称，使其名称呈可编辑状态，输入新的名称后，按<Enter>键，如图1-19所示。另外，也可以在选择文件/文件夹后，单击鼠标右键，在弹出的快捷菜单中选择"重命名"命令后进行重命名操作。

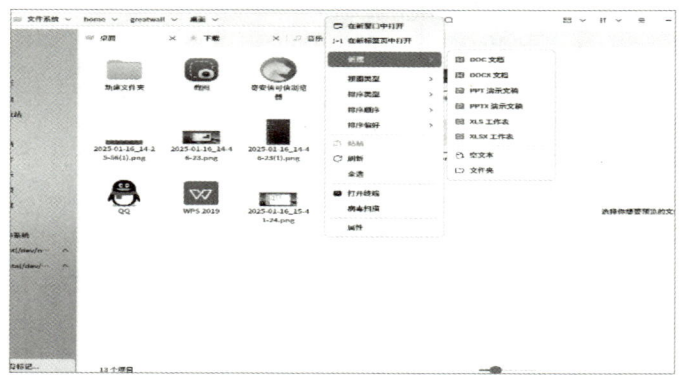

图1-19　重命名文件/文件夹

移动文件/文件夹：移动是将文件/文件夹移动到其他位置。其基本方法是先选择文件/文件夹，单击鼠标右键，在弹出的快捷菜单中选择"剪切"命令，或按<Ctrl+X>组合键，然后在目标位置单击鼠标右键，在弹出的快捷菜单中选择"粘贴"命令，或按<Ctrl+V>组合键，如图1-20所示。

复制文件/文件夹：复制相当于为文件做一个备份，即原位置的文件/文件夹仍然存在。其基本方法是先选择文件/文件夹，单击鼠标右键，在弹出的快捷菜单中选择"复制"命令，或按<Ctrl+C>组合键，然后在目标位置单击鼠标右键，在弹出的快捷菜单中选择"粘贴"命令，或按<Ctrl+V>组合键。

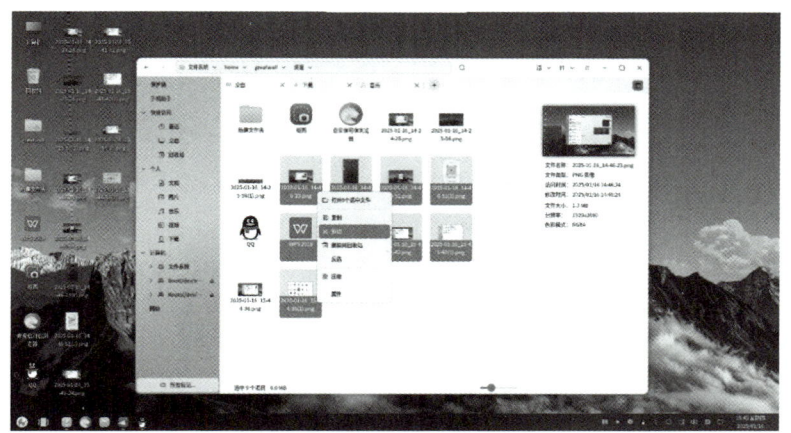

图1-20 移动文件/文件夹

删除与还原文件/文件夹：删除不需要的文件/文件夹可以释放磁盘空间，也便于文件管理，其基本方法是选择文件/文件夹，单击鼠标右键，在弹出的快捷菜单中选择"删除"命令，或按<Delete>键。被删除的文件/文件夹被移动到回收站中，若误删除文件，在桌面双击"回收站"图标，打开"回收站"窗口，选择误删除的文件/文件夹，单击鼠标右键，在弹出的快捷菜单中选择"还原"命令，如图1-21所示，可将文件/文件夹还原到原位置。

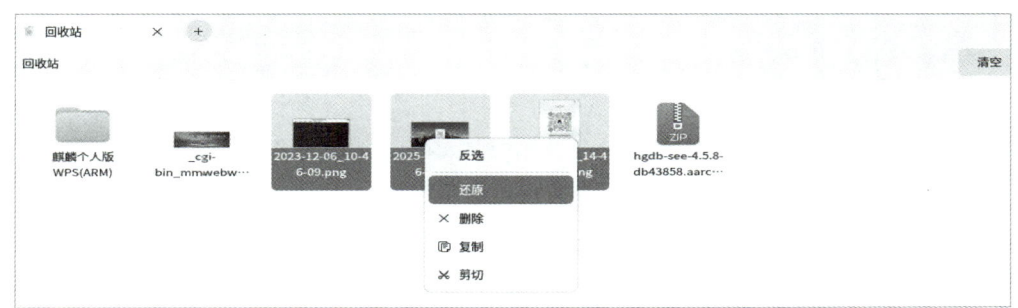

图1-21 在回收站中还原文件/文件夹

3. 移动窗口

打开窗口后，有些窗口会遮盖其他窗口的内容，为了看到被遮盖的部分，可以移动当前窗口。其基本方法是：在当前窗口工具栏和地址栏的空白处单击并按住鼠标左键不放拖动窗口。

4. 调整窗口大小

双击窗口工具栏和地址栏的空白处或单击"最大化"按钮，可使窗口最大化且布满除任务栏的整个计算机屏幕，再次双击窗口工具栏和地址栏的空白处则还原窗口大小；将鼠标指针移至窗口的外边框上，当鼠标指针变为双向箭头形状时，按住鼠标左键不放，拖动到预想位置后释放鼠标左键，可调整窗口大小；将鼠标指针移至窗口的4个角上，当其变为斜双向箭头形状时，按住鼠标左键不放，拖动到所需大小时释放鼠标左键，同样可调整窗口的大小。

5. 切换窗口

无论打开多少个窗口，当前窗口只能有一个，且所有的操作都是针对当前窗口进行的。若用户需要将某个特定窗口设为当前活动窗口，除了直接单击该窗口进行切换外，在银河麒麟桌面操作系统环境下，还存在其他便捷的切换方式。

一种方法是通过任务栏进行切换，用户只需将鼠标光标悬停在任务栏上的相应应用程序图标上，系统便会展示出该应用程序所有已打开文件的缩略图预览。用户只需单击需要的窗口缩略图，即可迅速切换到对应的窗口。

另一种切换窗口的方式是利用显示任务视图功能，在任务栏上单击"显示任务视图"按钮，系统将展示出任务视图界面，该界面默认呈现当前桌面工作区，所有当前打开的窗口均以缩略图形式排列在工作区内。用户只需将鼠标光标移至希望打开的窗口缩略图上，待窗口边缘变为白色高亮边框后，单击即可激活并切换到该窗口，具体界面如图1-22所示。

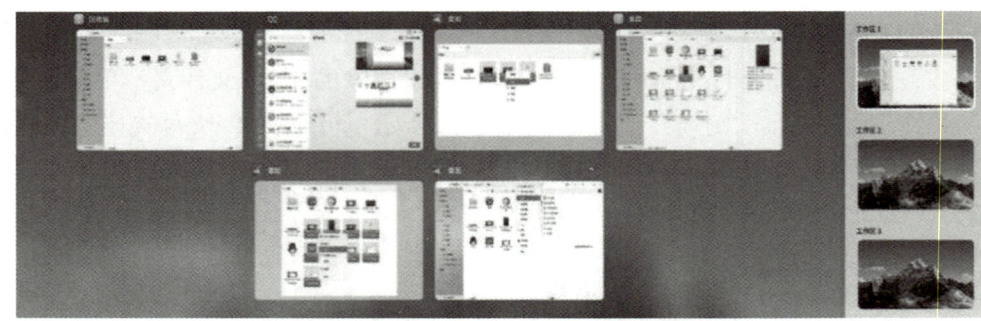

图1-22 通过显示任务视图切换窗口

通过按下<Alt+Tab>组合键，用户可以触发任务切换功能。此时，屏幕上会弹出一个任务切换栏，该栏内以缩略图的形式排列了系统当前所有打开的窗口。在此状态下，用户需持续按住<Alt>键，并连续敲击<Tab>键，则会出现一个白色方框在所有缩略图之间循环显示。一旦白色方框停留在了用户希望切换到的窗口缩略图上，松开<Alt>键，系统便会立即切换到该窗口。

（四）安装与卸载应用程序

银河麒麟桌面操作系统支持用户安装多样化功能的应用程序，同时也允许卸载不再需要的软件，以便清理系统空间，优化性能并释放磁盘容量。

1. 通过软件商店安装与卸载应用程序

安装与卸载程序

银河麒麟桌面操作系统内置的软件商店是一个图形化的软件管理平台，它集成了软件的搜索、查找、下载、安装及卸载等全方位管理功能。例如，用户可以通过该软件商店来安装搜狗输入法，或者卸载远程桌面客户端，整个操作流程十分便捷。

步骤1 在任务栏中单击"软件商店"按钮，打开"软件商店"窗口，在左侧导航栏中选择"全部分类"选项，在右侧的页面中选择"办公"选项，查找到搜狗输入法选项后双击该选项，如图1-23所示。

图1-23 双击搜狗输入法选项

步骤2 在打开的页面中查看搜狗输入法的版本信息、简介信息等，确认后，单击"安装"按钮，如图1-24所示。

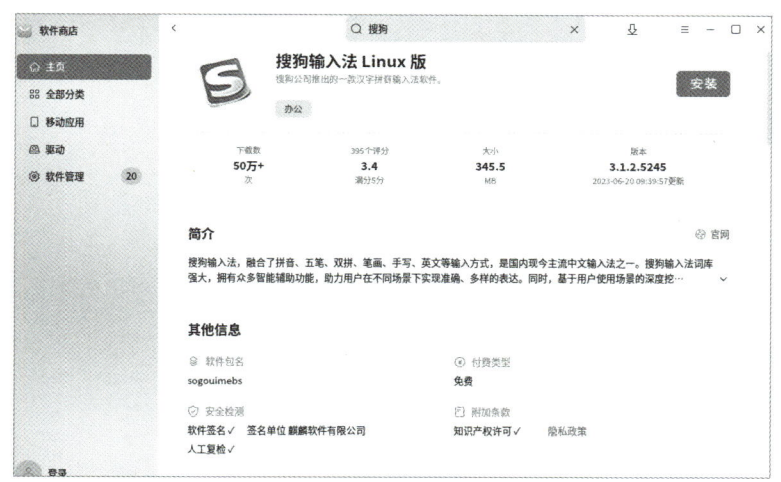

图1-24 查看搜狗输入法的信息

步骤3 当软件商店开始下载所需软件时（确保网络连接稳定），用户需单击"软件商店"窗口工具栏的"下载"图标，随后可在弹出的对话框内追踪下载进度。一旦下载完毕，系统将自动转入软件的安装流程。

步骤4 安装搜狗输入法完毕后，用户可在左侧导航菜单中选择"软件管理"选项，接着在右侧页面顶部单击"卸载软件"按钮，进入"卸载软件"界面。在此界面中，用户应寻找"远程桌面客户端"并单击其对应的"卸载"按钮来执行卸载操作，具体界面，如图1-25所示。

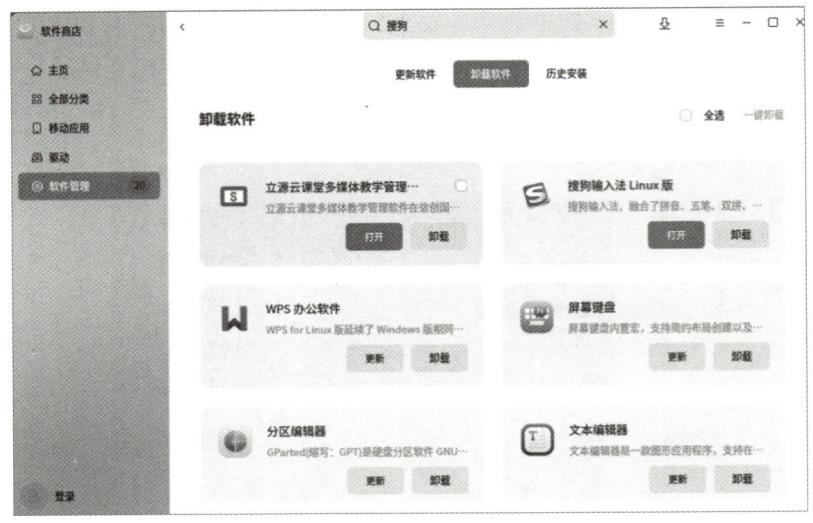

图 1-25　卸载远程桌面客户端

步骤 5　当出现"授权"提示框时，用户需输入其账户密码以进行身份验证；随后，单击"授权"按钮（见图 1-26），以完成远程桌面客户端的卸载授权过程。

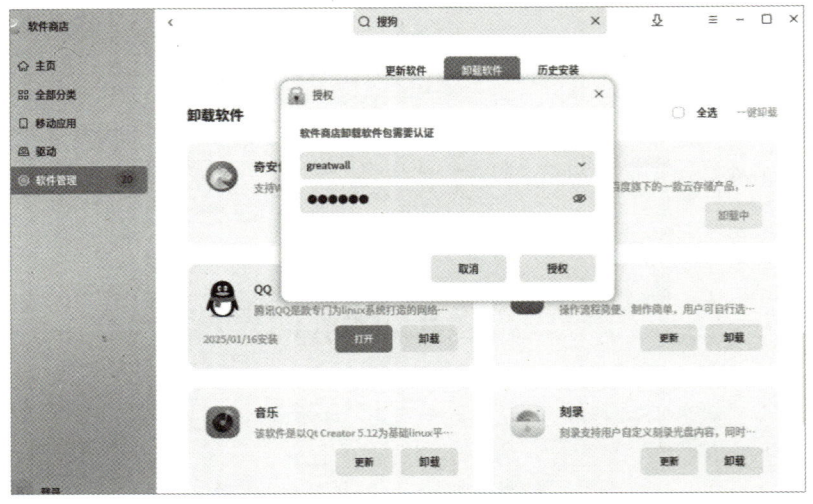

图 1-26　授权卸载远程桌面客户端

2. 通过 .deb 文件安装应用程序

银河麒麟桌面操作系统不支持直接安装 .exe 格式的文件（这是 Windows 环境下的安装程序），但它能够直接安装".deb"格式的文件。在安装之前，用户需要先获取所需应用程序的".deb"安装包。例如，如果要安装 QQ，用户可以双击从网络上已下载的 QQ 安装包（.deb 格式），如图 1-27 所示。接着，会打开"安装器"界面，用户可以在此界面上完成安装过程，具体界面如图 1-28 所示。

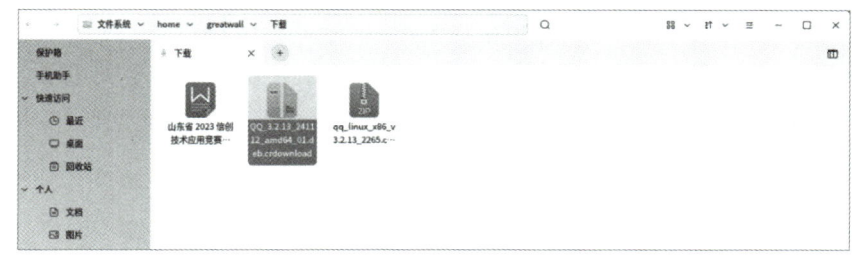

图 1-27　双击安装程序　　　　　　　　　图 1-28　"安装器"界面

> **操作提示**
>
> 在银河麒麟桌面操作系统中，用户通过图形化的"安装器"工具来安装".deb"文件。用户可以从开始菜单中选择并启动"安装器"。在"安装器"窗口内，单击"添加"按钮后，在弹出的窗口里选择".deb"文件，即可进行应用程序的安装。此外，"安装器"还支持同时添加多个".deb"文件，便于用户批量安装所需的应用程序。

（五）将应用程序固定到任务栏

为了提升操作便捷性，用户可以将频繁使用的应用程序锁定到任务栏上，这样便能通过任务栏上的程序图标迅速启动它们。具体操作步骤如下。首先，展开开始菜单，从中选中目标应用程序；接着，在该应用程序图标上单击鼠标右键，调出快捷操作菜单；然后，在菜单中选择"固定到任务栏"命令，如图1-29所示。完成以上操作后，应用程序图标便会出现在任务栏上，如图1-30所示。

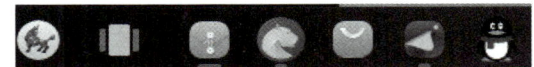

图 1-29　选择"固定到任务栏"命令　　　　图 1-30　将应用程序固定到任务栏的效果

（六）添加桌面图标

除了把常用应用程序锁定到任务栏外，用户还可以选择在桌面上创建应用程序的快捷方式图标，这样通过双击桌面上的快捷方式，就能迅速启动应用程序，从而提升操作效率。具体操作是：从开始菜单中挑选出目标应用程序，然后在其图标上单击鼠标右键，激活快捷菜单，并从中选择"在桌面创建快捷方式"的选项。

（七）银河麒麟桌面操作系统的文件管理功能

随着用户在计算机上积累的文件数量日益增长，对文件进行有序分类变得至关重要。

银河麒麟桌面操作系统的文件管理功能

文件有序分类有助于用户迅速定位所需文件。接下来，我们将阐述如何在一台计算机上，利用文件管理器来管理数据盘（即专门用于存储用户数据的硬盘区域）内的文件。

通过在该数据盘内创建多个文件夹，并将相同类型的文件整合到对应的文件夹中，从而实现文件的分类存储与管理。以下是具体的操作步骤。

步骤1 在任务栏中单击"文件管理器"按钮，在打开窗口的侧边栏中选择"计算机"栏下的"Roota"选项，该数据盘中文件的初始排列效果如图1-31所示。

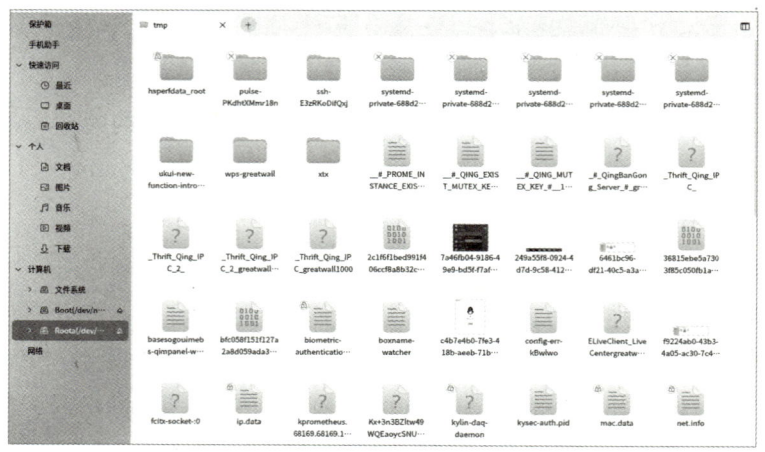

图1-31 文件的初始排列效果

步骤2 在打开的数据盘窗口的工具栏中单击"视图类型"按钮，在打开的下拉列表中选择"图标视图"选项，切换窗口视图，如图1-32所示，以便查看文件和执行各项操作。

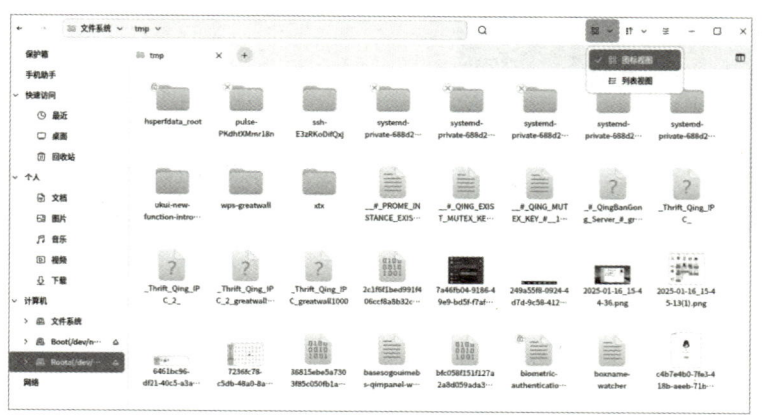

图1-32 切换窗口视图

步骤3 在窗口区的空白处单击鼠标右键，在弹出的快捷菜单中选择"新建"→"文件夹"命令，新建空白文件夹并将其命名为"工作资料"，如图1-33所示。

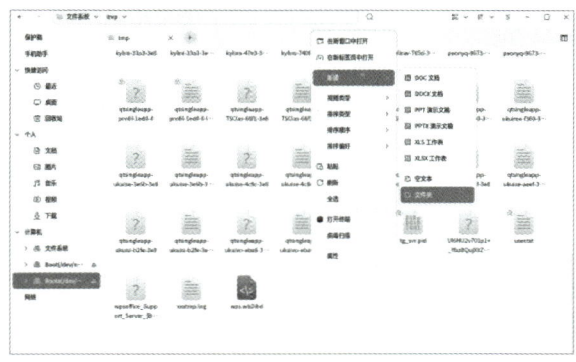
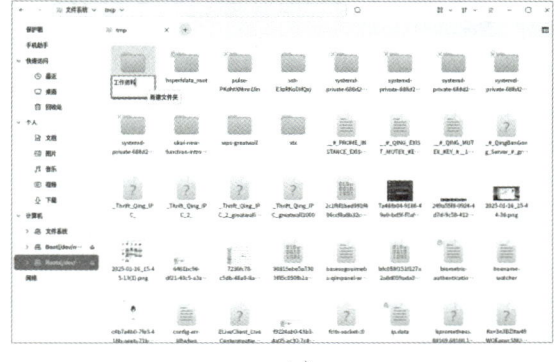

a) b)

图1-33 新建文件夹并命名

步骤4 在窗口区的空白处单击鼠标右键，在弹出的快捷菜单中选择"刷新"命令，对窗口中的文件重新排序，新建的"工作资料"文件夹排列在窗口区之前。

步骤5 按住<Ctrl>键不放，依次选择要移动到"工作资料"文件夹中的文件和文件夹，按<Ctrl+X>组合键剪切，此时被剪切的文件和文件夹的图标呈浅色显示，如图1-34所示。

步骤6 双击"工作资料"文件夹，打开"工作资料"文件夹窗口，在窗口区单击鼠标右键，在弹出的快捷菜单中选择"粘贴"命令粘贴文件和文件夹，如图1-35所示。

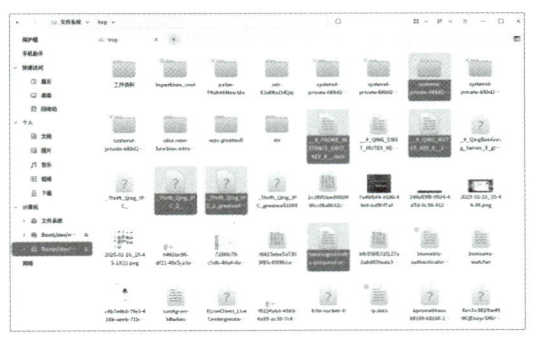

图1-34 文件/文件夹图标呈浅色显示　　　　图1-35 粘贴文件/文件夹

> **操作提示**
>
> 我们可以通过将选中的文件或文件夹拖曳至另一个文件夹内，或者拖曳到窗口左侧侧边栏的相应文件夹选项上，来完成文件/文件夹的移动操作。若在执行拖曳动作的同时按住<Ctrl>键，则可以实现文件/文件夹的复制，而非移动。

步骤7 在"工作资料"文件夹窗口的左侧，单击"返回上一级"按钮，以便回到数据盘的主界面。接着，新建一个名为"图片素材"的文件夹。之后，挑选出需要转移至"图片素材"文件夹的文件和文件夹，并使用<Ctrl+X>组合键将它们剪切下来，操作界面如图1-36所示。

步骤8 双击"图片素材"文件夹以进入其内部界面，随后按下<Ctrl+V>组合键，将之前剪切的文件和文件夹粘贴至此，完成后的效果，如图1-37所示。

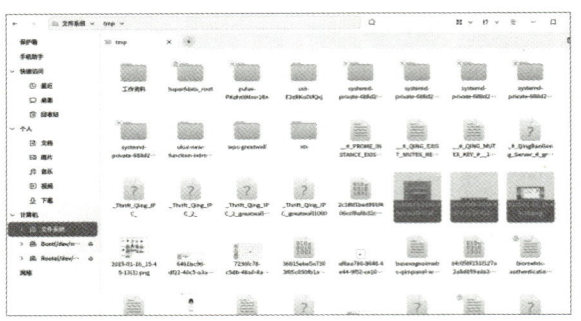

图1-36 剪切文件和文件夹

图1-37 粘贴文件/文件夹

步骤9 在"图片素材"文件夹窗口的左侧区域，单击"上一级"按钮，返回到数据盘的主视图。接着，创建一个名为"PPT设计素材"的新文件夹。之后，将数据盘内所有的演示文稿文件迁移至这个新创建的文件夹中，操作完成后的效果如图1-38所示。

图1-38 移动演示文稿文件后的效果

步骤10 同样地，在"PPT设计素材"文件夹窗口的左侧，单击"返回上一级"按钮，再次回到数据盘的主界面。然后，新建一个命名为"应用程序"的文件夹。接下来，将数据盘中与应用程序相关的所有文件移动到这个新文件夹内，完成后的效果如图1-39所示。

图1-39 移动应用程序后的效果

步骤11 在"应用程序"文件夹窗口中选择"QQ_3.2.13.deb"文件，单击文件名称使其呈可编辑状态，删除版本信息，将文件名修改为"QQ.deb"，如图1-40所示。

步骤12 修改其他的".deb"文件，完成后返回数据盘窗口，管理文件后的效果如图1-41所示。

 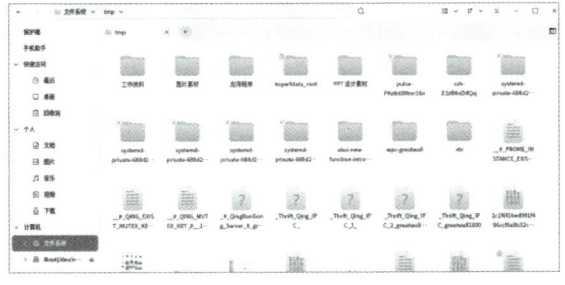

图1-40 修改文件名称　　　　　　　　　图1-41 管理文件后的效果

（八）银河麒麟桌面操作系统的网络管理

在银河麒麟桌面操作系统中进行网络管理，可以使用户轻松地管理和控制计算机与计算机之间、计算机与网络之间的连接和通信，以实现网络资源的获取和计算机资源的共享。

1. 连接网络

使用计算机连接网络，获取网络信息和资源是用户使用计算机的主要目的之一。如今，在日常办公或生活中，通常是将计算机连接到无线局域网。在银河麒麟桌面操作系统中连接无线局域网的具体操作如下。

步骤1 在任务栏的通知区域单击"网络工具"图标，在打开的界面中选择"无线局域网"选项，如图1-42所示，单击按钮开启无线局域网。

步骤2 在"其他网络"栏中，将鼠标指针移到可用的无线网络选项上，单击弹出的"连接"按钮，在打开的文本框中输入WiFi密码，单击选中"自动加入该网络"复选框，使计算机下一次登录系统后能自动连接该网络。

2. 配置网络方案

要通过无线局域网实现计算机之间的资源共享，需要配置网络方案，包括为该无线局域网中的计算机设置互联网协议（Internet Protocol，IP）地址，配置网络位置方案，并关闭防火墙，具体操作如下。

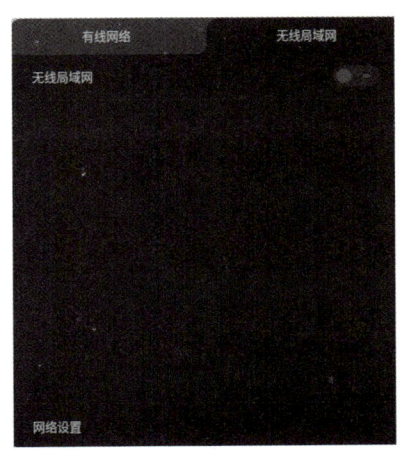

图1-42 无线局域网

步骤1 在任务栏的通知区域单击"网络工具"图标，在打开的界面中将鼠标指针移动到已连接的网络选项上，单击鼠标右键，在弹出的快捷菜单中选择"属性"命令，如图1-43所示。

步骤2 打开该网络的属性对话框，单击"IPv4"选项卡，在"IPv4配置"下拉列表中选择"手动"选项；在"地址"文本框中输入IP地址，如"192.168.1.5"；在"子网掩码"文本框输入子网掩码"255.255.255.0";在"默认网关"文本框中输入默认网关,如"192.168.1.1",如图1-44所示。

步骤3 设置IP地址后,单击"配置"选项卡,单击选中"专用"单选项,如图1-45所示。银河麒麟桌面操作系统中提供了"公用"和"专用"两种不同的网络位置方案,一般在家或工作单位选择使用"专用"网络,以提高安全性。

图1-43 选择属性命令

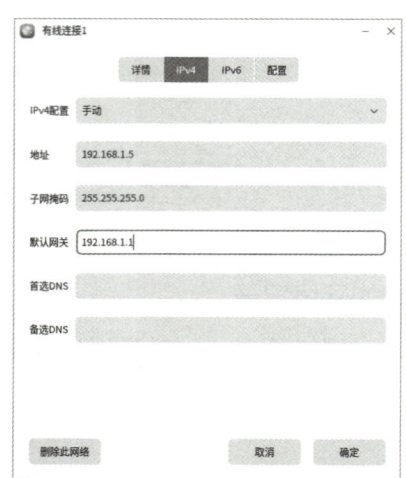

图1-44 设置IP地址

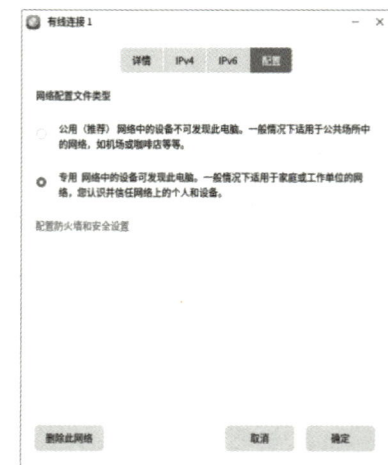

图1-45 配置网络位置方案

步骤4 在"配置"选项卡中单击"配置防火墙和安全设置"超链接,在打开的窗口中单击"专用网络"栏中的按钮,在打开的对话框中单击"关闭"按钮,关闭专用网络防火墙,如图1-46所示。返回网络属性对话框,单击"确定"按钮。

图1-46 关闭专用网络防火墙

步骤5　用相同方法为无线局域网中的其他计算机设置IP地址，如"192.168.1.6""192.168.1.7"，设置"专用"网络位置方案并关闭防火墙等。

操作提示

传输控制协议/网际协议（Transmission Control Protocol/Internet Protocol，TCP/IP）是互联网的基础协议，任何与互联网有关的操作都离不开TCP/IP。银河麒麟桌面操作系统可以同时使用IPv4和IPv6（新一代的网络协议），默认自动配置IP地址。IPv4地址是以十进制表示的二进制数，具有32位（4字节）地址长度；IPv6地址是以十六进制表示的二进制数，具有128位（16字节）地址长度。IPv6解决了IPv4地址数量有限的问题，具有更多的功能，但目前仍有很多网络使用IPv4。在互联网上的每台主机都有一个在全世界范围内唯一的IP地址，它是用于识别计算机的标识。在IPv4地址中，"192.168.1.5"属于C类地址，C类地址前3个字节是网络号，后一个字节是主机号，可以分配给254台计算机，适合个人用户或小型企业使用。C类地址的子网掩码是"255.255.255.0"，而"192.168.1.1"是多数路由器默认的网关地址。

3. 共享文件/文件夹

完成银河麒麟桌面操作系统的网络配置后，就可以实现无线局域网中多台计算机的资源共享。下面将"图片素材"文件夹设置为共享文件夹，具体操作如下。

步骤1　选择需要共享的"图片素材"文件夹，单击鼠标右键，在弹出的快捷菜单中选择"属性"命令，如图1-47所示。

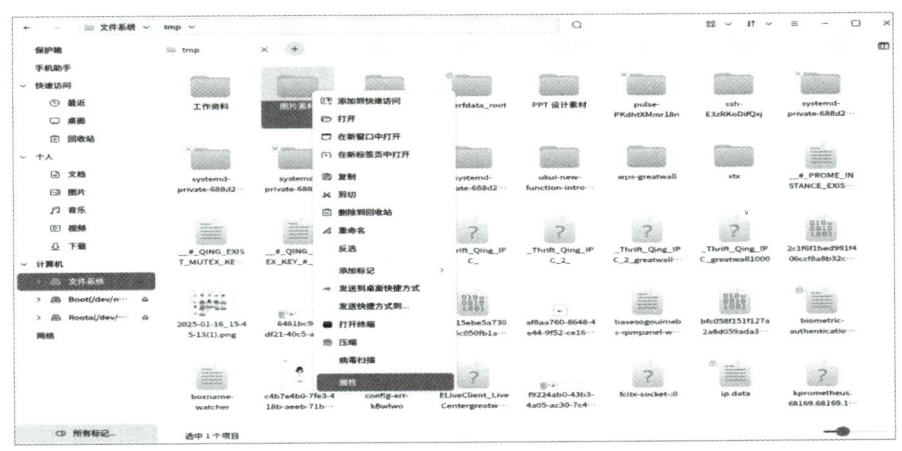

图1-47　选择"属性"命令

步骤2　打开文件夹的"属性"对话框，单击"共享"选项卡，单击选中"共享文件夹"复选框，单击"高级共享"按钮启动共享，如图1-48所示。

步骤3　打开"授权"对话框，输入用户名和密码，单击"授权"按钮授权共享，如图1-49所示。

步骤4 打开"高级共享"对话框,在"Everyone"用户栏中单击选中"可写"复选框,表示允许无线局域网中的所有用户访问、编辑该文件夹,单击"保存"按钮。共享可写设置如图1-50所示。

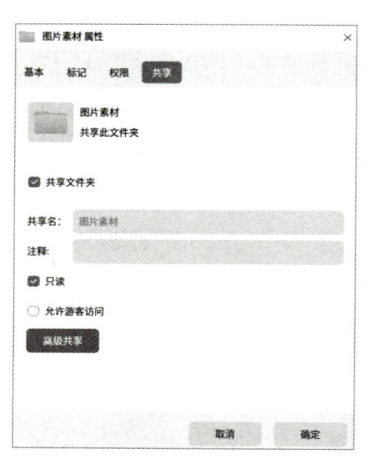

图1-48 启动共享

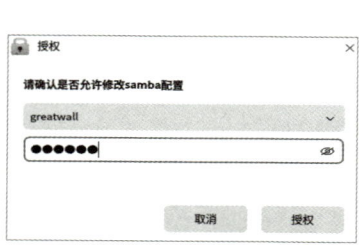

图1-49 授权共享

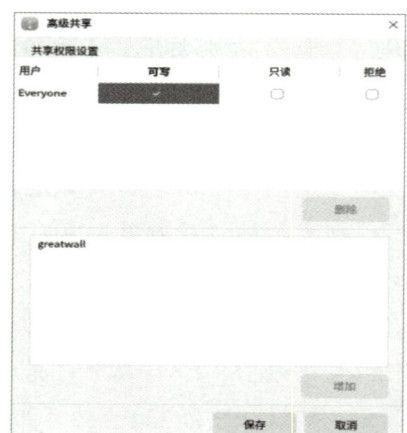

图1-50 共享可写设置

(九)银河麒麟桌面操作系统系统管理

对系统进行管理是为了根据用户的使用习惯和需求优化系统,如批量安装应用程序、系统个性化设置、清理系统垃圾、进行病毒查杀等。

1. 批量安装应用程序

用户使用计算机总是需要安装各种各样的应用程序,以满足学习和工作等需要。下面,使用银河麒麟桌面操作系统的安装器批量安装"应用程序"文件夹中的".deb"文件,具体操作如下。

步骤1 单击"开始菜单"按钮,在开始菜单中选择"安装器"选项,启动安装器,单击"添加"按钮,如图1-51所示。

步骤2 启动文件管理器,打开应用程序所在文件夹窗口,选择所有".deb"文件,如图1-52所示,单击"打开"按钮。

步骤3 返回"安装器"窗口,查看图形化显示的应用程序,确认后单击"安装"按钮批量安装应用程序,如图1-53所示。

图1-51 单击"添加"按钮

图1-52 选择所有".deb"文件

图1-53 批量安装

步骤 4 打开"授权"对话框,输入用户名和密码,单击"授权"按钮授权安装。

2. 系统个性化设置

用户可以根据自己使用计算机的习惯对系统进行个性化设置,包括设置桌面背景、主题、锁屏界面等,具体操作如下。

步骤 1 在桌面空白处单击鼠标右键,在弹出的快捷菜单中选择"设置背景"命令,打开"设置"窗口的"背景"页面,单击本地"图片"按钮,如图1-54所示。

图1-54 单击本地"图片"按钮

步骤 2 在打开的窗口中选择桌面背景图片(配套资源:123.jpeg),如图1-55所示,单击"选择"按钮。

步骤 3 在"设置"窗口的"个性化"栏中选择"主题"选项,打开"主题"页面,在"窗口外观"栏中选择"浅色"选项,在"强调色"栏中选择"橙色"选项,使系统中某个元素呈选中状态时显示为橙色,设置如图1-56所示。

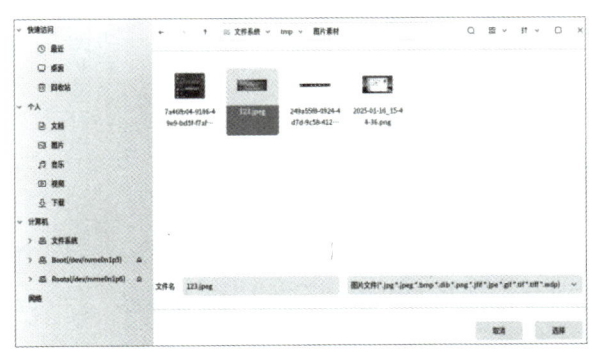

图1-55 选择桌面背景

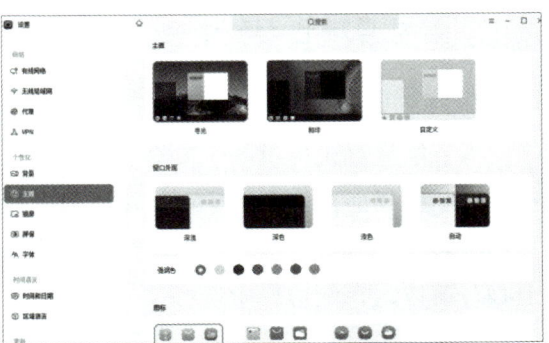

图1-56 主题设置

步骤 4 在"个性化"栏中选择"锁屏"选项,在打开的"锁屏"页面中选择系统自带的图片以更换默认的锁屏图片,如图1-57所示。

步骤5 自定义的桌面效果如图1-58所示。

图1-57 更换锁屏照片

图1-58 自定义的桌面效果

3. 清理系统垃圾

用户在使用计算机的过程中通常会产生很多系统垃圾，及时清理垃圾文件，可以释放硬盘空间，提高系统的运行速度。在银河桌面操作系统中可使用其自带的麒麟管家清理系统垃圾，具体操作如下。

步骤1 单击"开始菜单"按钮，在开始菜单中选择"麒麟管家"选项，打开麒麟管家，在侧边栏中选择"垃圾清理"选项，在打开的页面中单击"开始扫描"按钮扫描系统垃圾，如图1-59所示。

步骤2 完成扫描后，单击"一键清理"按钮清理垃圾文件，如图1-60所示。

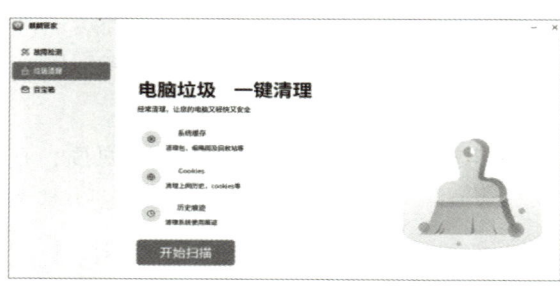

图1-59 扫描系统垃圾

图1-60 清理垃圾文件

4. 进行病毒查杀

为了给计算机提供一个安全、可靠的运行环境，用户需要对计算机系统进行病毒查杀。在银河麒麟桌面操作系统中可使用其自带的安全中心查杀病毒，具体操作如下。

步骤1 单击"开始菜单"按钮，在开始菜单中选择"安全中心"选项，打开"安全中心"窗口，在侧边栏中选择"病毒防护"选项，在打开的页面中单击"快速查杀"按钮，如图1-61所示。

步骤2 开始进行病毒扫描，如图1-62所示，若未扫描到威胁文件，关闭安全中心；若扫描到威胁文件，根据提示清除威胁文件即可。

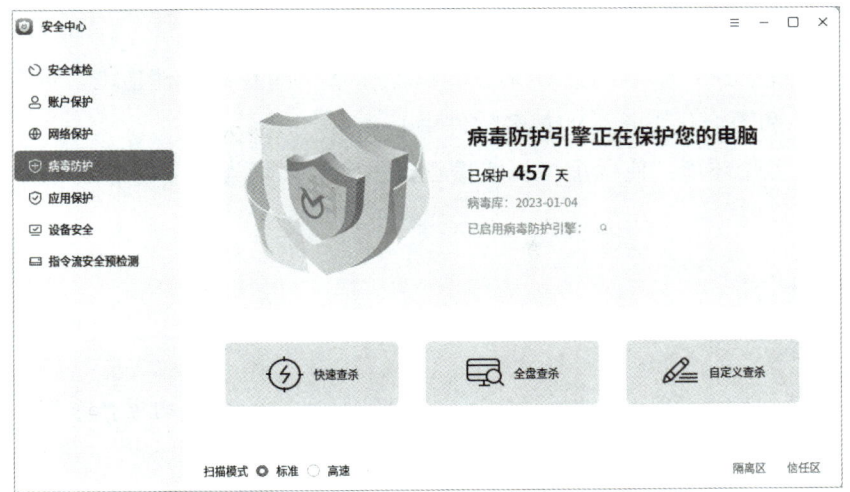

图1-61 单击"快速查杀"按钮

图1-62 进行病毒扫描

四 机考助手

考试中该任务的考核形式可能为操作题或场景模拟题,要求考生在国产操作系统(如统信UOS、银河麒麟)中完成系统配置、服务部署或故障修复任务,在麒麟操作系统中配置网络服务并设置防火墙规则。通过命令行或图形界面安装/卸载国产中间件(如东方通TongWeb)。模拟系统崩溃场景,使用日志工具(如日志审计系统)定位并解决问题。

(一)典型考点

国产操作系统基础运维:系统安装与初始化配置(分区规划、用户权限设置);软件包管理(通过APT/YUM安装国产软件,如达梦数据库、金仓数据库)。

系统服务与安全:服务管理(systemd或init脚本的启动、停止、状态查看);安全策略配置(SELinux/AppArmor启用、国产可信计算模块集成)。

（二）提升技巧

深入操作系统手册：学习统信UOS、麒麟操作系统的官方管理指南，掌握命令行工具（如UKUI终端）和图形化工具（如麒麟软件中心）。

搭建国产化实验环境：使用虚拟机或信创云平台（如华为云信创专区）实操系统安装、服务配置和故障复现。

五　课后练习

（一）填空题

1）银河麒麟（KylinOS）最初是由_____研发的操作系统。

2）_____是一款系统安全图形管理工具，支持安全体检、账户保护、应用保护、网络保护和病毒防护等。

3）银河麒麟桌面操作系统为用户提供了KVRE。用户可通过_____工具安装系统内置的_____应用程序。

4）由麒麟软件主导，其他基础软硬件企业、科研机构、高等院校和个人开发者等共同参与，建立了我国首个桌面操作系统根社区_____。

5）计算机安装银河麒麟桌面操作系统的最低配置要求内存为_____。

（二）选择题

1）银河麒麟桌面操作系统属于（　　）系统。
　　A. Windows　　B. Linux　　C. UNIX　　D. 以上都不是

2）银河麒麟桌面操作系统的系统分区是（　　）。
　　A. boot分区　　B. 根分区　　C. 交换分区　　D. 备份分区

3）一个硬盘最多可以划分（　　）个主分区。
　　A. 1　　B. 2　　C. 3　　D. 4

4）（　　）主要用于查看、搜索和启动系统中已安装的所有应用程序。
　　A. "设置"窗口　　B. 开始菜单　　C. 软件商店　　D. 任务栏通知区域

5）在打开的窗口之间进行切换的组合键为（　　）。
　　A. Shift+Tab　　B. Alt+Tab　　C. Alt+Esc　　D. Shift+Esc

（三）操作题

1）使用U盘启动盘制作工具制作U盘启动盘并安装银河麒麟桌面操作系统。

2）启动银河麒麟桌面操作系统，连接无线局域网。

3）使用软件商店安装WPS OM09、QQ、输入法及其他所需应用程序。

项目二　WPS文字编辑

信息技术与人工智能（信创版）

在文字出现前，人类通过口头传唱编织记忆网络，神话与史诗在篝火旁代代相传。当黄河流域的先民以锐石在甲骨上刻下象形符号时，人类首次将思维凝固为可触摸的印记。这种甲骨文书不仅记录着农耕收获与祭祀仪式，更承载着古人对天文历法的观察，诞生了迄今发现最早的书面历法体系。甲骨的灼烧固化技术，让智慧跨越千年得以传承，当考古学者破译这些"沉默的龙骨"时，一个辉煌文明的基因被重新唤醒。这种将思想镌刻于物质的实践，正是中华文明薪火相传的永恒密码。在科技革命与数字化浪潮的推动下，电子文档系统逐步取代传统纸质载体，引领着办公领域的深刻变革。作为北京金山办公软件股份有限公司自主研发的办公套件，WPS Office凭借其云端实时协同、多格式兼容转换等核心功能，成为国产办公软件的杰出代表。其智能化的文档处理模块，不仅支持跨平台无缝衔接，更通过AI辅助排版、批量数据运算等创新工具，显著提升信息处理的效率与质量。这款凝聚自主创新技术的软件产品，不仅满足了现代办公对移动化、智能化的需求，更在国际办公软件领域展现了"中国智造"的深厚底蕴。

01 知识目标

全面熟悉WPS文字的界面布局，清晰掌握各菜单、选项卡、功能区的组成与作用，如"开始"选项卡中的字体格式设置、段落排版功能，"插入"选项卡中的图片、图表、文本框等元素的添加操作。

深入理解WPS文字中文字格式与段落格式的各项参数含义，包括字体、字号、颜色、加粗、倾斜、下划线等文字格式设置，以及行距、缩进、对齐方式、段间距等段落格式调整，能够准确运用这些知识进行文档的基础排版。

系统学习WPS文字的高级功能知识，如样式与模板的创建和应用，可通过设置样式快速统一文档中各级标题、正文的格式；掌握目录的自动生成方法，依据文档结构准确生成目录；了解邮件合并的原理与操作流程，能够利用邮件合并功能批量生成个性化文档。

02 能力目标

具备熟练高效的文字录入能力，能够准确、快速地输入各种类型的文本内容，包括中文、英文、数字、标点符号等，并且能够灵活运用快捷键和输入法技巧，提高文字录入效率。

掌握文档排版的能力，能够根据文档的主题和用途，运用所学的文字格式和段落格式知识，对文档进行合理、美观的排版，使文档层次分明、结构清晰，符合专业文档的排版规范。

具备灵活运用WPS文字高级功能解决实际问题的能力，如能够根据文档需求创建合适的样式和模板，方便后续文档的格式套用；在处理长文档时，能够熟练运用目录功能，快速定位和导航文档内容；在需要批量生成文档的场景中，能够成功运用邮件合并功能完成任务。

具备一定的文档错误检查与优化能力，能够运用WPS文字的拼写检查、语法检查功能，及时发现文档中的错误，并通过调整格式、优化内容等方式，提升文档的质量和专业性。

03 素养目标

培养严谨认真的职业素养，在进行WPS文字编辑时，注重细节，确保文档内容的准确性和格式的规范性，避免因粗心大意导致的错误，养成对工作高度负责的态度。

提升审美素养，通过对文档排版的不断练习和优化，培养对美的感知和创造能力，使编辑出的文档不仅内容准确，而且在视觉上给人以舒适、美观的感受，符合大众的审美标准。

增强信息整理与逻辑思维素养，在处理复杂文档时，能够运用合理的结构和层次对信息进行梳理和组织，使文档的内容呈现具有逻辑性和条理性，便于理解和阅读。

培养自主学习与创新素养，鼓励在学习WPS文字编辑过程中，主动探索新功能、新技巧，不断尝试创新文档的表现形式和编辑方法，以适应不断变化的工作需求和行业发展。

04 就业导向

办公行政岗位：熟练掌握WPS文字编辑技能，能够高效完成各类办公文档的录入、排版、编辑工作，如会议纪要、通知公告、工作报告等，为企业的日常运营提供有力的文档支持。

文案策划岗位：利用WPS文字的丰富功能，进行创意文案的撰写和排版设计，突出文案的重点和特色，吸引目标受众，提升文案的传播效果，满足企业的市场推广和营销需求。

教育行业相关岗位：无论是教师编写教案、制作课件素材，还是教育机构工作人员处理学生资料、撰写教学报告等，WPS文字编辑技能都是必不可少的，能够提高教育工作的效率和质量。

05 思维导图

- WPS文字编辑
  - 打造个性化就业资料
    - WPS 文字的启动与关闭
    - 文档的新建与保存
    - 编辑文本
    - 文档的格式设置
    - 页面布局及打印
    - 字体设置
    - 字号设置
    - 项目符号设置
    - 图片的设置
  - 精进毕业设计（论文）
    - 设置页面背景
    - 添加水印
    - 注释和引用
    - 样式
    - 目录

任务三　职海领航——打造个性化就业资料

一　任务描述

在求职过程中，一份精心制作的就业资料能够有效展示求职者的优势与能力，增加成功求职的概率。小明同学正面临求职挑战，他意识到自己的就业资料需要更加突出和吸引人。本次任务旨在运用WPS文字软件，制作一份全面且具有吸引力的就业资料，其效果图如图2-1所示。该就业资料需涵盖个人基本信息、教育背景、实习经历、技能特长、项目经验等关键板块，各板块内容需条理清晰、格式规范，通过合理的页面设置、文字排版以及图文搭配，使整体资料美观大方、重点突出，能够快速吸引招聘者的目光，充分展现求职者的专业素养与岗位适配度。

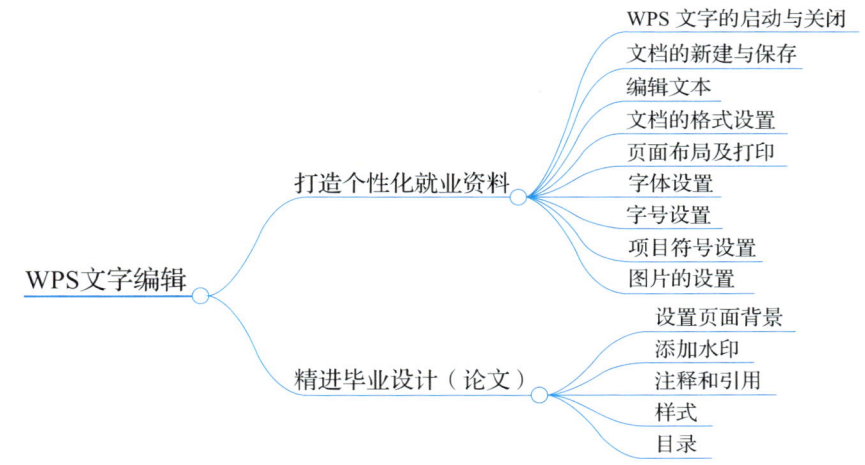

图2-1　就业资料效果图

二　相关知识

在项目实施之前，需先熟悉WPS文字的工作界面和相关概念，掌握新建、打开和保存文件、选择文字等基本操作，以便更好地完成项目。

（一）WPS文字的启动与关闭

1. 启动WPS文字

WPS文字提供了多样化的启动方案，用户可根据使用场景灵活选择，常用的启动方法有以下3种。

方法1：程序菜单启动

适用于首次安装或桌面快捷方式缺失的情况。单击屏幕左下角"开始"按钮，在弹出菜单中选择"所有程序"，进入"WPS Office"文件夹，单击"WPS文字"图标。该方法的优势是便于管理系统所有安装程序，适合批量操作。

方法2：快捷方式启动

适合高频使用用户。在桌面空白处双击预置的"WPS文字"图标，系统自动加载默认模板文件。

技巧：右键文件快捷方式，选择"属性"，可修改启动路径参数。

方法3：文件关联启动

适用于需要直接编辑特定文档的场景。在资源管理器中找到目标".wps"文件，双击文件图标自动调用WPS文字程序。需要特别注意的是要在安装时勾选"文件关联"选项。

2. WPS文字工作界面

图2-2所示是WPS文字工作界面。从图中可以看到，WPS文字工作界面主要包括快速访问工具栏、标题栏、功能选项卡、文档编辑区、状态栏、视图栏、标尺等模块。

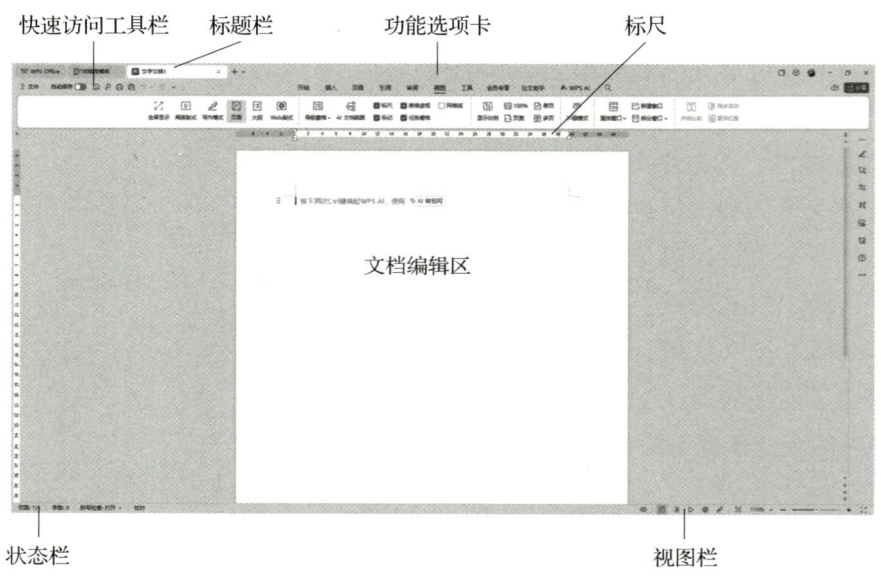

图2-2　WPS文字的工作界面

（1）标题栏　标题栏位于WPS文字操作界面顶端，包括文档名称、"功能区显示选项"和右侧的"窗口控制"。"窗口控制"按钮组中的按钮从左至右分别为最小化、最大化和关闭操作界面。其中，单击"最大化"按钮后，该按钮将变成"还原"按钮。单击"还原"按钮后，可将操作界面还原到最大化之前的大小。

（2）快速访问工具栏　快速访问工具栏中有一些常用的工具按钮，默认有"保存"按钮、"撤销"按钮、"重复"按钮等。单击该工具栏右侧的"自定义快速访问工具栏"下拉按钮，可在弹出的下拉列表中选择需要显示在该工具栏上的按钮。

（3）功能选项卡　WPS文字默认显示9个功能选项卡，单击任意功能选项卡可显示对应的功能区，在功能区中可对文档进行各种操作。

"文件"选项卡：单击"文件"选项卡，可以看到对文档执行操作的命令集，可以查看文档的信息，可以对文档执行新建、打开、保存、另存为、打印、共享、导出、关闭等操作。此外，用户可以通过"账户"功能查看账户信息，通过"选项"功能设置WPS Office Word的常规选项、显示方式等。

"开始"选项卡：包括剪贴板、字体、段落、样式和编辑等选项组，常用于文档编辑字体和段落的格式设置。

"插入"选项卡：包括页面、表格、插图、加载项、媒体、链接、批注、页眉和页脚、文本和符号等选项组，常用于在文档中插入图片、表格、页眉页脚等元素。

"设计"选项卡：包括文档格式和页面背景等选项组，常用于对文档的格式和背景进行调整。

"布局"选项卡：包括页面设置、稿纸、段落、排列等选项组，常用于设置页面布局。

"引用"选项卡：包括目录、脚注、引文和书目、题注、索引、引文目录等选项组，常用于插入目录、题注、脚注、尾注等高级应用。

"邮件"选项卡：包括创建、开始邮件合并、编写和插入域、预览结果和完成等选项组，常用于邮件合并等操作。

"审阅"选项卡：包括校对、见解、语言、中文简繁转换、批注、修订、更改、比较、保护等选项组，常用于文档的修订和校对。

"视图"选项卡：包括视图、显示、显示比例、窗口、宏等选项组，常用于选择文档不同的视图。

（4）文档编辑区　文档编辑区是输入与编辑文本的区域，对文本进行的各种操作及对应结果都会显示在该区域中。新建一个空白文档后，文档编辑区的左上角将显示一个闪烁的光标，该光标所在位置便是文本的起始输入位置。

（5）标尺　标尺主要用于定位文档内容，文档编辑区上方的标尺为水平标尺，左侧的标尺为垂直标尺。拖曳水平标尺中的"缩进"滑块可快速调整段落的缩进距离。

（6）状态栏　状态栏位于操作界面的最底端，主要用于显示当前文档的工作状态，包括当前页数、字数、输入状态等。

（7）视图栏　状态栏右侧是视图栏，其中有切换视图模式的按钮，以及调整页面显示比例的按钮与滑块等。

（二）文档的新建与保存

在使用 WPS 文字进行文档录入与排版时，新建文档是首要步骤。WPS 文字提供了多样化的新建方式，包括新建空白文档、在线文字文档，以及基于模板新建文档。其中，在线文字文档功能的使用依赖于账号注册，需提前完成注册流程。下面以新建 WPS 空白文档并保存文档的完整流程为例，进行详细的操作说明。

1. 新建 WPS 文档

1）单击"开始"按钮，在"开始"菜单中选择"Word"命令，启动 WPS Office 应用程序，也可双击桌面上的"WPS Office"快捷方式启动 WPS Office 应用程序。

2）单击功能列表区中的"新建"按钮，打开"新建"工作台界面。在新建工作台界面中选择"新建"选项或按<Ctrl+N>组合键，打开 WPS 文档的工作界面，如图 2-3 所示。在 WPS 文档的工作界面中选择"空白文档"选项，即可新建一个空白文档。

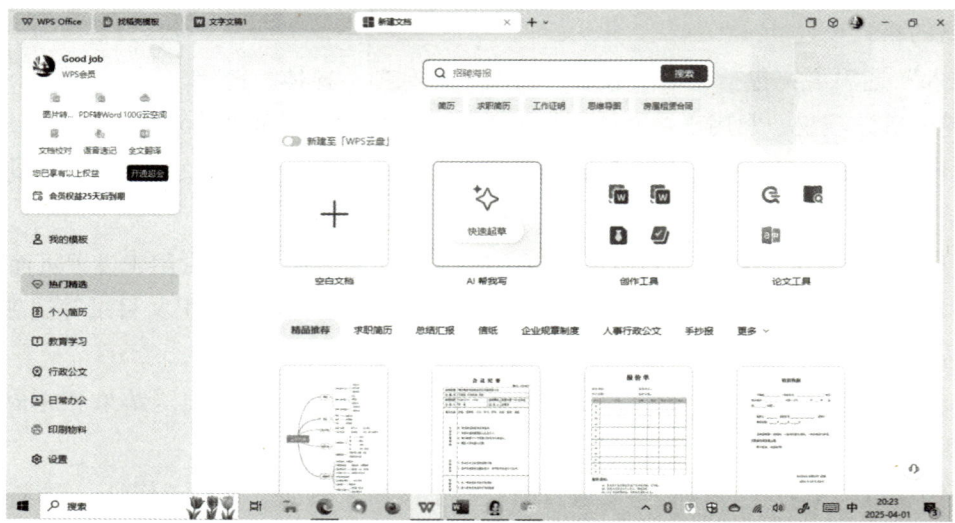

图 2-3　WPS 文档的工作界面

2. 保存文档

文档存储操作是确保数据完整性与后续编辑可行性的关键环节。现代办公软件提供三种主流存储路径。

1）键盘快捷方式。通过按<Ctrl+S>组合键触发保存指令。

2）通过"文件"菜单。选择"文件"→"保存"命令。

3）通过快速访问工具栏。单击快速访问工具栏中的"保存"按钮。

以文档存储至 D 盘为例，在文件名输入框输入"个人简历.docx"，如图 2-4 所示，单击"保存"按钮后，文档标题即由系统默认名称更新为"个人简历"，同步完成文件重命名与存储双重操作。

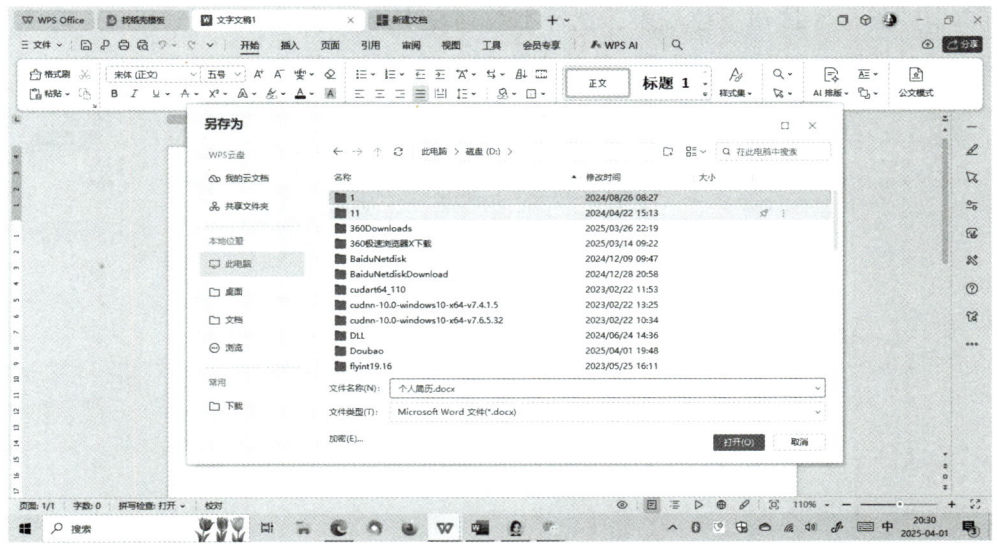

图2-4　WPS文档保存

（三）编辑文本

1. 光标

在文档编辑界面，存在动态闪烁的垂直指示线，专业术语称为光标。用户可通过鼠标单击或键盘方向键，将光标精准定位至目标编辑位置，实现文本输入的起始点控制。

2. 输入文本内容

1）输入系统配置：需预先激活文字输入方案，例如通过系统托盘切换至"搜狗拼音"等智能输入法。

2）标题输入规范：在文档顶部居中区域双击鼠标左键，当光标呈现为I型状态时，切换至中文输入模式，录入"个人简历"作为文档主题。

3）行文自动换行：完成单文本行输入后，系统智能跳转至下一行起始位置。

4）段落分隔操作：段落结尾处按下<Enter>键生成段落标记，启动新段落格式。

5）特殊换行处理：如需强制换行而不创建新段落，可通过"布局""分隔符""自动换行符"路径实现，或按<Shift+Enter>组合键。

3. 输入日期和时间

选择"插入"选项卡，在"文本"选项组中单击"日期和时间"按钮，弹出的对话框，如图2-5所示。在"可用格式"列表中选择一种时间和日期样式，在"语言"下拉列表中可根据实际情况进行选择，单击"确定"按钮，即可完成日期和时间的输入。

4. 输入特殊符号

编辑Word文档时，如需要输入某些键盘上没有的特殊符号，可以单击"插入"选项卡，再单击"符号"按钮下拉列表，选择下拉列表中的"其他符号（M）…"选项，会弹出"符号"对话框，如图2-6所示，从中选择需要的符号，单击"插入"按钮即可。

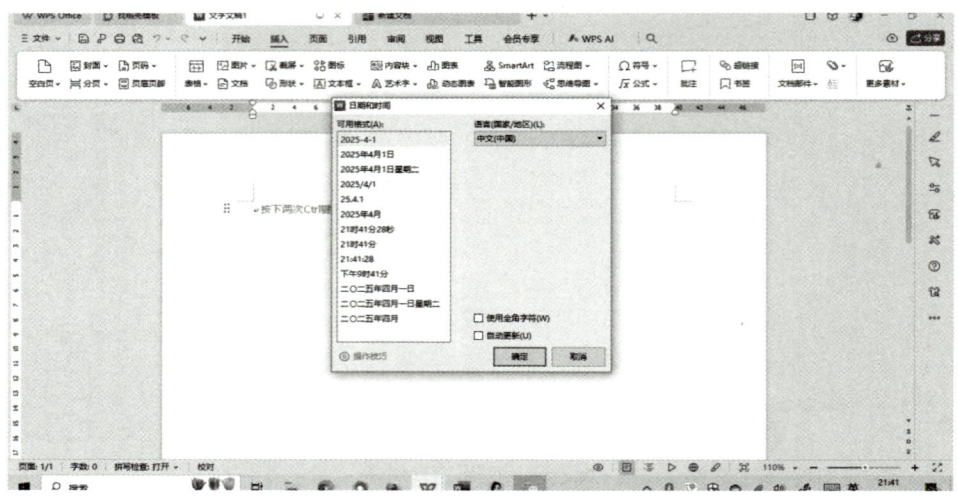

图2-5 "日期和时间"对话框

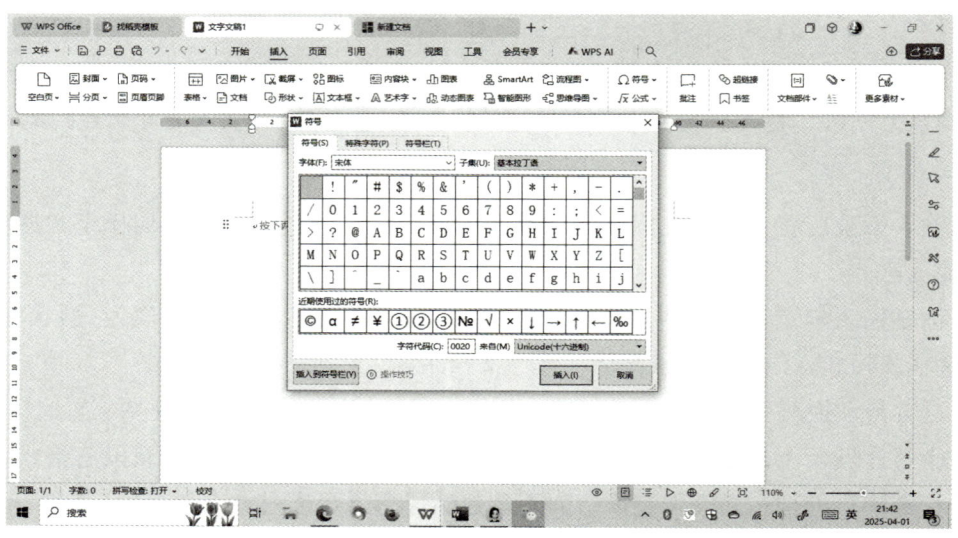

图2-6 "符号"对话框

5. 查找和替换

单击"开始"选项卡，在"查找替换"下拉列表中选择"查找"按钮，或直接按组合键<Ctrl+F>打开"查找和替换"对话框。在对话框的文本框中输入想要查找的文本，结果会自动在窗格下方显示。单击文本框右侧的下拉箭头，在弹出的列表内，可以选择对指定文本进行替换、高级查找等操作，如图2-7所示。"查找"用来在文档中查找指定内容，"替换"用来将查找到的内容替换为指定内容。

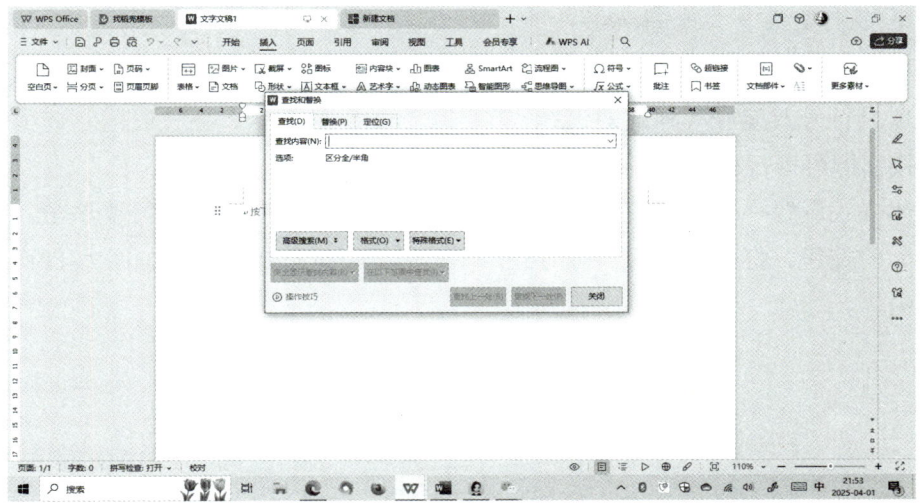

图 2-7 "查找和替换"对话框

(四)文档的格式设置

1. 字体格式设置

字体格式设置包括对文字进行字体、字号、字形、字体颜色、字符上下标、字符间距、文字边框和底纹等样式的设置。单击"开始"选项卡,在"字体"选项组中单击相关命令按钮进行设置,如图 2-8 所示。当需要对文字进行高级设置时,如设置字符间距,可以选中文本后单击"字体"选项组右下方的按钮,打开"字体"对话框,如图 2-9 所示,进行相关设置即可。

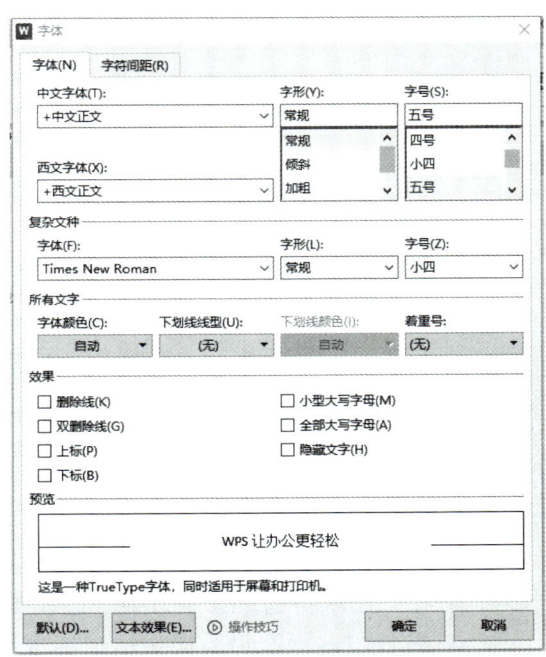

图 2-8 "字体"选项组　　　　图 2-9 "字体"对话框

2. 段落格式设置

段落格式设置包括对段落进行对齐方式、缩进量、行间距、段间距、排序、段落边框和底纹、项目符号及编号等样式的设置。单击"开始"选项卡，在"段落"选项组中单击相关命令按钮即可进行相关设置，如图2-10所示。

同字体格式设置一样，如需要对段落进行高级设置，选中段落后需要单击"段落"选项组右下方的按钮，打开"段落"对话框，在对话框中进行相关设置，图2-11所示为"段落"对话框。

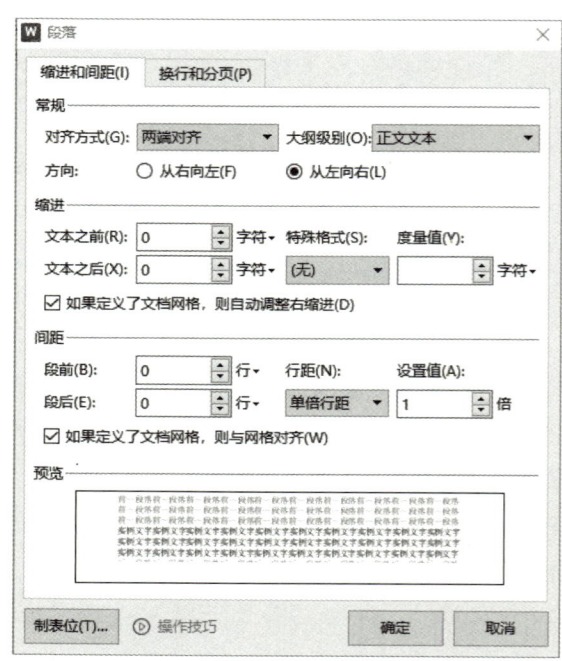

图2-10 "段落"选项组　　　　　图2-11 "段落"对话框

（五）页面布局及打印

1. 页面设置

在WPS文字中，设置页面的操作可以通过"布局"选项卡中的"页面设置"选项组进行，如图2-12所示。

"页面设置"选项组中部分选项的功能介绍如下。

1）"文字方向"用来设置整篇文档或指定文本的文字方向。

2）"页边距"用来设置整个文档或当前部分的边距大小。

3）"纸张方向"用来切换页面的纵向和横向版式。

4）"纸张大小"用来为文档选择纸张大小。

5）"分栏"用来将选定文字分为一栏或多栏，还可以用来调整栏的宽度和间距。

6）"分隔符"用来在当前位置添加分页符、分节符或分栏符，以便文本在下一页、下一节或下一栏继续。

图2-12 "页面设置"选项组

2. 稿纸设置

稿纸设置用于生成空白的稿纸样式文档或将稿纸网格应用于当前Word文档。

1）稿纸设置的具体方法：创建空白文档，单击"布局"选项卡，再单击"稿纸设置"，在弹出的"稿纸设置"对话框中勾选"使用稿纸方式"，再选择合适的稿纸格式，并根据需要修改相关属性，单击"确认"按钮即可生成空白的稿纸样式文档。图2-13所示为"稿纸设置"对话框。

需要对已有文档进行稿纸设置时，打开该文档，接下来的步骤与生成空白的稿纸样式文档的步骤相同。

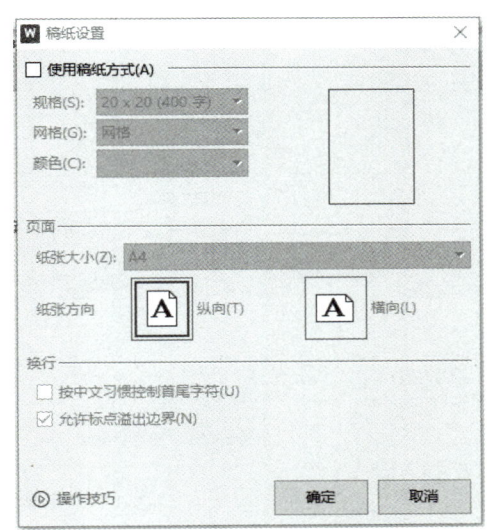

图2-13 "稿纸设置"对话框

2）删除稿纸设置：单击"布局"选项卡，再单击"稿纸设置"，弹出"稿纸设置"对话框，取消勾选"使用稿纸方式"，再单击"确认"按钮即可。

3. 页面背景设置

页面背景设置包括水印、背景、页面边框等设置。单击"设计"选项卡，在"页面背景"选项组中可以进行相应的设置，图2-14所示为"页面背景"选项组。

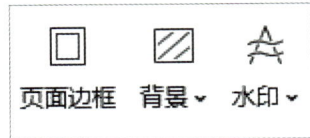

图2-14 "页面背景"选项组

"页面背景"选项组中各选项的功能说明如下。

1）"水印"用于在页面内容后面添加虚影文字，比如"机密"或"紧急"等。

2）"背景"用来指定页面的背景颜色或填充效果，为页面增姿添彩。

3）"页面边框"用于添加或更改页面周围的边框。

4. 打印及打印设置

有时我们需要将文档内容打印出来，关于打印的相关设置，可选择"文件"→"打印"命令，在"打印"对话框进行相关设置，如图2-15所示。

打印文档的步骤如下。

1）如果连接了多台打印机，需要在"打印机"下拉列表中选择用于打印的打印机。

2）设置打印的范围，可以打印所有页、打印当前页面或自定义打印范围。

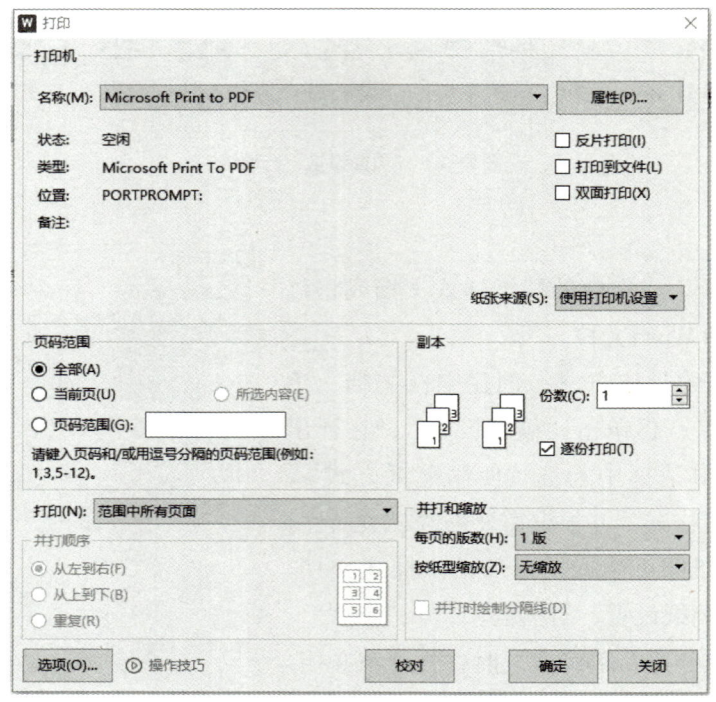

图 2-15 "打印"对话框

3）设置好打印范围之后，需要设置打印方式，即单面打印还是双面打印，以及打印的方向和纸张类型，一般默认的打印方向为纵向，纸张类型为 A4 纸。

4）完成上述设置之后，在"打印"对话框中选择好打印的份数，最后单击"打印"按钮即可完成对所选文档的打印。

（六）字体设置

在本任务中可以更改字体颜色、加粗、倾斜、下划线、着重号、文本效果等。

将标题设置为黑体，正文部分设置为宋体。

操作方法如下。

方法一：选择相应标题或文本，在浮动工具栏中的"字体"组合框中选择对应的字体。

方法二：选择相应标题或文本，在"开始"选项卡"字体"功能组中的"字体"组合框中选择对应的字体。

（七）字号设置

字号即文本的大小。WPS 文字的字号单位有两种，一种是中文中常见的"号"，还有一种是"磅"。

将大标题设置为小初，小标题设置为四号，正文内容设置为小四，操作步骤如下。

1）选择全文（按 <Ctrl+A> 组合键），在浮动工具栏中的"字号"组合框中选择"小四"，或在"字体"对话框中"字号"框中选择"小四"。

2）分别选择大标题和小标题，设置相应字号。

在实际操作中，应灵活地处理题目要求，优化操作顺序，提高操作的效率。比如，先设置全文再设置标题，比按题目表述先设置标题再设置其余文字的操作简单。

（八）项目符号设置

添加圆形项目符号，操作步骤如下。

1）选择文本。

2）单击"开始"→"段落"→"项目符号"下拉按钮，在列表中选择圆形项目符号。

（九）图片的设置

1. 插入图片

在文档中插入图片"个人证件照"，操作如下。

1）将光标定位在个人基本信息板块右边，即要插入图片的位置。

2）单击"插入"选项卡的"图片"下拉按钮，打开"插入图片"对话框，在计算机中找到存放个人证件照的位置，选中该图片，然后单击"确定"按钮。

2. 编辑图片

将插入图片的文字环绕方式设置为"四周型环绕"，图片大小设置为宽度7cm，高度5.4cm，调整图片位置，置于6~11段右边，操作步骤如下。

1）选择插入的图片。此时会弹出"图片工具"选项卡，同时出现"快速工具栏"。

2）在弹出的"快速工具栏"中单击"布局选项"按钮，在列表中选择"文字环绕"里的"四周型环绕"。

3）在"图片工具"选项卡"大小和位置"功能组中，输入高度值为"5.4厘米"，宽度值为"7厘米"。

4）用鼠标拖动图片，将其精准移动至个人基本信息板块右边合适位置。

三　任务实施

求职简历要突出主题，内容不宜过多，一般由封面和求职简历表格两部分组成。封面包括姓名、专业、电话、邮箱等主要信息，求职简历表格重点展现求职者个人信息、求职意向、工作经历、个人荣誉等。

（一）页面的设置

求职简历页面设置操作步骤如下。

步骤1　创建"求职简历.wps"文档。

步骤2　设置纸张大小为"A4"，纸张方向为"纵向"，上、下、左、右页边距均设置为"2.5厘米"，装订线宽设置为"0.5厘米"，如图2-16所示。

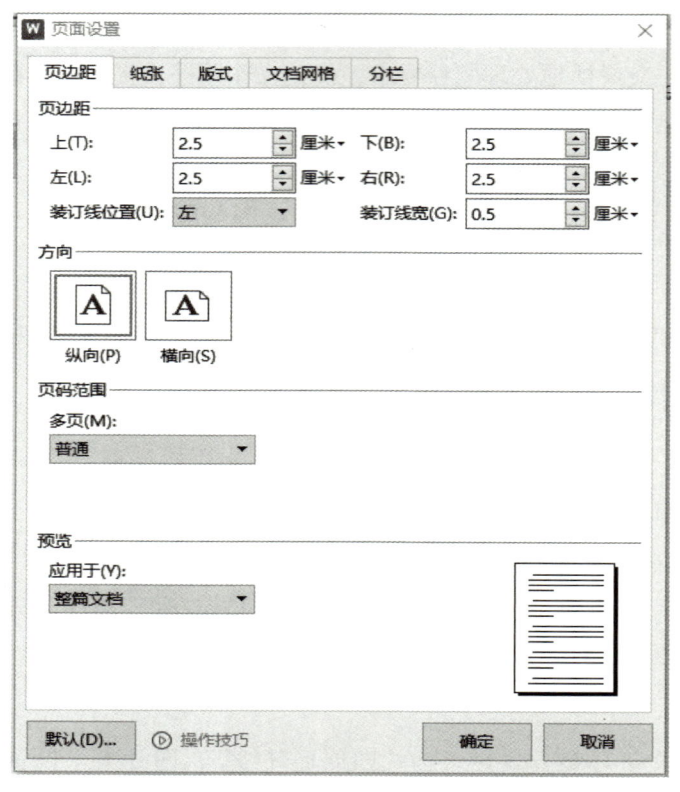

图2-16 "个人简历"页面设置

创建表格

（二）创建表格

在就业资料制作任务中先创建一个20行7列的"个人简历"表格，创建表格的操作步骤如下。

步骤1 将光标定位在首页第1行，输入文本"个人简历"，字体格式设置为"黑体、小二号、居中对齐"，设置段前间距1.5行。

步骤2 按<Enter>键，将光标下移1行。

步骤3 下移一行后，通过"插入"→"表格"→"插入表格"路径启动表格生成器。在参数配置界面，精确设置列数为"7"、行数为"20"，建议选择"自动列宽"模式以优化空间分配，如图2-17所示。若需个性化调整，亦可利用表格绘制工具手动框选单元格区域。

步骤4 完成参数设定后，单击"确定"按钮即在光标位置生成预设规格的表格框架。该表格将作为简历的核心载体，后续需在对应单元格中填充个人信息、教育经历、技能证书等模块化内容，确保信息呈现的逻辑性与完整性。

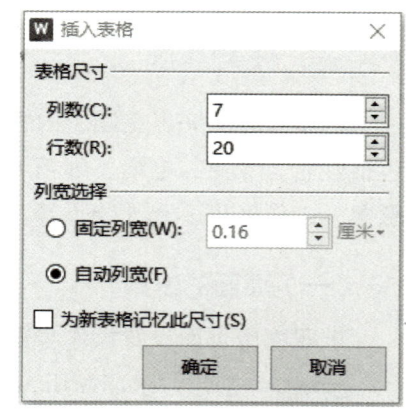

图2-17 设置表格参数

(三)编辑表格

完成表格创建后,需通过精细化编辑实现内容呈现的优化。表格编辑涵盖结构调整、内容填充等多维操作,其中对象选择是基础技能。

1. 选中表格

表格的选中操作与文本选中颇为相似,较为常用的方式是在表格内拖动鼠标,借此能够选中表格中的单元格、行或列,被选中的对象会以反白形式显示。以下是一些更为便捷的选择方法。

1)选择单元格:将鼠标指针移至想要选择的单元格左侧,当鼠标指针变为黑色箭头形状时,单击鼠标左键,即可选中指定的单元格。

2)选择表格的行:把鼠标指针移至文档窗口的选择区,当鼠标指针变为白色箭头形状时,单击鼠标左键,就能选中对应的行。若要选中连续的多行表格,从起始行开始拖动鼠标至最后一行,然后松开鼠标左键即可。

3)选择表格的列:将鼠标指针移至表格顶端,当鼠标指针变为黑色向下箭头形状时,单击鼠标左键,便可选中箭头所指的列。若要选中连续的多列表格,从起始列开始拖动鼠标至最后一列,再松开鼠标左键即可。

4)选择不相邻的对象:先选中一个对象,接着按住<Ctrl>键,再去选择其他对象。

5)选择整个表格:当鼠标指针移至表格区域左上角时,会出现一个移动标志,单击,此时整个表格就会被选中。

2. 合并单元格

合并单元格,即将表格中若干个单元格整合为一个单元格。其操作步骤如下。

步骤1 选中"个人简历"表格中第1行的第1列、第2列的单元格。

步骤2 右键单击选中的单元格,在弹出的快捷菜单里选择"合并单元格"命令,此时,这2个被选中的单元格就会合并成一个单元格。按照同样的方法,可参照图2-18所示样式合并剩余单元格。

此外,上述合并单元格的操作,也可以通过单击"表格工具"选项卡,然后单击其中的"合并单元格"按钮来实现。

3. 拆分单元格

拆分单元格,就是把一个单元格分割成多个单元格,具体操作步骤如下。

步骤1 选中第1行第2列的单元格。

步骤2 右键单击选中的单元格,在弹出的快捷菜单中选择"拆分单元格"命令,这时会弹出"拆分单元格"对话框。

步骤3 在对话框的"列数"和"行数"数值框中,分别输入想要拆分的列数和行数(例如设置为5列、1行),设置完成后,单击"确定"按钮,即可完成单元格的拆分。

通过对表格的合并与拆分操作，"个人简历"表格的框架设置就全部完成，最终效果如图2-18所示。

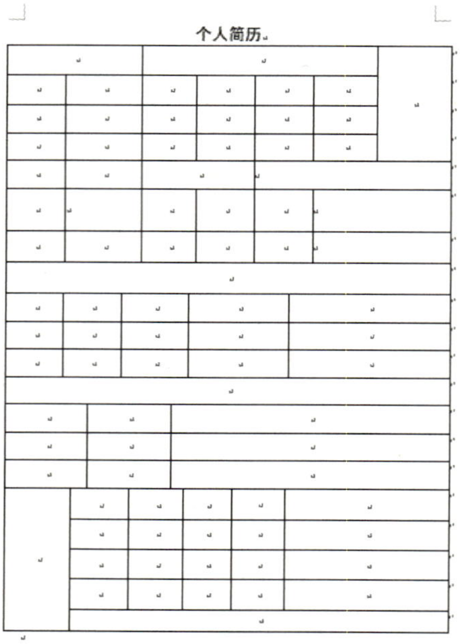

4. 插入行或列

在制作表格的过程中，如果最初设定的表格行数和列数无法满足实际需求，可随时进行增加操作，能够在选中行的上方或下方插入空行，也能在选中列的左侧或右侧插入空列，具体操作步骤如下。

步骤1 插入行：首先选中表格中的某一行或几行。接着，单击"表格工具"选项卡，单击"在上方插入行"按钮，即可在选中行的上方插入与选中行数相同数量的空行；若单击"在下方插入行"按钮，则会在选中行的下方插入相同数量的空行。

步骤2 插入列：插入列的操作与插入行类似。先选中表格中的某一列或几列，然后单击"表格工具"选项卡，单击"在左侧插入列"按钮，可在选中列的左侧插入与选中列数相同数量的空列；单击"在右侧插入列"按钮，就能在选中列的右侧插入相同数量的空列。

图2-18 "个人简历"表格框架效果

5. 删除行或列

在表格编辑过程中，若存在多余的行或列，可随时进行删除操作。先选中待删除的一行或多行，接着，单击"表格工具"选项卡，单击"删除"下拉按钮，在弹出的下拉列表中选择"行"选项，此时，所选的行便会被删除。删除列的操作方法与之类似，先选中要删除的列，再在"删除"下拉列表中选择"列"选项，即可完成列的删除。

6. 调整行的高度和列的宽度

调整表格行高和列宽有多种方法，其中一种较为简便的方式是使用鼠标拖动。将鼠标指针移至表格的行线上，当指针变为上下箭头形状时，按住鼠标左键并上下拖动，便能改变该行的高度。同理，将鼠标指针移至表格列线上，待指针变为左右箭头形状时，按住鼠标左键左右拖动，可改变某列的宽度。不过，使用鼠标拖动的方法只能进行大致的调整。

精确调整行高和列宽，需借助"表格属性"对话框来实现，以精确调整"个人简历"表格第1行至第6行的行高为例，操作步骤如下。

步骤1 选中"个人简历"表格的第1行至第6行。

步骤2 右键单击选中的行，在弹出的快捷菜单中选择"表格属性"命令，在打开的"表格属性"对话框中选择"行"选项卡。

步骤3 在"行"选项卡中，选中"指定高度"复选框，并在其右侧的文本框中输入所需行高的数值，例如"16.89"厘米，如图2-19所示。设置完成后，单击"确定"按钮即可。

列宽的调整同行高的调整相似。另外，还可以单击"表格工具"选项卡，通过设置"高度"和"宽度"数值框来调整行高和列宽。

（四）添加内容

在创建空表格之后，就可以在表格中进行文本输入和图片添加等操作，具体如下。

1. 在表格中添加文本及图片

输入文本：将光标移至表格的单元格内，便可开始输入文本内容。在输入过程中，若需另起一段，按<Enter>键即可。表格单元格中的文本和文档中的其他文本一样，支持选择、插入、删除、剪切和复制等基本编辑操作。此时，可按照要求将图2-18所示表格中所需的内容，逐一输入到相应的单元格中。

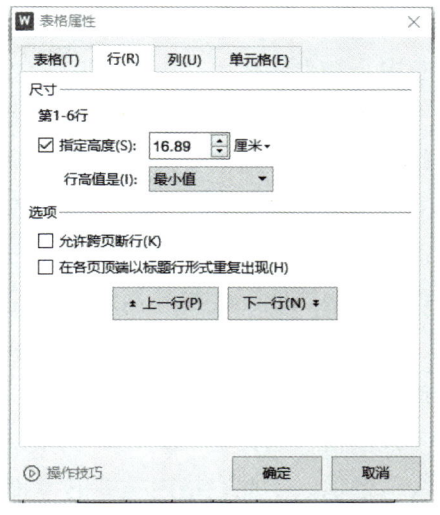

图2-19 指定行的高度

插入图片：把光标精准定位到用于放置照片的单元格中，然后执行插入图片的操作。

2. 在表格中设置字体格式

为使表格呈现出统一、美观的效果，需要对表格中的字体格式和对齐方式进行设置。具体要求是将图2-18所示表格中的字体格式统一设置为"宋体、小四号"，并对不同区域的单元格设置不同的对齐方式，操作步骤如下。

首先，选中表格第1行至第3行的文本内容。接着，单击"表格工具"选项卡，在选项卡中找到"对齐方式"下拉按钮，单击该按钮后，在弹出的下拉列表里选择"水平居中"选项，这样就完成了对这部分文本对齐方式的设置。

其次，选中第4行至第14行第1列的单元格文本，再次单击"对齐方式"下拉按钮，从弹出的下拉列表中选择"水平居中"选项，从而完成这部分单元格文本对齐方式的设置。

最后，选中第4行至第14行第2列的单元格文本，同样单击"对齐方式"下拉按钮，在下拉列表中选择"中部两端对齐"选项，至此，整个表格不同区域的对齐方式设置全部完成。

（五）修饰表格

修饰表格的关键内容之一是设置表格的边框和底纹，这能够使表格的外观更加美观且富有层次感，以下是针对图2-18所示表格进行边框和底纹设置的详细步骤。

1. 设置表格边框

将图2-18所示表格的外框线设置为"2.25磅、黑色，文字1、单实线"，内框线设置为"0.5磅、黑色，文字1、单实线"，具体操作步骤如下。

步骤1 选中表格：首先，用鼠标选中"个人简历"表格的全部内容，确保后续的设置应用于整个表格。

步骤2 设置外框线：切换至"表格样式"选项卡，在此选项卡中，依次进行以下操作。单击"线型"下拉按钮，从弹出的下拉列表中选择"单实线"选项；单击"线型粗细"下拉按钮，选择"0.5磅"；接着单击"边框颜色"下拉按钮，找到并选择"黑色，文字1"选项；最后，单击"边框"下方的下拉按钮，在其下拉列表里选择"外侧框线"选项，这样就成功完成了表格外框线的设置。

步骤3 设置内框线：继续保持在"表格样式"选项卡中操作，再次单击"线型"下拉按钮，选择"单实线"；单击"线型粗细"下拉按钮，选择"0.5磅"；单击"边框颜色"下拉按钮，选择"黑色，文字1"；最后单击"边框"下方的下拉按钮，这次选择"内部框线"选项，至此表格内框线的设置也完成了。

2. 设置表格底纹

为图2-18所示表格中第1行至第3行设置底纹颜色为"白色，背景1，深色15%"，操作步骤如下。

步骤1 选中目标行：使用鼠标准确选中表格的第1行至第3行。

步骤2 设置底纹颜色：选择"表格样式"选项卡，在其中找到"底纹"下拉按钮并单击，在弹出的下拉列表中，找到并选择"白色，背景1，深色5%"选项，如此便顺利完成了表格底纹的设置。

四 机考助手

考试中该任务的考核形式可能为操作题或综合应用题，要求考生根据题目要求（如制作个人简历、项目报告等）完成以下任务：创建并编辑符合格式规范的文档；应用排版技巧实现图文混排与结构化呈现；插入并编辑表格以清晰展示数据或时间轴信息；调用WPS综合功能（图片处理、语法校对）确保文档专业性。

（一）典型考点

1. WPS文字处理基础操作

文档编辑：文字输入、选择、剪切/复制/粘贴，用于填写个人信息、教育背景等内容（如简历中的姓名、联系方式录入）。

页面设置：调整纸张大小（如设为A4）、页边距（上下左右对称分布），优化页面布局。

2. WPS文字排版技巧

字体与段落设置：标题与正文的字体（宋体/微软雅黑）、字号（标题16磅、正文12磅）、行间距（1.5倍）统一调整。

标题样式应用：使用"标题1""标题2"划分文档模块（如"工作经历""获奖情况"）。

段落对齐：左对齐或两端对齐，确保文本整齐（如简历正文两端对齐）。

3. WPS软件综合功能

图片处理：插入证件照并调整大小、环绕方式（四周型环绕）。

文档校对：使用拼写检查功能修正语法或拼写错误（如"教育背镜"自动纠错为"教育背景"）。

（二）提升技巧

掌握高频组合键：<Ctrl+C/V>（复制粘贴）、<Ctrl+B/I/U>（加粗/斜体/下划线）、<Ctrl+M>（插入批注）。

模板化练习：通过简历模板、报告模板反复练习排版一致性（如统一标题样式、页脚页码格式）。

五　课后练习

操作题

依据资源文件"第六代移动通信.txt"内容，完成如下操作。

1）新建"第六代移动通信.wps"文件，将纸张大小设为16开，上边距50mm，下、左、右边距均为20mm。

2）将资源文件"第六代移动通信.txt"中文字复制到新建文件中，并将标题段文字"第六代移动通信系统"设置为三号、黑体、红色、加粗、倾斜、居中。

3）将正文"6G，……的发展。"设置为小四号楷体；各段落文本之前、之后均缩进1个字符，首行缩进2字符，1.5倍行距，段前、段后各间距0.5行。

4）将正文第一段设置首字下沉，字体隶书，下沉行数3行，距正文4mm。

5）将正文第二段分为等宽两栏，栏宽18字符，栏间加分隔线。

任务四　学海无涯——精进毕业设计（论文）

一　任务描述

毕业设计（论文）作为学生长期学习成果的关键呈现方式，全面检验学生对所学知识的掌握程度与应用能力。在撰写毕业设计（论文）的过程中，学生的实践能力能够得到有效锻炼，写作水平也会显著提高。小明同学在完成一篇毕业设计（论文）时，就经历了开题报告、毕业设计（论文）编写、提交评审、答辩阐述以及毕业设计（论文）评分这五个重要环节。

其中，毕业设计（论文）编写环节尤为关键。在完成资料准备工作后，小明同学需要借助WPS文字等文字处理工具，将各类资料输入并编辑成电子文档，同时对文档格式进行精心设置，最终形成一篇格式规范、内容完整的毕业设计（论文）。

在本任务中，将以WPS文字为操作平台，对"毕业设计（论文）"文档进行编辑，详细介绍如何在该软件环境下进行页面设置、样式应用、脚注添加、目录插入与封面制作等一系列操作，顺利完成毕业设计（论文）的撰写工作。

为了更直观地展示毕业设计（论文）的最终排版效果，本任务提供了一个示例，如图2-20所示。

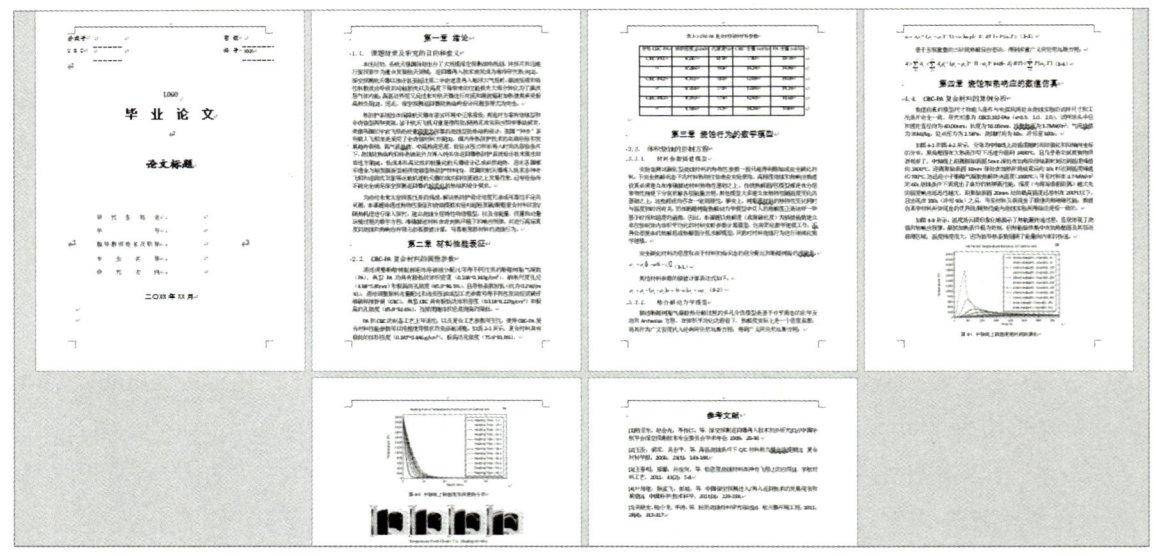

图2-20　毕业设计（论文）排版效果

二　相关知识

（一）设置页面背景

在进行文档编辑时，为使文档页面更具个性化和美观度，常常需要设置页面背景。在WPS文字软件中，设置页面背景的操作在"页面"选项卡下的"背景"组中完成，具体操作如下。

单击"页面"选项卡，找到"背景"组，在此组中可以看到"页面颜色"按钮。单击该按钮后，会弹出一个下拉列表，其中提供了多种颜色选项，用户可直接从中选择喜欢的颜色来设置页面背景，操作界面如图2-21所示。

若下拉列表中的颜色不能满足需求，用户还可以选择"其他颜色"选项。选择此选项后，会打开"颜色"对话框，在这个对话框中，用户能够根据自己的喜好自定义颜色，以达到独特的页面背景效果。

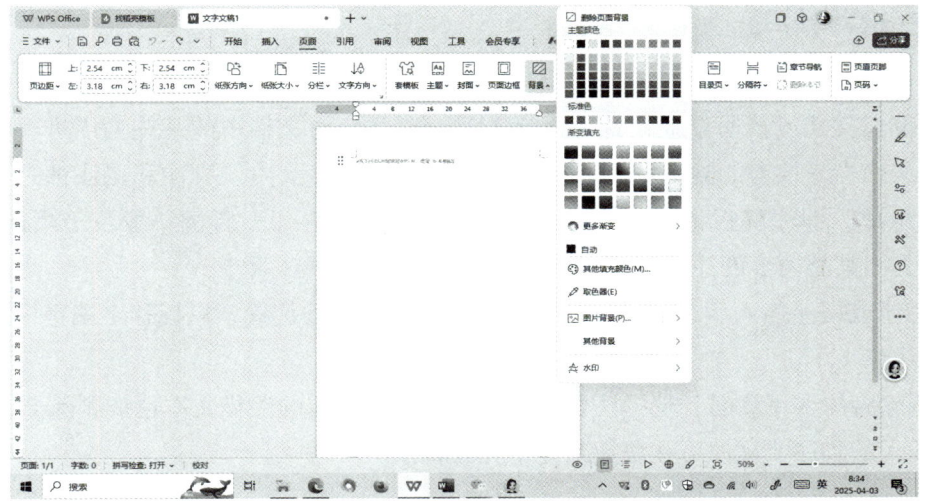

图2-21 页面背景设置

（二）添加水印

水印在文档安全与信息提示方面发挥着重要作用。一方面，它能为文档内容提供一层保护屏障，有效降低文档被非法使用的风险；另一方面，通过在水印中添加相关信息，还能及时提醒文档使用者该文档的特定使用要求等内容。一旦为文档添加水印，其效果将呈现在文档的每一页上，持续发挥警示与保护作用。

在 WPS 文字中为文档添加水印的操作并不复杂。首先，单击"页面"选项卡，单击"水印"按钮，会弹出一个下拉列表，列表中预先设置了多种水印效果，用户直接选用。

若这些预设的水印效果无法满足用户需求，用户可选择"自定义水印"选项。选择该选项后，会弹出"水印"对话框。在对话框中，若用户希望创建图片水印效果，可选中"图片水印"单选项，单击"选择图片"按钮，可从本地文件中选择合适的图片作为水印素材。而如果用户倾向于使用文字作为水印内容，则选中"文字水印"单选项。此时，用户能够在"文字""字体""字号""颜色"等下拉列表中，根据实际需求灵活设置水印文字的具体格式。完成所有设置后，单击"确定"按钮，水印即可成功应用到文档中，水印设置如图 2-22 所示。

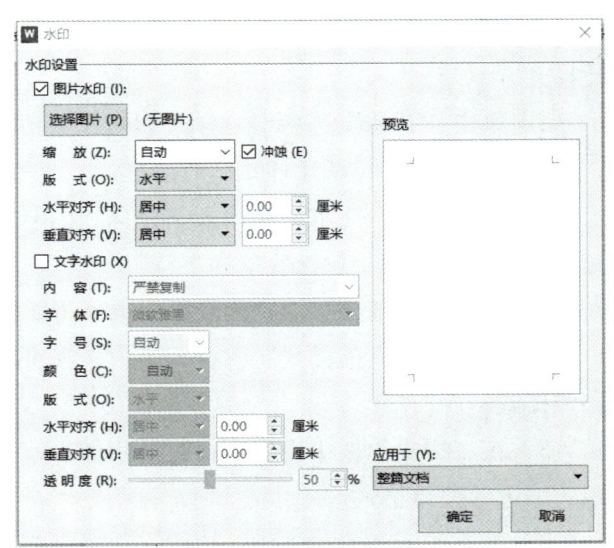

图2-22 水印设置

（三）注释和引用

1. 插入脚注

在编辑长文档或撰写毕业设计（论文）时，通常会对文档中的某些词语进行解释，或是要引用某篇参考文献，这时可以插入脚注和尾注来注释文本。脚注和尾注都是由两个关联的部分组成，即注释标记和对应的注释文本。不同点在于，脚注一般位于页面的底部，可以作为文档某处内容的注释，而尾注一般位于文档的末尾。

1）脚注或尾注插入后，注释标记会显示在光标所在的位置，鼠标移至注释标记，可浏览对应的注释文本。

2）删除脚注或尾注时，选择注释标记然后删除，对应的注释文本也被删除。

3）插入的脚注或尾注可在快捷菜单中相互转换。

2. 插入题注

题注是指对图片、表格、图表和公式添加编号和简短描述，编号可按章节编号，也可全文统一编号。添加对象后，编号会自动更新；若删除对象，则需选择题注右击选择"更新域"，或按快捷键<F9>手动更新。

（四）样式

样式是一组已命名的字符和段落格式集合，用于设定文档中标题、题注、正文等文本元素的格式。操作时，先选中要应用样式的文字或段落，再单击"开始"选项卡"样式"栏中的对应样式即可。

1. 新建样式

系统默认模板中的样式称为内置样式。当内置样式无法满足需求时，可按以下步骤新建样式。

1）单击"开始"选项卡"样式和格式"功能组中的"新样式"下拉按钮，选择"新样式…"命令，打开"新建样式"对话框。

2）在"名称"文本框中输入新建样式的名称，单击"样式类型"下拉列表框的下拉按钮，选择样式类型（包括段落和字符）。

3）在"样式基于"下拉列表框中选择与新样式相近的样式，以便快速创建。

4）在"后续段落样式"下拉列表中选择合适的样式，使应用新样式的段落后续自动套用该样式。

5）在"格式"栏中设置新样式的字体、字号、加粗、倾斜等字符格式，以及对齐、间距、缩进等段落格式。

6）单击左下角的"格式"按钮，选择需要修改的格式类型，在打开的对话框中进行详细设置。

7）单击"确定"按钮，完成新样式的创建，如图2-23所示。

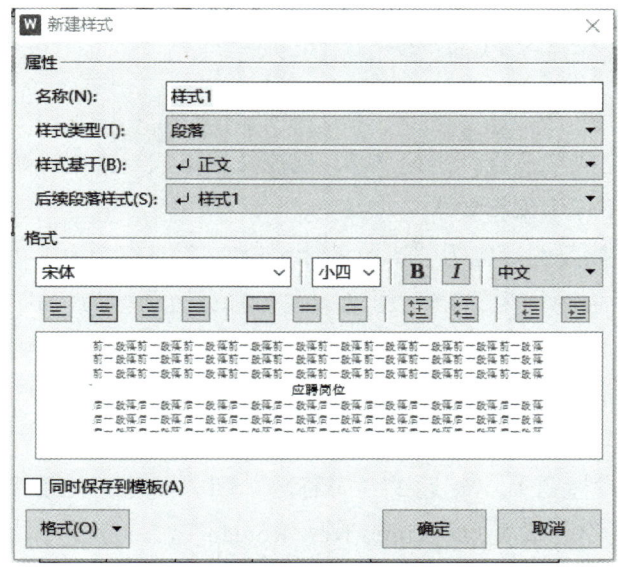

图2-23 新建样式

> **操作提示**
>
> 新建样式的名称不能与系统内置样式名相同，否则可能导致格式应用混乱。
> 样式类型包括段落和字符，不同的样式类型应用的范围不一样。

2. 修改样式

如果对内置样式的某些格式不满意，可以修改内置样式，操作步骤如下。

1）在"开始"选项卡的"样式和格式"栏中，右键单击某个样式，选择快捷菜单中的"修改样式"命令，打开"修改样式"对话框。

2）"修改样式"对话框的设置和"新建样式"完全相同。完成修改后，单击"确定"按钮即可。此时，所有应用了该样式的对象格式都会发生相应变化。

> **操作提示**
>
> 修改内置样式"正文"，设置为1.5倍行距、首行缩进2个字符。

（五）目录

目录是长文档不可缺少的组成部分，由各级标题和页码组成。对于设置了多级标题的文档，可以引用标题样式的内容自动生成目录，操作步骤如下。

1）将光标定位于文档中目录要显示的位置。单击"引用"选项卡的"目录"下拉按钮，在下拉列表项中选择需要创建的目录样式，即可创建目录。

2）若对目录的默认样式不满意，可单击下拉列表中的"自定义目录…"命令，打开"目录"对话框，设置目录的制表符前导符的样式、显示级别、是否显示页码和页码对齐方式等参数。完成设置后，单击"确定"按钮即可插入目录。

三 任务实施

为帮助小明顺利完成毕业设计（论文），规范文档格式与排版，确保学术成果的专业性与规范性，现制定以下详细编辑要求。

1）设置文档属性摘要的标题为"毕业设计（论文）"，作者为"小明"。

2）设置上、下页边距均为"2.5"厘米，左、右页边距均为"3"厘米；页眉、页脚距边界均为"2"厘米；设置"只指定行网格"，且每页"33"行。

3）对文中使用的样式进行如下调整。

①将"正文"样式的中文字体设置为"宋体"，西文字体设置为"Times New Roman"。

②将"标题1"（章标题）、"标题2"（节标题）和"标题3"（条标题）样式的中文字体设置为"黑体"，西文字体设置为"Times New Roman"。

③将每章的标题均设置为自动另起一页，即始终位于下页首行。

4）"章、节、条"三级标题均已预先应用了多级编号，请按下列要求做进一步处理。

①按下表要求修改编号格式，编号末尾不加点号"."，编号数字样式均设置为半角阿拉伯数字(1，2，3，...)。

②各级编号后以空格代替制表符与标题文本隔开。

③节标题在章标题之后重新编号，条标题在节标题之后重新编号，例如：第2章的第1节应编号为"2.1"而非"2.2"等。

5）对参考文献列表应用自定义的自动编号以代替原先的手动编号，编号用半角阿拉伯数字置于一对半角方括号"[]"中（如"[1]、[2]、……"），编号位置设为顶格左对齐（对齐位置为0厘米）。然后，将毕业设计（论文）第1章正文中的所有引注与对应的参考文献列表编号建立交叉引用关系，以代替原先的手动标示（保持字样不变），并将正文引注设为上角标。

6）请使用题注功能，按下列要求对第4章中的3张图片分别应用按章连续自动编号，以代替原先的手动编号。

①图片编号应形如"图4-1"等，其中连字符"-"前面的数字代表章号，"-"后面的数字代表图片在本任务中出现的次序。

②图片题注中，标签"图"与编号"4-1"之间要求无空格（该空格需生成题注后再手动删除），编号之后以一个半角空格与图片名称字符间隔开。

③修改"图片"样式的段落格式，使正文中的图片始终自动与其题注所在段落位于同一页面中。

④在正文中通过交叉引用为图片设置自动引用其图片编号，替代原先的手动编号（保持字样不变）。

7）参照图2-24所示"三线表"样式美化毕业设计（论文）。

①根据内容调整表格列宽，并使表格适应窗口大小，即表格左右恰好充满版心。
②按图示样式合并表格第一列中的相关单元格。
③按图示样式设置表格边框，上、下边框线为1.5磅粗黑线，内部横框线为0.5磅细黑线。
④设置表格标题行（第1行）在表格跨页时能够自动在下页顶端重复出现。

表2-1　CBC-PA复合材料的材料参数

材料CBC-PA	体积密度g/cm³	孔隙度%	CBD含量voL%	PA含量voL%
CBC-PA1	0.247	81.9	7.40	10.70
CBC-PA1	0.288	79.4	10.20	10.40
CBC-PA2	0.312	78.0	12.00	10.00
CBC-PA2	0.314	77.8	12.00	10.20
CBC-PA3	0.319	77.4	12.00	10.60
CBC-PA3	0.346	75.9	14.20	9.90

图2-24　"三线表"样式

8）为毕业设计（论文）添加目录，具体要求如下。
①在毕业设计（论文）封面页之后、正文之前引用自动目录，包含1~3级标题。
②使用格式刷将"参考文献"标题段落的字体和段落格式完整应用到"目录"标题段落，并设置"目录"标题段落的大纲级别为"正文文本"。
③将目录中的1级标题段落设置为黑体小四号字，2级和3级标题段落设置为宋体小四号字，英文字体全部设置为Times New Roman，并且要求这些格式在更新目录时保持不变。

9）将毕业设计（论文）分为封面页、目录页、正文章节、参考文献页共4个独立的节，每节都从新的一页开始，并按要求对各节的页眉页脚分别独立编排。
①封面页不设页眉横线，文档的其余部分应用任意"上粗下细双横线"样式的预设页眉横线。
②封面页不设页眉文字，目录页和参考文献页的页眉处添加"毕业设计（论文）"字样，正文章节页的页眉处设置"自动"获取对应章标题（含章编号和标题文本，并以半角空格间隔。例如：正文第1章的页眉字样应为"第1章 绪论"），且页眉字样居中对齐。
③封面页不设页码，目录页应用大写罗马数字页码（Ⅰ，Ⅱ，Ⅲ...），正文章节页和参考文献页统一应用半角阿拉伯数字页码（1，2，3...），且从数字1开始连续编码。页码数字在页脚处居中对齐。

10）为使毕业设计（论文）打印时不跑版，请先保存"WPS.wps"文字文档；然后使用"输出为PDF"功能，在源文件目录下将其输出为带权限设置的PDF格式文件，权限设置为"禁止更改"和"禁止复制"，权限密码设置为三位数字"123"（无须设置文件打开密码），其他选项保持默认即可。

（一）设置文档属性

步骤1 单击左上角"文件"选项卡下的"文档加密"，选择"属性"。

步骤2 "标题"处输入"毕业设计（论文）"，"作者"处输入"小明"，如图2-25所示。

（二）页面设置

步骤1 单击"布局"选项卡，将上、下页边距设为"2.5"厘米，将左、右页边距设为"3"厘米。

步骤2 打开"页面设置"对话框，切换到"版式"选项卡，将页眉、页脚距边界设为"2"厘米。

步骤3 切换到"文档网格"选项卡，选择"只指定行网格"，并设置每页"33"行，如图2-26所示。

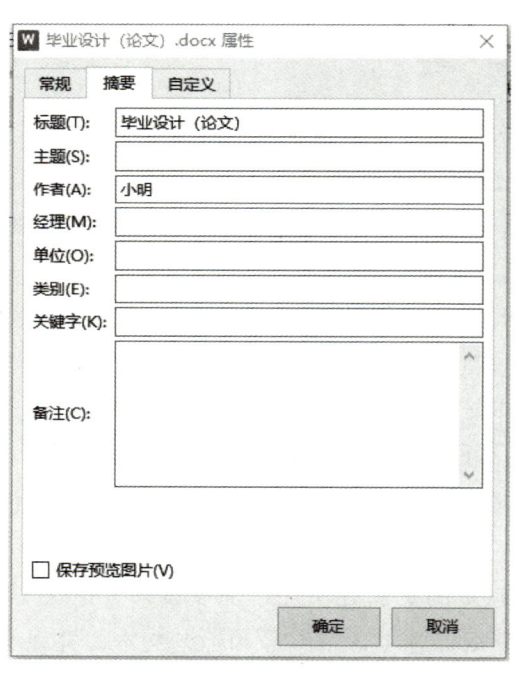

图2-25 文档属性

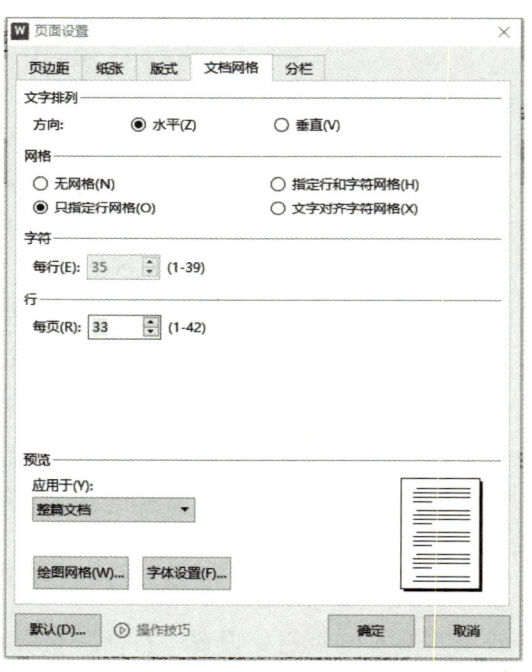

图2-26 页面设置

（三）样式设置

步骤1 单击"开始"选项卡，右击"正文"样式，选择"修改样式"，然后单击左下角"格式""字体"，将中文字体设为"宋体"，将西文字体设为"Times New Roman"，如图2-27所示。

步骤2 按照步骤1的方法分别为"标题1""标题2""标题3"样式执行相同的操作，

将中文字体设置为"黑体",西文字体设置为"Times New Roman"。

步骤3 单击"开始"选项卡,右击"标题1"样式,选择"修改样式",然后单击左下角"格式""段落",切换到"换行和分页",最后勾选"段前分页"。

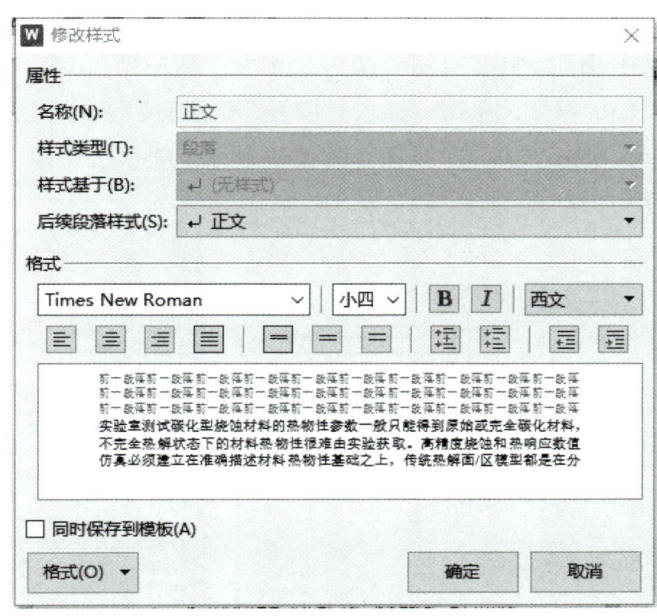

图2-27 样式修改

(四)多级编号

步骤1 光标定位于运用了多级编号的段落,单击"开始"选项卡,进入"段落"选项组,选择"编号",在下拉菜单中选择"自定义编号"。单击"自定义"按钮,在"级别"处选择数字"1",在"编号格式"框中将①后面的"."删除,然后在①前后添加文字,使得"编号格式"框中的文本变为"第①章"。接下来,将编号样式更改为半角阿拉伯数字"1,2,3…"。然后,在"级别"处单击数字"2",在"编号格式"框中将②后面的"."删除。再在"级别"处单击数字"3",在"编号格式"框中将③后面的"."删除,具体效果,如图2-28所示。

步骤2 单击左下角的"高级"按钮,将"编号之后"改成"空格",另外两个级别也按照同样的方法设置。

步骤3 首先在"级别"处单击数字"2",然后勾选右下角的"在其后重新开始编号",接着在"级别"处单击数字"3",同样勾选"在其后重新开始编号",最后设置完成之后单击"确定"按钮。

(五)设置参考文献

步骤1 首先选中参考文献下方的文字内容,单击"开始"选项卡,进入"编号"选项组,选择"自定义编号",任意选择一种编号格式,接着单击右下角的"自定义"按钮,将"编号样式"选择为半角阿拉伯数字"1,2,3…",再将"编号格式"修改为"[①]"。之后单击"高级"按钮,将"编号位置"选择为"左对齐",并将对齐位置修改为"0"厘米,最后单击"确定"按钮。

步骤2 将光标定位于第一章的相应位置处,删除之前的手动编号,然后单击"引用"选项卡,选择"交叉引用",将"引用类型"设置为"编号项",将"引用内容"设置为"段落编号",选择相应的编号,单击"插入"按钮,关闭窗口。接着选中新插入的编号项,单击"开始"选项卡,单击"上标"按钮。其他四个编号项也按照同样的方法设置,具体效果,如图2-29所示。

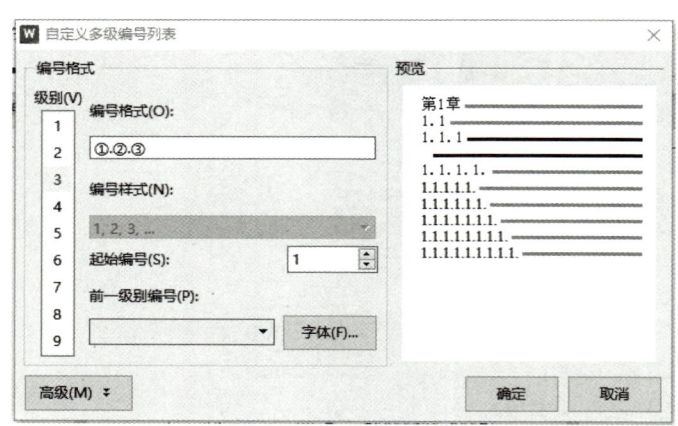

图2-28 多级编号列表

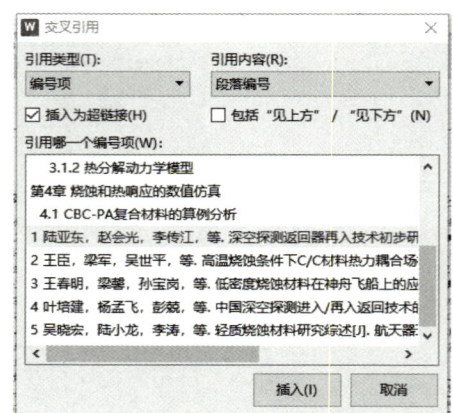

图2-29 交叉引用

(六)题注功能

步骤1 将光标定位在第四章第一张图片的下方题注处,删除原有的手动题注。然后单击"引用"选项卡,单击"题注"按钮,将标签设置为"图",接着单击"编号"按钮,勾选"包含章节编号",单击"确定"按钮。之后删除题注"图4-1"之间的空格,注意,编号与图片名称之间的空格无须删除。

步骤2 剩下两张图片的题注与步骤1同理。

步骤3 单击"开始"选项卡,右击"图片"样式,选择"修改样式"。然后单击左下角的"格式"按钮,选择"段落",切换到"换行和分页"选项卡,勾选"与下段同页",单击"确定"按钮。

步骤4 将光标定位于正文中的相应图片编号处,删除原有的手动编号。然后单击"引用"选项卡,单击"交叉引用"按钮,将引用类型设置为"图",引用内容设置为"只有标签和编号",选择相应的题注,单击"插入"按钮。

步骤5 正文其他图片编号与步骤4同理。

(七)表格设置

步骤1 将光标定位于第二章的表格处,然后单击"表格工具"选项卡,单击"自动调整"按钮,先选择"根据内容调整表格",再选择"适应窗口大小"。

步骤2 选中第一列的第2个和第3个单元格,然后单击"表格工具"选项卡,单击"合并单元格"按钮。接着对下方两个需要合并的单元格进行同样的操作。

步骤3 首先选中整个表格,然后单击"表格样式"选项卡,单击"边框"按钮,选择"无框线",将宽度修改为"1.5磅"。再次单击"边框"按钮,选择"上框线"和"下框线"。之后选中第一行,将宽度修改为"0.5磅",单击"边框"按钮,选择"下框线"。最后选中第一列,将宽度修改为"0.5磅",单击"边框"按钮,选择"内部横框线",具体效果,如图2-30所示。

步骤4 选中表格的标题行,然后单击"表格工具"选项卡,单击"标题行重复"按钮。

(八)生成目录

步骤1 将光标定位于封面页的最下方,然后单击"引用"选项卡,单击"目录"按钮,选择下方的"自动目录"。接着将光标定位于目录的最前面,单击"页面布局"选项卡,单击"分隔符"按钮,选择"下一页分节符",具体效果,如图2-31所示。

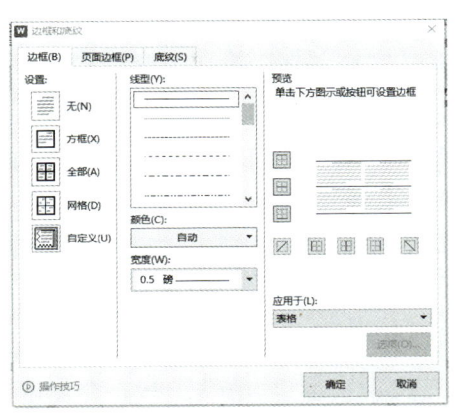

图2-30 表格样式设置

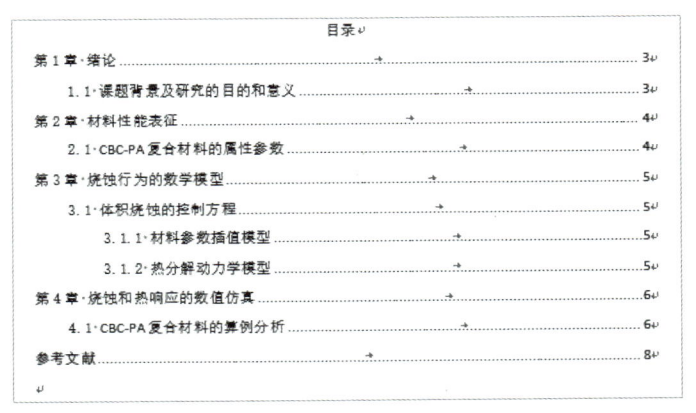

图2-31 毕业设计(论文)目录

步骤2 首先选中"参考文献"标题段落,然后单击"开始"选项卡,单击"格式刷"按钮。接着回到目录部分,将格式应用于"目录"标题段落。

步骤3 选中"目录"标题段落,单击"开始"选项卡,打开"段落"对话框,将大纲级别修改为"正文文本",然后单击"确定"按钮。

步骤4 单击"开始"选项卡,右击"目录1"样式,选择"修改样式"。然后单击左下角的"格式"按钮,打开"字体"对话框,将中文字体修改为"黑体",西文字体修改为"Times New Roman",字号设置为"小四"。

步骤5 右击"目录2"样式,选择"修改样式"。然后单击左下角的"格式"按钮,打开"字体"对话框,将中文字体修改为"宋体",西文字体修改为"Times New Roman",字号设置为"小四"。

步骤6 右击"目录3"样式,选择"修改样式"。然后单击左下角的"格式"按钮,打开"字体"对话框,将中文字体修改为"宋体",西文字体修改为"Times New Roman",字号设置为"小四"。

(九)页眉页脚

步骤1 将光标定位于目录前面,单击"页面布局"选项卡,单击"分隔符"按钮,选择"下一页分节符"。然后将光标定位于第一章的最前面,再次单击"页面布局"选项卡,单击"分隔符"按钮,选择"下一页分节符"。接着将光标定位于参考文献的最前面,重复上述操作,再次插入"下一页分节符"。

步骤2 将光标定位于目录页的页眉处,双击进入编辑模式,然后单击"页眉和页脚"选项卡,取消"同前节"选项。接着单击"页眉横线"按钮,选择任意一种"上粗下细双横线"样式的预设页眉横线。

步骤3 将光标定位于封面页的页眉处,单击"页眉和页脚"选项卡,单击"页眉横线"按钮,选择删除横线。

步骤4 将光标定位于目录页的页眉处,输入文字"毕业设计(论文)"。

步骤5 将光标定位于正文页眉处,单击"页眉和页脚"选项卡,取消"同前节"选项,并删除原有的文字。然后单击"插入"选项卡,单击"文档部件"按钮,选择"域",将域名设置为"样式引用",样式名设置为"标题1",勾选"插入段落编号",单击"确定"按钮。接着敲一个空格,再次单击"文档部件"按钮,选择"域",将域名设置为"样式引用",样式名设置为"标题1",取消勾选"插入段落编号",单击"确定"按钮。

步骤6 将光标定位于参考文献的页眉处,单击"页眉和页脚"选项卡,取消"同前节"选项,删除原有的文字,并输入"毕业设计(论文)"。

步骤7 将光标定位于目录页的页脚处,单击上方的"插入页码"快捷按钮,将样式设置为"Ⅰ,Ⅱ,Ⅲ...",选择"居中"对齐方式,将应用范围设置为"本节",单击"确定"按钮。然后单击"重新编号"快捷按钮,将页码编号设为"1"。

步骤8 将光标定位于正文页脚处,单击上方的"插入页码"快捷按钮,将样式设置为"1,2,3...",选择"居中"对齐方式,将应用范围设置为"本页及之后",单击"确定"按钮。

(十)保存文档

步骤1 按组合键<Ctrl+S>保存文档。

步骤2 单击左上角的"文件"选项,选择"输出为PDF",然后单击"高级设置"按钮。在"权限设置"中勾选相关选项,输入密码"123",并在确认处再次输入。接着取消"允许修改"和"允许复制"的勾选,其他地方保持默认状态即可。最后单击"确认"按钮,再单击"开始输出"按钮。

四　机考助手

考试中该任务的考核形式可能为综合操作题，要求考生根据题目要求（如高校毕业设计（论文）格式规范）完成以下任务：按指定模板设置毕业设计（论文）页面参数（A4纸、页边距、装订线）；应用多级标题样式并生成自动更新目录；插入图表、脚注及参考文献，确保学术规范性；完成文档校对与最终导出（PDF格式）。

（一）典型考点

1. 页面设置与格式规范

基础参数：设置A4纸张、上下左右边距各2.5厘米（通过"页面布局""自定义边距"）。

装订线调整：设置装订线位置（左侧）及宽度（如1厘米），适配打印需求。

2. 样式与排版管理

自定义样式：创建"设计（论文）正文"样式（字体宋体、字号小四、行距1.5倍），并批量应用于全文。

多级标题：将章节标题设为"标题1"（如"第一章　绪论"）、子标题设为"标题2"（如"1.1研究背景"）。

3. 图表与目录自动化

图表处理：插入图表（通过"插入""图表"）并设置题注（如"图1-1 实验数据对比"），调整环绕方式（嵌入式/上下型）。

目录生成：基于标题样式自动生成目录（通过"引用""目录"），支持内容更新后一键刷新。

4. 文档校验与输出

拼写检查：使用"审阅"→"拼写检查"修正语法错误（如错别字、标点误用）。

PDF导出：通过"文件"→"导出为PDF"确保格式稳定，避免打印时排版错乱。

（二）提升技巧

掌握基础操作（页面设置、样式应用），再进阶练习引用与目录生成。

组合键强化：熟练使用组合键<Ctrl+S>（快速保存）、<Alt+Shift+X>（插入脚注）、<F9>（更新目录）等。

五　课后练习

操作题

打开"章程.wps"，完成如下操作。

1）设置页面：上、下页边距为20mm，左、右页边距为15mm，装订线位置在左侧，装订线宽为5mm，页眉、页脚距边界均为10mm。

2）通过修改和应用样式来格式化文档。

①基于"正文"样式新建两个段落类型的样式，分别命名为"第N章"和"第N条"。将"第N章"样式的字体设置黑体、大纲级别设为1级，其余格式保持与"正文"样式一致。

②将文中包含章节编号（"第一章"~"第十三章"）的段落全部应用"第N章"样式，将文字包含条目编号（"第一条"~"第五十七条"）的段落全部应用"第N条"样式。

3）自定义链接到样式"第N章"和"第N条"的两级编号，用以替换文中所有的手动编号（包括编号之后的空格），编号格式沿用"第一章"~"第十三章"和"第一条"~"第五十七条"的形式，编号与文字之间以空格分隔。

4）将封面的中文正标题设为"楷体"、字号"80pt"、字符间距加宽"3磅"、字体颜色"RGB（29，147，159）"，将英文副标题设为"Times New Roman"、字号"24pt"、字符缩放"150%"、字体颜色"RGB（255，192，0）"。

5）在封面和正文之间插入自动目录，显示章标题（1级标题）及其页码，使目录单独置于一页。然后，将文档按封面、目录、正文分为3节。

6）将封面和目录的页眉和页脚留白，并按下列要求单独编辑正文（第3节）的页眉和页脚。

①在页眉中编辑文字，奇数页显示文本"×××有限公司"，偶数页显示文本"章程"，全部页眉文字均设置段落右对齐。

②在页脚右侧插入页码，采用预设页码样式中的第2种，形如"-1-""-2-"，并且正文第1页从1开始编号，同时更新目录页码。

7）为了保证文档打印时不跑版，在保存"章程.wps"文字文档后，将其输出为带权限设置的PDF文件，权限设置为禁止修改、禁止复制和禁止打印，权限密码设置为三位数字"666"（无须设置文件打开密码），其他选项保持默认。

项目三　WPS表格处理

信息技术与人工智能（信创版）

在数字经济蓬勃发展的今天，数据已成为驱动行业变革的核心生产要素。从金融风控到电商运营，从科研统计到政务决策，电子表格处理技能正成为职场竞争力的关键指标。据智联招聘数据显示，在数据分析、财务审计、商务咨询等岗位中，该技能可使工作效率迅速提升。掌握WPS表格处理不仅意味着精通数据处理工具，更意味着获得解锁职业新赛道的战略钥匙。

01 知识目标

构建"三位一体"知识体系，覆盖职场全场景需求：界面层掌握功能区布局、快捷键操作等实战技能；功能层精通工作簿管理、函数公式库、数据验证等12类核心模块；应用层培养数据录入、清洗、分析、可视化的全流程思维。重点突破VLOOKUP、数据透视表、动态图表等高频技能，建立从基础操作到复杂建模的完整知识链条。

02 能力目标

锻造"四阶"实战能力，实现职场价值跃升：基础操作层实现万行级数据高效处理；数据分析层完成复杂计算与模型构建；决策支持层输出专业可视化报告；创新应用层开发自动化解决方案。通过课程项目实战，培养学生界定业务问题、抽象数据特征、建立分析模型、输出决策建议的完整能力链。

03 素养目标

培养"三化"职业素养，赋能职业发展：流程数字化方面建立标准化解决范式；决策数据化层面形成"用数据说话"的思维习惯；创新常态化维度掌握数据驱动的创新方法。通过课程学习，学生不仅能提升岗位胜任力，更能获得支撑职业可持续发展的数字化竞争力，在数字化转型浪潮中保持领先地位。

04 就业导向

本项目精准对接数字化办公岗位需求，重点培养五大就业方向的核心竞争力：数据分析师岗位所需的数据清洗、建模、可视化全链路技能；电商运营岗位依赖的销售数据透视与分析能力；财务审计岗位必备的函数公式与数据校验技术；商务咨询岗位要求的模型构建与决策支持能力；数字化转型岗位参与的数据治理体系建设能力。通过项目学习，学生将掌握企业真实工作场景中的高频技能，为进入岗位铺设快速通道。

05 思维导图

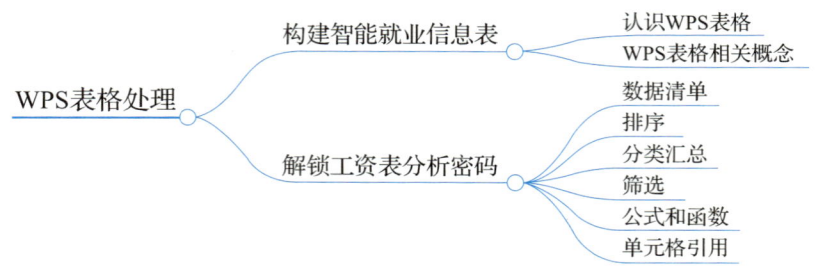

任务五　慧眼识珠——构建智能就业信息表

一　任务描述

在就业季，就业指导老师安排小明同学制作一张就业信息表，用于收集同学们的就业类型、求职进展、专业方向等相关信息，以便更好地为同学们提供就业指导与帮助。部分表格效果，如图3-1所示。

序号	毕业时间	学号	姓名	性别	院系	学历	专业	班级	就业类型	是否超时
					2025年学生就业信息表					
1	2025	2024001001	赵婷婷	女	建筑与信息工程学院	专科生毕业	计算机应用技术	计算机2401	签订劳动合同	未超时
2	2025	2024001002	李涛	男	建筑与信息工程学院	专科生毕业	计算机应用技术	计算机2404	签订劳动合同	未超时
3	2025	2024001003	沈雪	女	建筑与信息工程学院	专科生毕业	计算机应用技术	计算机2403	签订劳动合同	未超时
4	2025	2024001004	尹洋	女	建筑与信息工程学院	专科生毕业	计算机应用技术	计算机2204	签订劳动合同	未超时
5	2025	2024001005	晏小红	女	建筑与信息工程学院	专科生毕业	计算机应用技术	计算机2404	签订劳动合同	未超时
6	2025	2024001006	郑萍	女	建筑与信息工程学院	专科生毕业	计算机应用技术	计算机2402	签订劳动合同	未超时
7	2025	2024001007	黄云	女	建筑与信息工程学院	专科生毕业	计算机应用技术	计算机2404	签订劳动合同	未超时
8	2025	2024001008	丁秀兰	女	建筑与信息工程学院	专科生毕业	计算机应用技术	计算机2403	签订劳动合同	未超时
9	2025	2024001009	张建平	男	建筑与信息工程学院	专科生毕业	计算机应用技术	计算机2404	签订劳动合同	未超时
10	2025	2024001010	汤勇	男	建筑与信息工程学院	专科生毕业	计算机应用技术	计算机2402	签订劳动合同	未超时
11	2025	2024001011	李洋	男	建筑与信息工程学院	专科生毕业	计算机应用技术	计算机2402	签订劳动合同	未超时
12	2025	2024001012	贺娟	女	建筑与信息工程学院	专科生毕业	计算机应用技术	计算机2404	考公	超时
13	2025	2024001013	李斌	男	建筑与信息工程学院	专科生毕业	计算机应用技术	计算机2402	签订劳动合同	未超时
14	2025	2024001014	李刚	男	建筑与信息工程学院	专科生毕业	计算机应用技术	计算机2404	签订劳动合同	未超时
15	2025	2024001015	胡飞	男	建筑与信息工程学院	专科生毕业	计算机应用技术	计算机2402	签订劳动合同	未超时

图3-1　就业信息表

在本任务中，将学习如何利用WPS电子表格创建工作表和单元格输入信息等基础操作。

二 相关知识

在任务实施之前,先熟悉WPS表格的工作界面和相关概念,掌握行、列、单元格和区域的选择等操作,以便于更好地完成任务的实施。

(一)认识WPS表格

正确安装WPS Office后,在桌面上会自动建立快捷方式,双击此快捷方式,如图3-2所示,在"新建"中选择"表格",可以选择"新建空白文档""新建在线文档"以及"根据行业"等职业的推荐模板快速建立需要的工作簿。

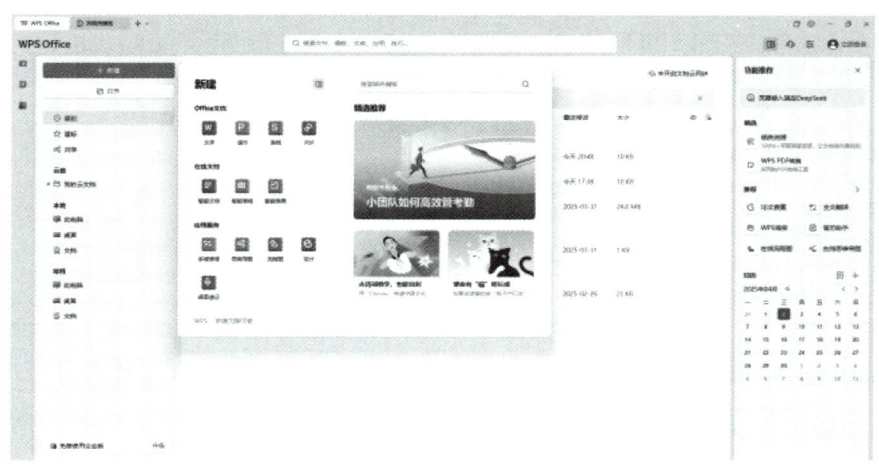

图3-2 选择新建表格

如果对所需要建立的工作簿没有明确的概念,或者需要快速根据模板建立工作簿,可自行尝试"新建在线文档"以及选择"根据行业"等职业的推荐模板。这里单击"新建空白文档",将会打开如图3-3所示的WPS表格工作窗口,并自动创建一个名为"工作簿1"的空白工作簿。

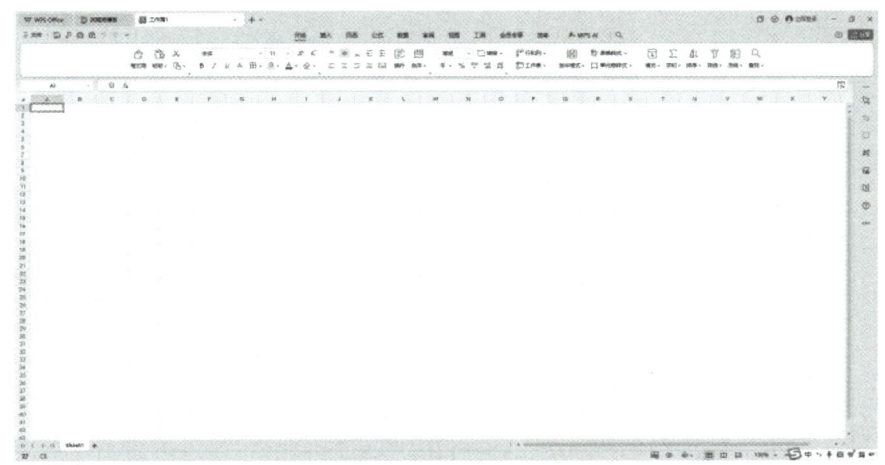

图3-3 WPS表格工作窗口

观察该窗口，可以看出除了工作区域呈现表格的形式外，其他部分与项目二介绍的 WPS 文字窗口类似，比较其选项卡可以发现，WPS 表格具有两个独特的选项卡："公式"与"数据"，足以显示其在数据计算与数据处理方面的强大功能。另外，针对 WPS 表格工作窗口的各部分功能说明见表 3-1。

表 3-1　WPS 表格工作窗口的各部分功能说明

名称	功能说明
标题栏	位于软件窗口顶部，主要包含文件名、工作区/标签列表、用户名以及窗口控制按钮，能清晰显示现在已经打开的各个文档，及进行窗口大小与位置的控制
功能区	包含快速启动工具栏、各选项卡与操作命令。WPS 表格功能区与 WPS 文字功能区非常类似，少了【引用】与【章节】这两个与文字排版相关的选项卡，多了【公式】与【数据】选项卡，显示了其在数据处理方面的强大功能。其他相似的选项卡，虽然命令不完全一样，但对其相似的设置完全可以通过知识迁移，习得其在 WPS 表格中的作用与应用
列标	用于标识或选择工作表的列，以大写英文字母 A-Z、AA-AZ、……、XFD 编号，一个工作表中有 16384 列
行号	用于标识或选择工作表的行，以阿拉伯数字 1、2、……、1048576 编号，一个工作表中有 1048576 行
活动单元格	当前被选中的单元格

启动 WPS 表格并新建空白工作簿后，显示在用户面前的就是其工作界面，其中包括标题栏、快速访问工具栏、功能区、名称框、编辑栏、工作表编辑区工作表标签等组成元素，如图 3-4 所示。

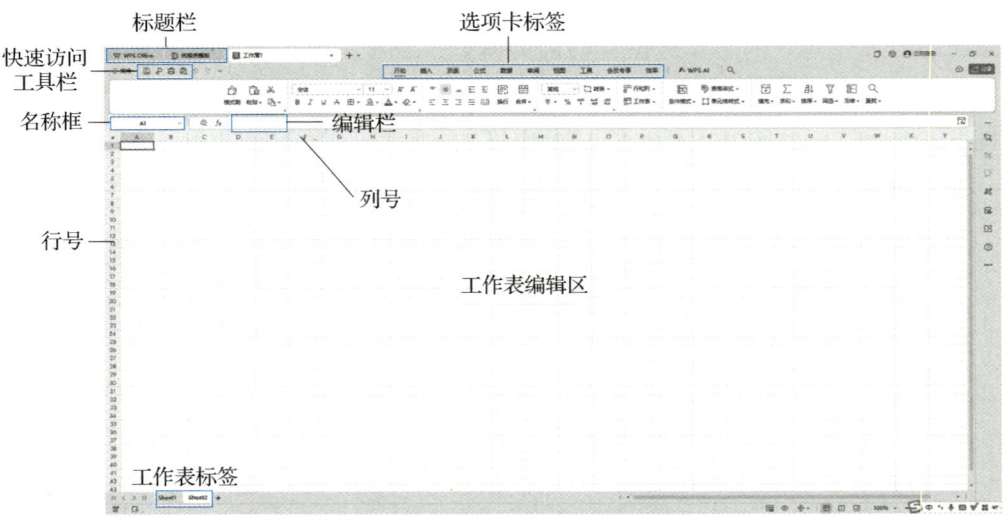

图 3-4　WPS 表格工作界面

1. 名称框

名称框用于指示当前选择的单元格，也可用于选择单元格。

2. 编辑栏

编辑栏主要用于输入和修改活动单元格中的内容。当在工作表的某个单元格中输入数据时，编辑栏会同步显示输入的内容。

3. 工作表编辑区

工作表编辑区是 WPS 表格处理数据的主要区域，包括单元格、行号、列标和工作区。

4. 工作表标签

工作表标签位于工作簿窗口的左下角。工作表是通过工作表标签来标识的，当工作簿中包含多个工作表时，单击不同的工作表标签可在各工作表之间切换。默认情况下，WPS 表格新建的工作簿中只包含一个工作表 Sheet1。

> **操作提示**
>
> 因为供电系统不稳定或用户误操作等原因，WPS 表格可能会在用户保存文档之前就意外关闭。针对此种常见情况，可以使用 WPS 自动保存功能，减少意外情况所造成的损失，具体设置如下。
>
> 在"文件/选项/备份中心/设置/备份到本地/定时备份时间间隔"中设置具体的时间，这里在时间间隔中输入 5 分钟（见图 3-5）。此时，如果程序意外关闭，则最多损失意外关闭前 5 分钟所做的编辑与修改操作。
>
> 另外，在保存时如果忘记文件保存位置，又将文件关闭，此时可以再次打开 WPS 软件，单击"文件"后，在其展开的"最近使用"文件序列中找到所需要的文件。

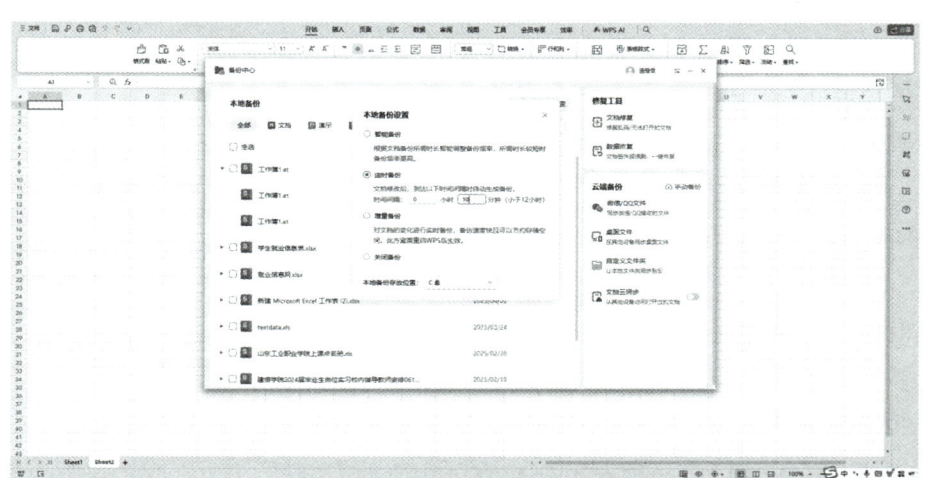

图 3-5　备份设置

（二）WPS 表格相关概念

1. 工作簿

工作簿作为 WPS 表格的核心数据容器，采用".et"作为标准扩展名。用户保存时可灵活选择WPS原生格式、Excel格式，或输出为PDF、XML及HTML网页等跨平台格式。每个工作簿支持多工作表集成管理，新建空白文档时默认命名为"工作簿1"，建议保存时采用具有业务标识性的文件名。文件操作流程与WPS文字文档高度一致，支持通过"审阅-保护工作簿"实施安全管控，设置后禁止增删、隐藏或复制工作表，但保留单元格编辑权限。密码保护机制采用可逆加密体系，撤销保护需验证原始密码。协作场景下，受保护工作簿仍支持多用户并行编辑已有数据，新增/删除工作表需先解除保护状态，并通过内置分享功能实现云端协同作业。

启动WPS Office后，在打开的"首页"界面中单击左侧或上方的"新建"按钮，打开"新建"界面，单击界面上方的"表格"图标，然后选择"新建空白文档"选项，WPS表格会自动创建一个名为"工作簿1"的空白工作簿，并进入其工作界面。如果要新建其他工作簿，可直接按<Ctrl+N>组合键，快速创建一个空白工作簿。

2. 工作表

工作表作为数据组织的主体单元，构建了由1048576行×16384列构成的超大规模网格，行列交叉形成17,179,869,184个独立单元格，充分满足企业级数据存储需求。新建工作簿默认创建了名为Sheet1的初始工作表，用户可通过单击标签栏"+"按钮快速扩展。工作表管理功能提供了多样化的操作范式以满足用户需求：用户可通过双击标签或右键选择"重命名"进入编辑模式，为工作表设置最长31个字符的自定义名称；通过"工作表标签颜色"选项可选用48种色标进行视觉标识，辅助建立清晰的色彩分类体系；支持拖曳操作（按住<Ctrl>键拖曳可实现复制）及右键菜单精确控制（包括跨工作簿移动）的移动复制功能；通过"审阅"功能区的"保护工作表"选项可设置密码保护，并针对12类操作权限构建精细化控制矩阵，保护状态下仍可删除或插入工作表但禁止修改单元格数据；冻结功能支持首行/首列固定及自定义区域锁定，确保数据核对时关键标识始终可见；通过"隐藏"功能可暂时移除工作表。

同时，在WPS表格中，一个工作簿可以包含多个工作表，用户可以根据需要对工作表进行插入、重命名、移动、复制和删除等操作。默认情况下，新工作簿只包含一个工作表。如果现有的工作表不能满足需要，可右击工作表标签，选择"插入工作表"命令，如图3-6所示，在所有工作表的右侧插入一个新工作表；要选择单个工作表，直接单击相应的工作表标签；要选择多个连续的工作表，可在按住<Shift>键的同时单击要选择的第一个工作表和最后一个工作表的工作表标签；要选择不相邻的多个工作表，可在按住<Ctrl>键的同时

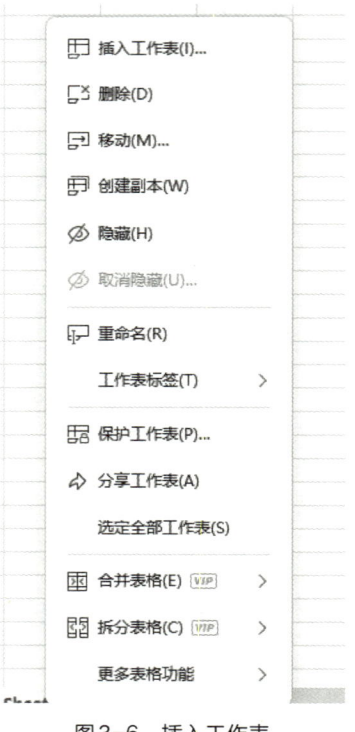

图3-6 插入工作表

单击要选择的工作表标签。同时，用户可以为工作表设置一个与其保存内容相关的名字，以方便区分工作表。

要重命名工作表，可双击工作表标签进入其编辑状态，然后输入工作表名称，再单击除该标签外的任意位置或按<Enter>键确认；要在同一工作簿中移动工作表，可单击要移动的工作表标签，然后按住鼠标左键将其沿标签栏拖动到所需位置即可。如果在拖动的过程中按住<Ctrl>键，则为复制工作表操作，源工作表依然保留。如果要在不同的工作簿之间移动工作表，可先打开源工作簿和目标工作簿，然后选中要移动的工作表单击"开始"选项卡中的"工作表"按钮，在展开的下拉列表中选择"移动工作表"选项，打开"移动或复制工作表"对话框（见图3-7），在其中选择目标工作簿及其目标位置后单击"确定"按钮即可。最后，对于工作簿中不再需要的工作表可以将其删除。单击要删除的工作表标签，然后单击"开始"选项卡中的"工作表"按钮，在展开的下拉列表中选择"删除工作表"选项（见图3-8）；如果工作表中有数据，将弹出"WPS表格"提示对话框，单击"确定"按钮即可。

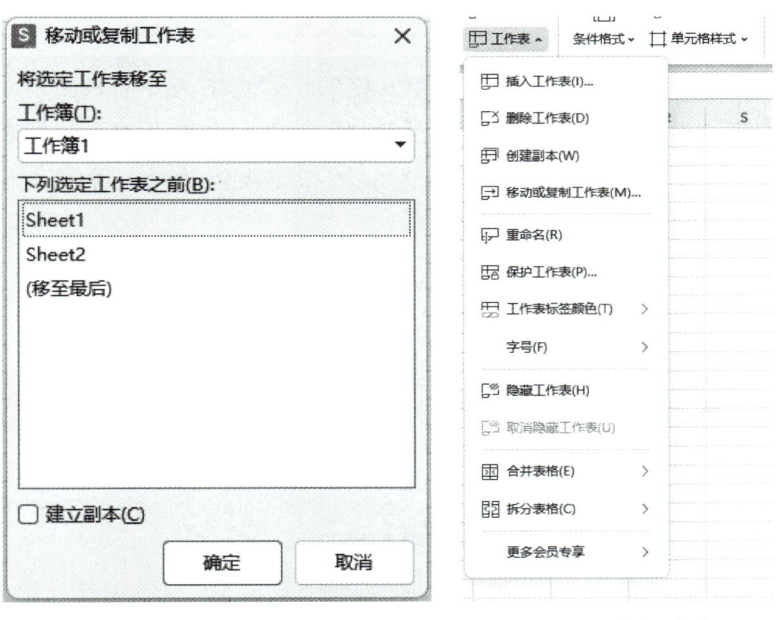

图3-7　移动或复制工作表　　　　图3-8　删除工作表

3. 单元格

单元格作为行列交汇的最小操作单元，其地址由列字母+行数字构成（如B1），这种复合编码体系既延续了电子表格软件的行业传统，又有效避免了纯数字编码可能产生的混淆。用户交互时，单击操作将激活单元格的绿色聚焦框，地址同步显示于名称框，编辑内容实时反映在公式栏。该设计实现了三重视觉确认：位置标识、坐标显示、内容预览，构成完整的人机交互闭环。单元格支持全类型数据输入，包括文本、数值、公式、函数及特殊符号，作为电子表格的基础载体，承载着所有计算、分析和可视化操作的数据源。

4. 选择、插入、合并和删除单元格、行、列

在使用 WPS 表格时，经常需要对单元格、行、列与区域进行插入、删除、移动与复制等操作，这时，就要先进行选择目标单元格、行、列与区域的操作，其具体方法见表3-2。

表3-2 选择目标单元格、行、列与区域的方法

对象	选择方法
一个单元格	光标指针呈空心十字时，单击即可选中一个单元格
行	单击要选定的行所在的行号即可，上下拖动或按住<Shift>键可以选择连续的多行；按住<Ctrl>键可以选定不连续的行
列	单击要选定的列所在的列标即可，左右拖动或按住<Shift>键可以选择连续的多列；按住<Ctrl>键可以选定不连续的列
连续单元格区域	将光标移至要选定的连续区域的起始单元格，按住鼠标左键拖动至对角单元格即可，或者选择起始单元格后，按住<Shift>键，再选择对角单元格即可
不连续单元格区域	选择第一个单元格区域后，按住<Ctrl>键，依次选择其他单元格或单元格区域
整个表格	单击全选按钮，或者按<Ctrl+A>组合键

插入单元格的具体操作为：在要插入单元格的位置选中与要插入的单元格数量相等的单元格，然后单击"开始"选项卡中的"行和列"按钮，在展开的下拉列表中选择"插入单元格"的"插入单元格"选项（见图3-9），或根据需要选择一种插入方式，最后单击即可。

图3-9 "插入单元格"选项

删除单元格的具体操作为：选中要删除的单元格或单元格区域，然后单击"开始"选项卡中的"行和列"按钮，在展开的下拉列表中选择"删除单元格"的"删除单元格"选项，打开"删除"对话框，根据需要在其中选择一种删除方式，最后单击"确定"按钮即可。

插入行的具体操作为：在要插入行的位置选中与要插入的行数量相等的行，然后单击"开始"选项卡中的"行和列"按钮，在展开的下拉列表中选择"插入单元格"或"插入行"选项即可。

删除行的具体操作为：选中要删除的行，然后单击开始选项卡中的"行和列"按钮，在展开的下拉列表中选择"删除单元格"或"删除行"选项即可。

合并单元格的具体操作为：合并单元格是指将相邻的多个单元格合并为一个单元格。要合并单元格，可首先选中要进行合并的单元格区域，然后单击"开始"选项卡中的"合并"按钮，或单击"合并"下拉按钮，在展开的下拉列表（见图3-10）中选择一种合并方式。要拆分合并后的单元格，只需选中该单元格，再次单击"合并"按钮即可。

5. 数据输入与编辑

单击要输入数据的单元格，直接输入数据即可。工作表中活动单元格的右下角有一个绿色的小方块，称为填充柄。将鼠标指针移到填充柄上，待鼠标指针变成"+"形状时按住鼠标左键并拖动，可自动在相邻的单元格中填充与活动单元格内容相关的数据，如序列数据（有规律变化的数据，如日期、等差数列）或相同数据。

利用填充柄填充数据时，还可鼠标右键单击填充区域右下角的"自动填充选项"按钮，在展开的下拉列表中选择需要的填充方式，如图3-11所示。例如，要填充序列数据，可选中"以序列方式填充"单选钮，若要填充相同数据，可选中"复制单元格"单选钮。

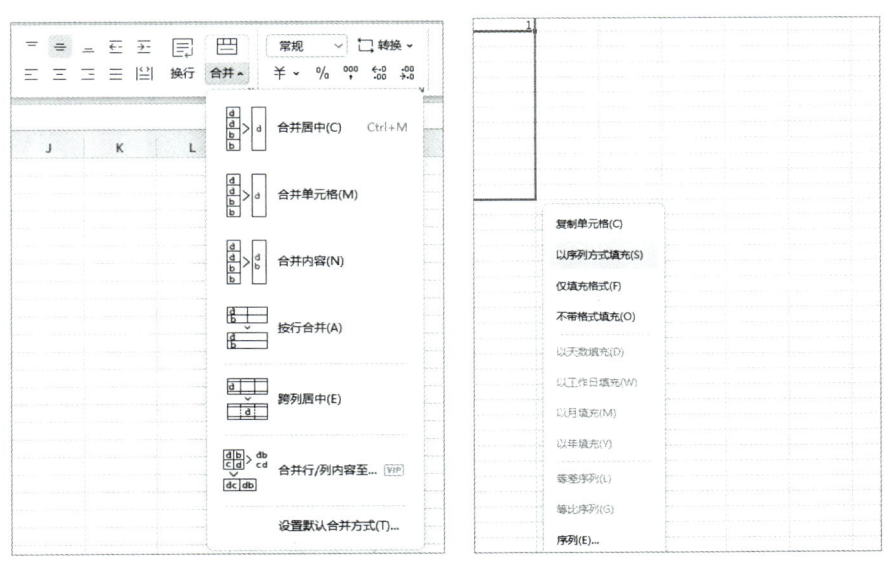

图3-10　合并单元格　　　　图3-11　自动填充下拉列表

此外，在WPS表格的工作表中还可以使用快捷键输入相同数据。先选中要输入相同数据的多个单元格，然后输入数据，最后按<Ctrl+Enter>组合键确认。

在实际应用中，为了保证输入的数据都在其有效范围内，用户可以利用WPS表格提供的数据验证功能为单元格设置条件，以便列出可选项或在数据出错时给出提醒，从而快速、准确地输入数据。例如，为"手机号码"列设置文本长度仅为 11 位的有效性条件，可以保证"手机号码"列中最终输入的数据均为 11 位。当输入的数据不是 11 位时，会弹出错误提示信息，用户可重新输入。输入数据后，用户可以像编辑 WPS 文字中的文本一样，对输入的数据进行各种编辑操作，如移动、复制、查找、替换和清除等；需要移动数据时，选中要移动数据的单元格或单元格区域，然后将鼠标指针移到所选单元格或单元格区域的边缘。待鼠标指针变成四向黑色箭头形状时，按住鼠标左键并拖动，到目标位置后释放鼠标即可；在移动数据过程中按住<Ctrl>键，则为复制数据操作；需要清除数据时，选中要清除数据的单元格或单元格区域，然后单击"开始"选项卡中的"清除"按钮，在展开的下拉列表中选择相应选项，可清除单元格中的内容、格式、批注或特殊字符等。

操作提示

在 WPS 表格中，搜集了一些常见的日期与时间序列，如果有其他需要，可以自定义序列。选择"文件"菜单的"选项"，单击"自定义序列"，具体如图 3-12 所示。将对选定区域定义为序列，如选定产品号所在的区域，单击"导入"即可；还可以自定义序列，如将序号"一号，二号，三号，四号"设置成序列（序列间用英文逗号分隔），单击"添加"即可。当输入序列中的任意一项时，按预定方向与自定义的序列实现自动填充。

设定了自定义序列后，在"排序"时，还可以按自定义的序列进行排序，打破默认的按字母、笔画、数字大小等的排序方式。

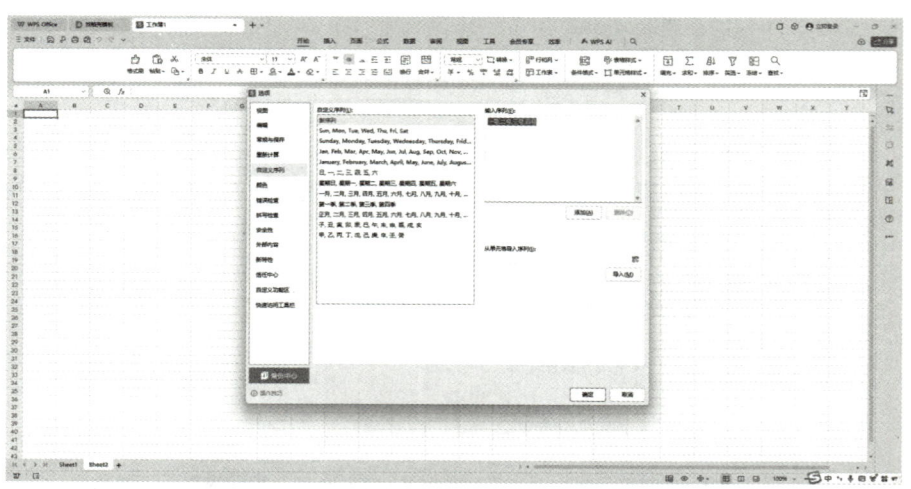

图 3-12　自定义序列

6. 数据类型的转换

WPS 表格中经常使用的数据有文本型数据、数值型数据、日期和时间数据等。其中，文本型数据是指汉字、英文，或由汉字、英文、数字组成的字符串。默认情况下，输入的文本型数据会沿单元格左侧对齐。数值型数据是 WPS 表格中使用最多，也是最为复杂的数据类型。它由数字 0~9、正号"+"、负号"−"、小数点"."、分数号"/"、百分号"%"、指数符号"E"或"e"、货币符号"¥"或"$"及千位分隔号","等组成。输入数值型数据时，WPS 表格自动将其沿单元格右侧对齐。日期和时间数据实际上属于数值型数据，用来表示一个日期或时间。在 WPS 表格中，可以使用"/"或"_"分隔日期中的年、月、日部分，使用冒号分隔时间中的时、分、秒部分。

在 WPS 表格中，绝大多数数据类型之间是可以相互转换的。选中要转换数据类型的单元格或单元格区域，然后直接单击"数字格式"下拉按钮，在展开的下拉列表中选择所需的数字格式，可快速转换数据类型。"单元格格式"对话框如图 3-13 所示。

7. 设置工作表格式

要对工作表进行格式化处理，先选中要进行格式设置的单元格或单元格区域，然后进行相关操作。

其中，设置单元格格式主要包括设置单元格内容的字符格式和对齐方式，以及设置单元格的边框和底纹等，可利用"开始"选项卡中的命令，或在"单元格格式"对话框中进行设置。

此外，默认情况下，WPS 表格中所有行的高度和所有列的宽度都是相同的。用户可以利用鼠标拖动方式或在"开始"选项卡的"行和列"下拉列表中选择相应选项来调整行高和列宽。

最后，WPS 表格为用户提供了多种预定义的表格样式，套用这些样式，可以快速建立适合不同专业需求且外观精美的工作表。为此，可选中单元格区域后在"开始"选项卡的"表格样式"下拉列表（见图 3-14）中选择或新建所需表格样式。

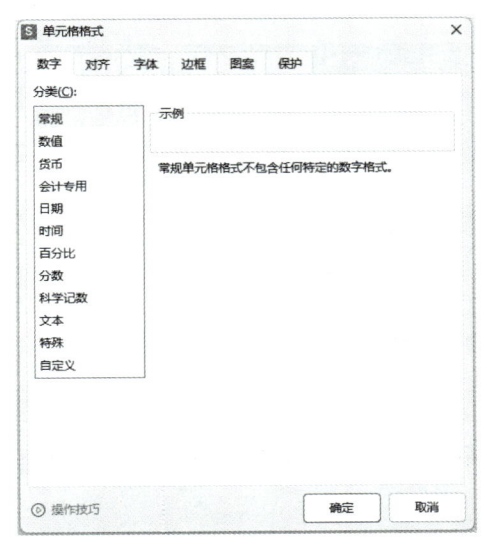

图 3-13 "单元格格式"对话框

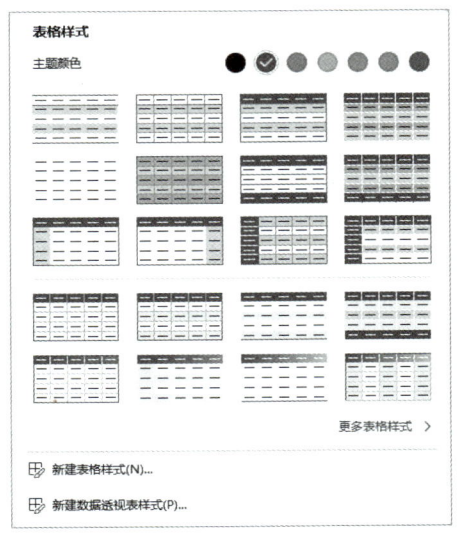

图 3-14 表格样式

三　任务实施

为帮小明同学制作一份合格的就业信息电子表格，现制定以下详细编辑要求。

1）新建一个空白工作表"2025年学生就业信息表"。

2）"学号"按递增顺序输入，并依据学号输入对应的"姓名"；"性别"列只能输入"男"或"女"；"毕业时间"列只能输入当年及之后合理的日期范围；"就业类型"列可设置为"签订劳动合同""求职中""考研""考公"等固定选项。

3）标题行A1至K1合并为一个单元格。

4）"2025年学生就业信息表"字体设置为黑体14号字，各列字段标题设置为黑体12号字，各数据行设置为宋体11号字；标题行单元格填充为"蓝色"，各数据行隔行填充"钢蓝，着色5，浅色80%"；所有单元格设置为水平与垂直方向居中对齐，将表格外框线设置为黑色双实线，内框线设置为黑色细实线。将表格的行高设置为20磅，列宽设置为"最适合的列宽"。

制作"就业信息表.et"电子表格具体操作步骤如下。

（一）新建WPS表格

利用WPS表格新建一个工作簿，并将其文件名保存为"2025年学生就业信息表"。

（二）填充表格信息

步骤1　如图3-15所示，选中标题行A1至K1，单击菜单栏中"合并单元格"按钮并将其合并为一个单元格，在单元格中输入"2025年学生就业信息表"。

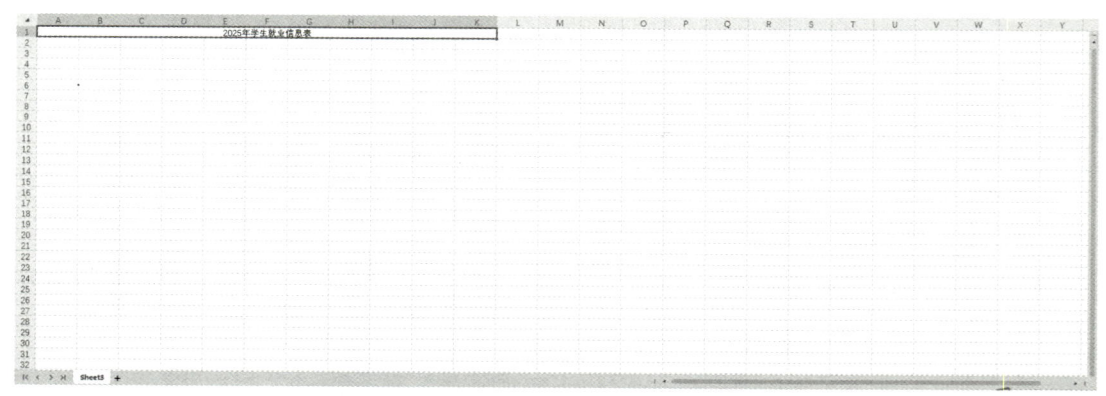

图3-15　合并单元格

步骤2　如图3-16所示，在Sheet1工作表中，在A2至K2单元格中分别填充"序号""毕业时间""学号""姓名""性别""院系""学历""专业""班级""就业类型""是否超时"。

步骤3　如图3-17所示，在A3单元格输入序号"1"，在A4单元格输入序号"2"，拖动复制柄到A17单元格，填充至序号"15"。

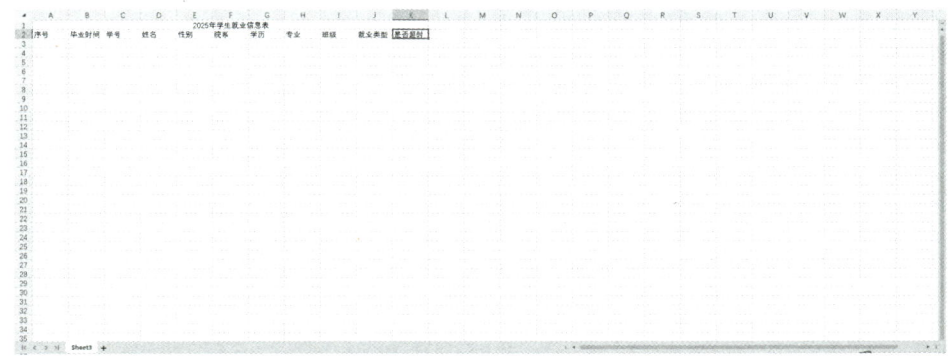

图3-16　Sheet1

步骤4　如图3-18所示，选中B3单元格，单击选项卡"数据"中的"有效性"按钮，将"数据有效性"对话框设置中"有效性条件"的"允许（A）"下拉菜单修改为"整数"，"数据（D）"下拉菜单修改为"大于或等于"，"最小值（M）"修改为"2025"。

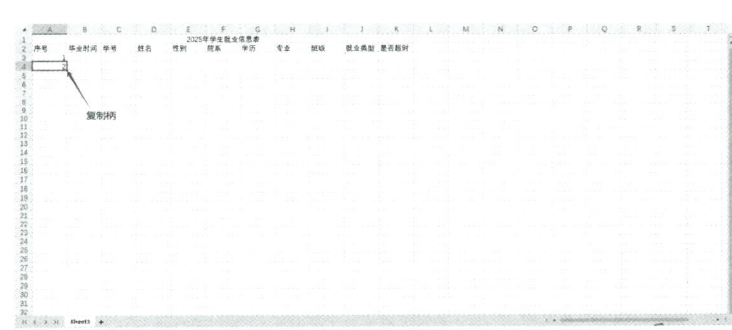

图3-17　复制柄的使用

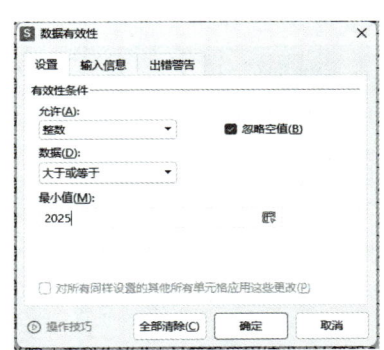

图3-18　数据有效性参数

步骤5　如图3-19所示，选中C3至C17单元格，右键选中"设置单元格格式"，选择"数字"选项卡中的"自定义"格式，并将类型修改为""2024001"@"，单击"确定"按钮，并在C3单元格中输入"001"，观察到实际单元格中显示为"2024001001"，单击复制柄，拖动到C17，完成学号的自动填充。

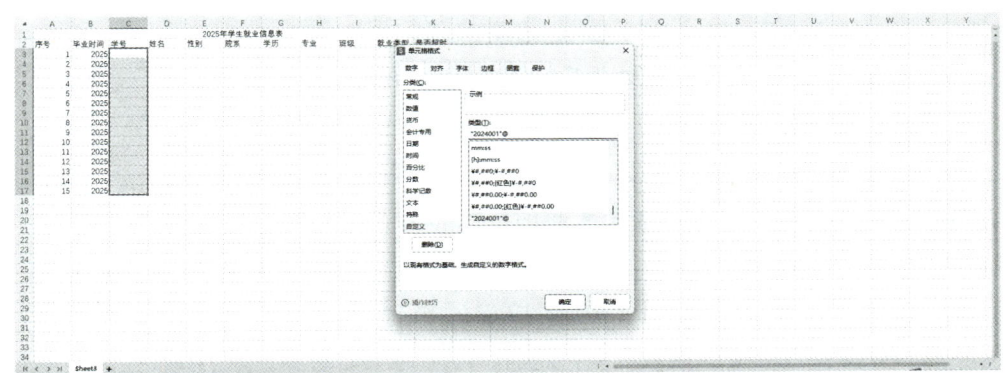

图3-19　修改单元格格式

（三）修改表格数据有效性

修改表格数据有效性

步骤1 如图3-20所示，选中E3至E17单元格，单击选项卡"数据"中的"有效性"按钮，在"数据有效性"设置中"有效性条件"的"允许（A）:"下拉菜单修改为"序列"，"数据（D）"下拉菜单修改为"介于"，"来源（S）"修改为"男，女"。

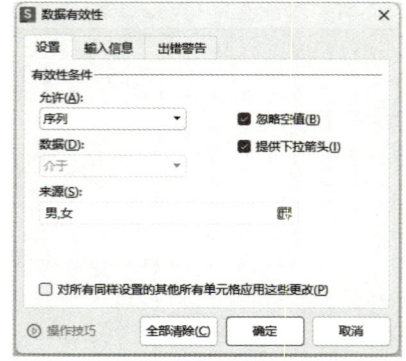

图3-20 性别数据有效性设置

步骤2 选中I3至I17单元格，单击选项卡"数据"中的"有效性"按钮，在"数据有效性"设置中"有效性条件"的"允许"下拉菜单修改为"序列"，"来源（S）"修改为"计算机2401，计算机2402，计算机2403，计算机2404"，如图3-21所示，在I列填充专业班级数据时，只能下拉选择"计算机2401，计算机2402，计算机2403，计算机2404"四种专业班级。

步骤3 选中J3至J17单元格，单击选项卡"数据"中的"有效性"按钮，在"数据有效性"设置中"有效性条件"的"允许"下拉菜单修改为"序列"，"来源（S）"修改为"求职中，考研，考公"。

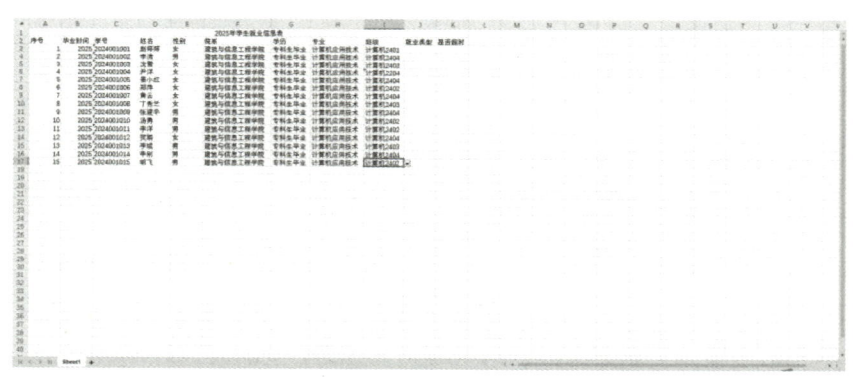

图3-21 班级数据有效性设置

步骤4 选中K3至K17单元格，单击选项卡"数据"中的"有效性"按钮，在"数据有效性"设置中"有效性条件"的"允许"下拉菜单修改为"序列"，"来源（S）"修改为"未超时，超时"，如图3-22所示，并在出错警告中的错误信息输入"请输入超时或者未超时！"，即可实现错误输入时提示错误信息。

步骤5 如图3-23所示，选中K3至K17单元格，单击"开始"选项卡中的"条件格式"，再选择"突出显示单元格规则"中的"等于"，在弹出的"等于"提示框中

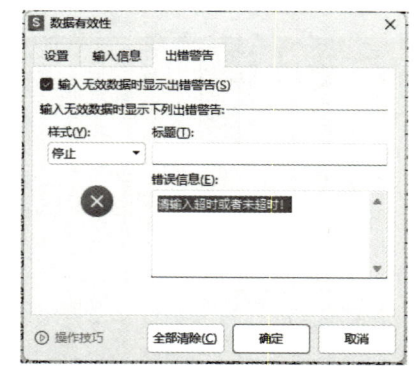

图3-22 出错警告信息

填写"超时",实现超时单元格的突出显示。

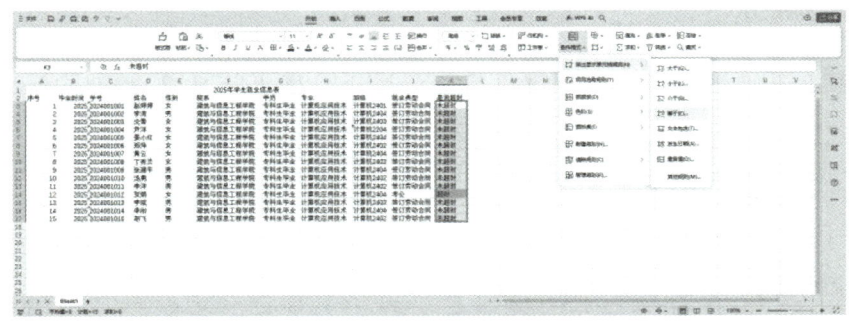

图 3-23　条件格式设置

步骤 6　如图 3-24 所示,选中 A1 至 K17 单元格,单击"开始"选项卡中的边框按钮,选择"所有框线";选中 A1 至 K17 单元格,选择垂直居中和水平居中;选中 A1 至 K17 单元格,设置字体大小为 10,字体颜色为黑色。

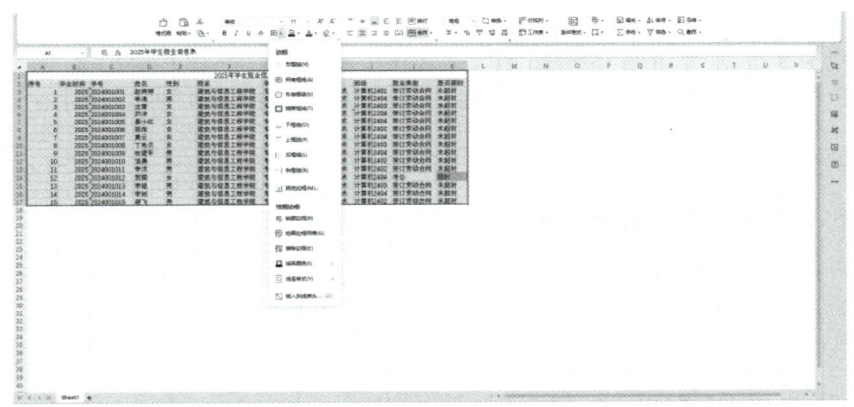

图 3-24　添加边框

(四)修改表格样式

步骤 1　如图 3-25 所示,选中 A 至 K 列,右键菜单中选择最合适的列宽;选中 1 至 17 行,右键菜单中选择最合适的行高。

修改表格样式

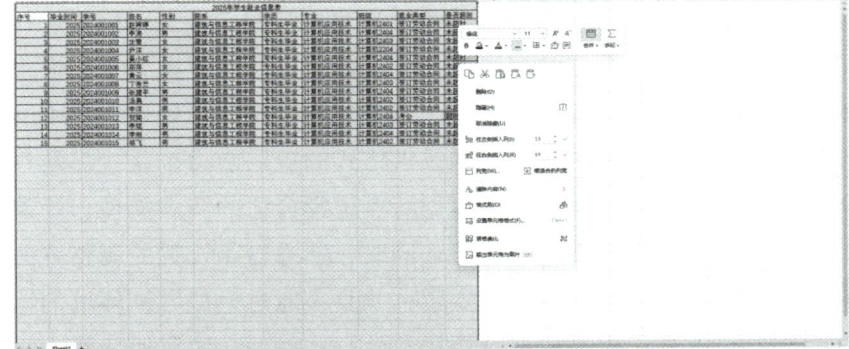

图 3-25　调整行高、列宽

步骤2 如图3-26所示，选中表头行（A2至K2），单击"底纹"按钮，选择浅蓝色底纹，使表头更加突出。

序号	毕业时间	学号	姓名	性别	院系	学历	专业	班级	就业类型	是否超时
\multicolumn{11}{c}{2025年学生就业信息表}
1	2025	2024001001	赵婷婷	女	建筑与信息工程学院	专科生毕业	计算机应用技术	计算机2101	签订劳动合同	未超时
2	2025	2024001002	李涛	男	建筑与信息工程学院	专科生毕业	计算机应用技术	计算机2404	签订劳动合同	未超时
3	2025	2024001003	沈雪	女	建筑与信息工程学院	专科生毕业	计算机应用技术	计算机2403	签订劳动合同	未超时
4	2025	2024001004	尹洋	女	建筑与信息工程学院	专科生毕业	计算机应用技术	计算机2204	签订劳动合同	未超时
5	2025	2024001005	晏小红	女	建筑与信息工程学院	专科生毕业	计算机应用技术	计算机2404	签订劳动合同	未超时
6	2025	2024001006	郑萍	女	建筑与信息工程学院	专科生毕业	计算机应用技术	计算机2402	签订劳动合同	未超时
7	2025	2024001007	黄云	女	建筑与信息工程学院	专科生毕业	计算机应用技术	计算机2404	签订劳动合同	未超时
8	2025	2024001008	丁秀兰	女	建筑与信息工程学院	专科生毕业	计算机应用技术	计算机2403	签订劳动合同	未超时
9	2025	2024001009	张建平	男	建筑与信息工程学院	专科生毕业	计算机应用技术	计算机2404	签订劳动合同	未超时
10	2025	2024001010	汤勇	男	建筑与信息工程学院	专科生毕业	计算机应用技术	计算机2402	签订劳动合同	未超时
11	2025	2024001011	李洋	男	建筑与信息工程学院	专科生毕业	计算机应用技术	计算机2402	签订劳动合同	未超时
12	2025	2024001012	贺娟	女	建筑与信息工程学院	专科生毕业	计算机应用技术	计算机2404	考公	超时
13	2025	2024001013	李斌	男	建筑与信息工程学院	专科生毕业	计算机应用技术	计算机2404	签订劳动合同	未超时
14	2025	2024001014	李刚	男	建筑与信息工程学院	专科生毕业	计算机应用技术	计算机2404	签订劳动合同	未超时
15	2025	2024001015	胡飞	男	建筑与信息工程学院	专科生毕业	计算机应用技术	计算机2402	签订劳动合同	未超时

图3-26 表头背景的调整

四 机考助手

考试中该任务的考核形式通常为实操题。考生需要根据给定的要求，在WPS表格软件中创建和编辑电子表格，完成数据的录入、格式化、分析等操作。考试系统会提供具体的操作指令和样例数据，考生需要按照这些指令在限定时间内完成任务，并保存工作簿。

（一）典型考点

在计算机二级WPS Office考试中，制作"学生就业信息表.et"这一任务会考查到多个核心知识点，包括熟练地进行工作簿和工作表的基本操作，如创建、插入、删除和重命名；准确无误地输入和编辑数据，包括文本、数字、日期等；对单元格进行格式化，包括字体、颜色、对齐方式、边框和底纹的设置；运用公式和函数进行数据处理，例如使用SUM、AVERAGE、IF和VLOOKUP等；执行数据管理任务，如排序、筛选、数据验证；创建和自定义图表，选择合适的图表类型并编辑其元素；进行页面布局设置和打印预览，确保打印输出符合预期，以及运用数据分析工具，如数据透视表，对数据进行汇总和分析。这些考点覆盖了从数据录入到分析的全过程，是评估考生电子表格处理能力的重要方面。

（二）提升技巧

为了在计算机二级WPS Office电子表格考试中表现出色，考生可以采取一系列提升技巧：首先，通过频繁练习来熟悉并掌握快捷键，这样可以显著提高编辑和格式化表格的速度；其次，深入理解并练习使用各种公式和函数，特别是在数据处理中常用的；再次，通过实例练习来加强数据排序、筛选、验证和条件格式的应用能力，这些都是日常数据处理中不可或缺的技能；此外，学习如何根据数据特点选择合适的图表类型，并掌握图表的编辑和美化技巧，使数据展示更加直观和专业；同时，熟悉打印设置的调整方法，包括设置打印区域和页面布局，确保打印输出满足要求；并且，通过模拟考试环境的练习，熟悉考试流程和操作界面，这有助于提高应试技巧和自信心；最后，注意保持格式的一致性和数据的准确性，这些细节对于提升整体的表格质量和考试成绩至关重要。通过这些有针对性的练习和策略，考生可以有效提高其在电子表格处理方面的能力，为考试做好充分准备。

五　课后练习

操作题

按下列要求在WPS中完成"学生成绩信息.et"电子表格，最终效果如图3-27所示。

1）打开WPS软件。新建一个空白工作簿；收集成绩数据，包括学生的个人信息（学号、姓名、性别等）、各科成绩（平时成绩、作业成绩、期末成绩）以及学分、综合成绩计算公式等。

2）制作表头。第一行：在A1单元格输入"××学院2024—2025学期成绩登记表"，合并A1到I1单元格，设置字体为加粗、字号稍大，居中对齐；第二行：在A2单元格输入"系部：××"，在E2单元格输入"行政班级：××"，合并A2到B2单元格，合并E2到F2单元格，设置字体为常规大小；第三行：在A3单元格输入"课程名称：信息技术"，在E3单元格输入"学分：3.0"，合并A3到B3单元格，合并E3到F3单元格，设置字体为常规大小；第四行：在A4单元格输入综合成绩计算公式"综合成绩=平时成绩*20%+作业成绩*40%+期末成绩*40%"，合并A4到I4单元格，设置字体为常规大小。

××学院2024—2025学期成绩登记表								
系部：××				行政班级：××				
课程名称：信息技术				学分：3.0				
综合成绩=平时成绩*20%+作业成绩*40%+期末成绩*40%								
序号	学号	姓名	性别	修读性质	平时成绩	作业成绩	期末成绩	综合成绩
1	202401001	赵婷婷	女	必修	98	65	94	83.2
2	202401002	李涛	男	必修	93	67	68	72.6
3	202401003	沈雪	女	必修	89	92	96	93
4	202401004	尹洋	女	必修	75	90	79	82.6
5	202401005	晏小红	女	必修	87	77	69	75.8
6	202401006	郑萍	女	必修	86	68	79	76
7	202401007	黄云	女	必修	79	81	100	88.2
8	202401008	丁秀兰	女	必修	70	75	66	70.4
9	202401009	张建平	男	必修	82	70	79	76
10	202401010	汤勇	男	必修	91	86	71	81
11	202401011	李洋	男	必修	83	86	63	76.2
12	202401012	贺娟	女	必修	76	62	83	73.2
13	202401013	李斌	男	必修	76	61	84	73.2
14	202401014	李刚	男	必修	69	76	69	71.8
15	202401015	胡飞	男	必修	100	98	89	94.8
16	202401016	曹玉华	男	必修	85	77	86	82.2
17	202401017	祁成	男	必修	84	80	92	85.6
18	202401018	洪慧	女	必修	68	78	94	82.4
备注：一等奖学金两名，二等奖学金两名，三等奖学金两名								

图3-27　学生成绩信息表

3）制作数据主体部分。列标题：在A5单元格输入"序号"，B5单元格输入"学号"，C5单元格输入"姓名"，D5单元格输入"性别"，E5单元格输入"修读性质"，F5单元格输入"平时成绩"，G5单元格输入"作业成绩"，H5单元格输入"期末成绩"，I5单元格输入"综合成绩"，设置字体为加粗，居中对齐。

4）学生数据录入。从第6行开始，依次在A列输入序号（1-18），B列输入学号

（202401001 — 202401018），C 列输入姓名，D 列输入性别，E 列输入修读性质（均为"必修"）。在 F、G、H 列分别输入对应的平时成绩、作业成绩、期末成绩。在 I 列使用公式计算综合成绩，例如在 I6 单元格输入公式"=F6*0.2+G6*0.4+H6*0.4"，然后将该单元格向下拖动填充至 I23 单元格，自动计算出所有学生的综合成绩。

5）制作备注部分。在每门课程数据的最后，新增一行，在 A24 单元输入"备注：一等奖学金两名，二等奖学金两名，三等奖学金两名"，合并 A24 列到 I24 列单元格，设置字体为常规大小。

6）格式优化。对整个表格进行格式优化，包括设置列宽，使内容显示完整；设置单元格边框，使表格线条清晰；对数据区域进行适当的底纹颜色填充，区分不同的课程数据；对排名和奖学金等次列进行特殊格式设置，如加粗、颜色区分等，便于查看。

7）数据检查与保存。仔细检查表格中的数据录入是否准确，公式计算是否正确，奖学金评定是否符合要求。确认无误后，单击"文件"菜单，选择"另存为"，在弹出的对话框中选择保存位置，输入文件名"学生成绩信息.et"，选择文件类型为"WPS 表格文件（*.et）"，单击"保存"按钮，完成表格的保存。

任务六 洞若观火——解锁工资表分析密码

一 任务描述

毕业后，小明同学找到了一份财务统计工作，负责对工资数据展开汇总与深入分析。领导发给小明同学一份员工工资表文件，文件如图 3-28 所示。领导要求小明同学利用 WPS 首先对各月工资数据进行汇总，最后在文件中添加对于工资数据的图表展示。

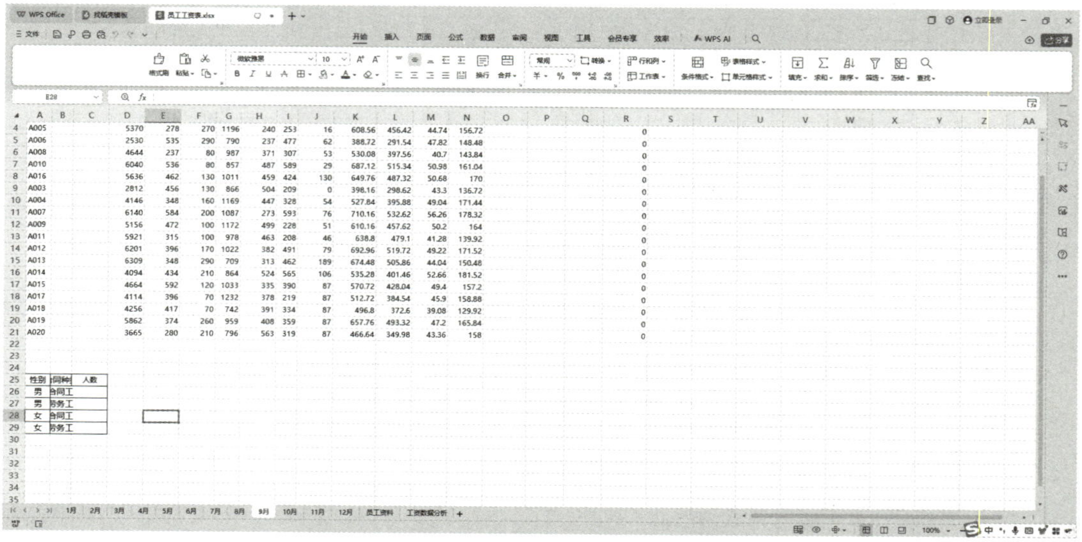

图 3-28 员工工资表文件

在本任务中,将继续学习 WPS 电子表格中的函数、公式与图表等进阶功能。

二　相关知识

(一) 数据清单

数据清单是一种特殊的工作表结构,它包含多列标题以及多行数据,并且同一列的数据在类型和格式上完全一致。数据清单中的每一列标题被称作一个字段,而每一行数据则被视为一条记录。WPS 表格具备强大的功能,能够对数据清单执行各类数据管理和分析操作,其中涵盖排序、筛选以及分类汇总等基础且重要的数据操作。

在 WPS 表格中,"数据对比"功能十分强大。用户可以在不同的"区域内"(如同一工作表内的不同单元格区域)、"两区域"(不同工作表中的单元格区域)、"工作表内"与"两工作表"内对数据展开对比。此功能不仅能够对重复的数据进行高亮显示,方便用户直观识别,还支持"删除重复项"操作,快速剔除冗余数据;同时,还具备"拒绝录入重复项"的功能,即在录入数据时,如果出现重复数据,系统会及时有效地进行提醒,从而在很大程度上确保录入数据的准确性。这些实用功能均可在如图 3-29 所示的"数据"功能区中找到对应的命令,用户通过简单操作即可完成相关设置。

图 3-29　"数据"功能区

(二) 排序

在 WPS 表格中,将工作表里选定的数据区域,依据选定的关键字,按照指定的方式与特定顺序进行排列的操作,被称为排序。在"数据"或"开始"功能区中,均设有相关命令,方便用户轻松实现排序操作。其中,WPS 表格提供了两种排序方式。

1) 单关键字排序:在选定的待排序数据区域内,仅针对某一个字段(主要关键字)的值,按照"升序"(将最小值排列在最顶端)或者"降序"(将最大值排列在最顶端)的规则,对数据记录进行排列的过程,就叫作单关键字排序。

2) 多关键字排序:在选定的待排序数据区域中,若需要针对多个关键字进行排序,也就是先按照主关键字进行排序,当主关键字的值相同时,再依据次关键字的值对数据记录进行进一步排序,这一过程被称为多关键字排序。在选择"自定义排序..."后,用户可通过"添加条件"的方式轻松实现多关键字排序。需要注意的是,在多关键字排序时,首先依据主关键字进行排序,只有当主关键字的值完全相同时,才会按照次关键字进行排序。

在进行排序操作时,用户可分别按照四种"排序依据"与三种"次序"进行灵活设置,同时还能对排序"选项(O)..."进行个性化调整,"排序"对话框如图 3-30 所示。

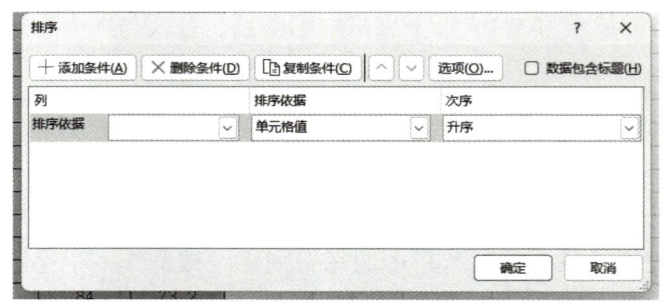

图 3-30 "排序"对话框

在排序功能设置中,"排序依据"为单元格"数值"的排序依据较为常见且容易理解,而"单元格颜色""字体颜色""单元格图标"等排序依据虽不常见,但运用得当可实现独特的排序效果,满足一些特殊的数据展示需求。"次序"中的"升序"和"降序"是大家最为熟悉和常用的排序方式,而"自定义序列…"则相对较少使用。不过,它能够依据用户自定义的序列或者系统中已定义好的序列进行排序,对于满足一些特殊排序要求,如特定的产品类别排序、部门优先级排序等,具有重要作用。

在"排序选项"中,如果用户需要在排序时区分大小写,可勾选"区分大小写(C)"前面的复选框;可以设定排序的方向为"按列排序(D)"(这是默认的排序方向,适用于大多数情况)或者"按行排序(L)"(适用于某些特殊的数据布局需求);还能设置排序的方式为"按音排序(S)"(按照拼音顺序排序)或"笔画排序(R)"(按照汉字笔画数排序)。

(三)分类汇总

分类汇总是先依据某一特定标准对数据进行分类,然后针对分类后的结果,对相关数据执行求和、计数、求平均值、求最大值、求最小值等运算操作的过程。分类汇总主要分两步进行,首先是分类,即对数据进行排序,通过排序将相同类别的数据排列在一起,为后续的汇总操作奠定基础。然后是汇总,用户需要填写如图 3-31 所示的"分类汇总"对话框内容,"分类字段"选项为必须选择已经排序的字段,需要注意的是,如果选择了未排序的字段,分类汇总的结果将无法正确反映数据的类别特征,可能会出现混乱的汇总情况。"汇总方式"选项为 WPS 表格提供了包括求和在内的多种汇总方式,如计数、平均值、最大值、最小值等,用户可根据实际需求灵活选择。"汇总结果显示在数据下方"选项用于确定分类汇总的结果是显示在数据源的下方(勾选)还是上方(不勾选),用户可根据数据展示的美观性和易读性进行选择。

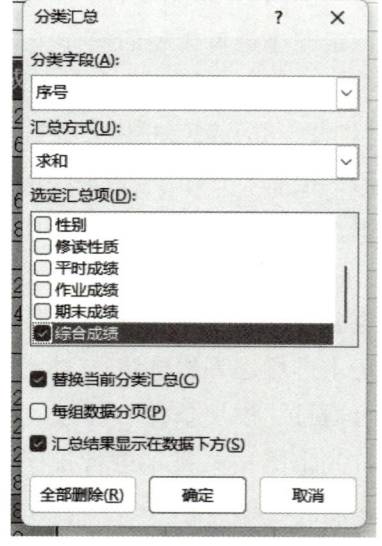

图 3-31 分类汇总选项

（四）筛选

数据筛选的目的是从大量的数据中，精准查找出满足特定条件的数据。WPS 表格提供了"自动筛选"与"高级筛选"两种功能：

自动筛选操作简单便捷，能够完成多个字段并列条件的筛选操作。例如，筛选出"上月工资大于 10000 的员工信息"，使用自动筛选即可轻松实现。

当筛选条件较为复杂或者需要对不同字段实现"或者"关系的筛选时，高级筛选便能发挥其优势。比如，筛选出部门为销售部或者市场部，且入职年龄小于三年的员工信息，使用高级筛选可以高效准确地完成筛选任务。

（五）公式和函数

公式由运算符和参与运算的操作数组成。运算符可以是算术运算符、比较运算符、文本运算符和引用运算符；操作数可以是常量、单元格引用和函数等。要输入公式必须先输入"="，然后在其后输入运算符和操作数，否则表格会将输入的内容作为文本型数据处理。

图 3-32 和图 3-33 分别是未使用函数和使用函数的公式。其中，图 3-32 中公式的定义是指 F6 单元格乘以 20% 加上 G6 单元格乘以 40% 加上 H6 单元格乘以 40%，图 3-33 公式的定义是指求 I6 单元格在 I6 单元格至 I23 单元格降序的排名，并将排序结果显示在单元格中。

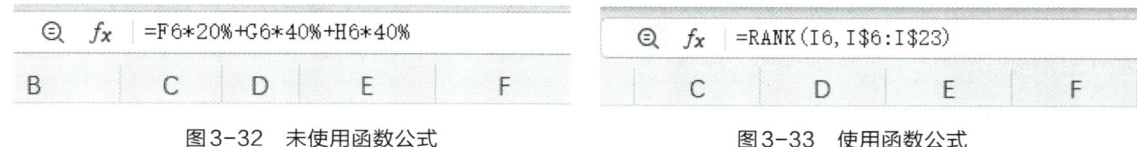

图 3-32　未使用函数公式　　　　　图 3-33　使用函数公式

函数是预先定义好的表达式，它必须包含在公式中。每个函数都由函数名和参数组成，函数名表示将执行的操作（如求平均值函数名为"AVERAGE"），参数表示函数将使用的值的单元格地址，通常是一个单元格区域，也可以是更为复杂的内容。在公式中合理地使用函数，可以快速完成求和、求平均值、逻辑判断等数据处理操作。

（六）单元格引用

单元格引用用于指明公式中所使用数据的位置，它可以是单个单元格地址，也可以是单元格区域。通过单元格引用，可以在一个公式中使用工作表中不同部分的数据，或者在多个公式中使用同一个单元格中的数据，还可以引用同一个工作簿不同工作表或不同工作簿中的数据。当公式中引用的单元格数值发生变化时，公式的计算结果会自动更新。

1. 相同或不同工作簿、工作表间的引用

对于同一个工作表中的单元格引用，直接输入单元格或单元格区域地址即可。

在当前工作表中引用同一工作簿、不同工作表中的单元格或单元格区域地址的表示方法为：

工作表名称!单元格或单元格区域地址

例如，Sheet2!F8：F16，表示引用Sheet2工作表的单元格区域F8：F16中的数据。
在当前工作表中引用不同工作簿中的单元格或单元格区域地址的表示方法为：

"工作簿名称.et"工作表名称!单元格或单元格区域地址

2. 相对引用、绝对引用和混合引用

WPS表格公式中的引用分为相对引用、绝对引用和混合引用3种。

相对引用是WPS表格默认的单元格引用方式。它直接用单元格的列标和行号表示单元格，如B5；或用引用运算符表示单元格区域，如B5：D15。默认情况下，在公式中对单元格的引用都是相对引用，如果公式所在单元格的位置改变，那么引用也会随之改变。

绝对引用指的是当复制公式到其他单元格时，WPS表格保持公式所引用的单元格绝对位置不变。也就是说，它与包含公式的单元格的位置无关。其引用形式为在列标和行号的前面都加上$符号。例如，在公式中引用$B$5单元格，则不论将公式复制或移动到什么位置，引用的单元格地址的行和列都不会改变。

混合引用指的是引用中既包含绝对引用又包含相对引用，如$A1或A$1等，用于表示行变列不变或列变行不变的引用。如果公式所在单元格的位置改变，则相对引用改变，绝对引用不变。

三　任务实施

为帮小明同学制作一份符合老板要求的"员工工资表.et"电子表格，详细编辑要求如下。

1）根据"员工资料"工作表中的数据，使用函数完善所有工作表中员工的"性别"和"合同种类"列内容。

2）为所有工作表应用"表样式浅色1"的表格样式，且"转换成表格，并套用表格样式"

3）设置所有工作表的A到R列的列宽均为8字符，所有单元格居中对齐，所有数字单元格的格式为"数值型，小数位数2位"。

4）使用函数或公式计算所有工作表中的"应发合计"项(应发合计=基本工资+岗位工资+工龄工资+补贴+医疗补助+奖金−考勤扣款)。

5）根据计税规则（月收入2000以内无须计税，月收入2000−4000的部分收取3%税，月收入4000−8000的部分收取8%税，月收入8000以上的部分收取10%税），使用函数或公式计算所有工作表中的"个人所得税"项。

6）使用函数或公式计算所有工作表中的"应扣合计"项(应扣合计=住房公积金+养老保险+医疗保险+失业保险+个人所得税)。

7）利用"5月"工作表中的"姓名""奖金"和"应发合计"列数据区域的内容建立图表。

8）"姓名"作为横坐标,"奖金"列为次坐标且是"带数据标记的折线图","应发合计"列为主坐标且是"簇状柱形图",为图表应用一种恰当的样式。

9）主纵坐标的数字保留小数位数为0,次纵坐标的最大值为600、最小值为200。

10）为"应发合计"系列添加数据标签,设置系列填充颜色为"巧克力黄,着色6,深色25%",且图表无标题,无网格线。

11）将图表插入到"5月"工作表的"B19:N33"单元格区域内。

12）将工作表中的数据根据姓名的升序进行排序。

13）在工作表的S1单元格录入"实发排行榜",依据"实发合计"列的数据,在"实发排行榜"列中通过公式或函数计算实发工资排行榜,实发合计排名第一的,显示"第1名",实发合计排名第二的,显示"第2名",以此类推。

14）利用"性别"列和"合同种类"列数据,使用COUNTIFS函数完成C26:C29单元格的计算。

15）将工作表保存,并添加保护,密码为空。

制作"员工工资表.et"电子表格具体操作步骤如下。

利用函数填充单元格信息

（一）打开WPS表格文件

双击打开员工工资表文件。

（二）利用函数填充单元格信息

如图3-34所示,按照员工资料工作表为员工添加性别信息。具体操作为:单击"1月"工作表,按住<Shift>键单击"12月"工作表,并将光标定位在1月工作表的

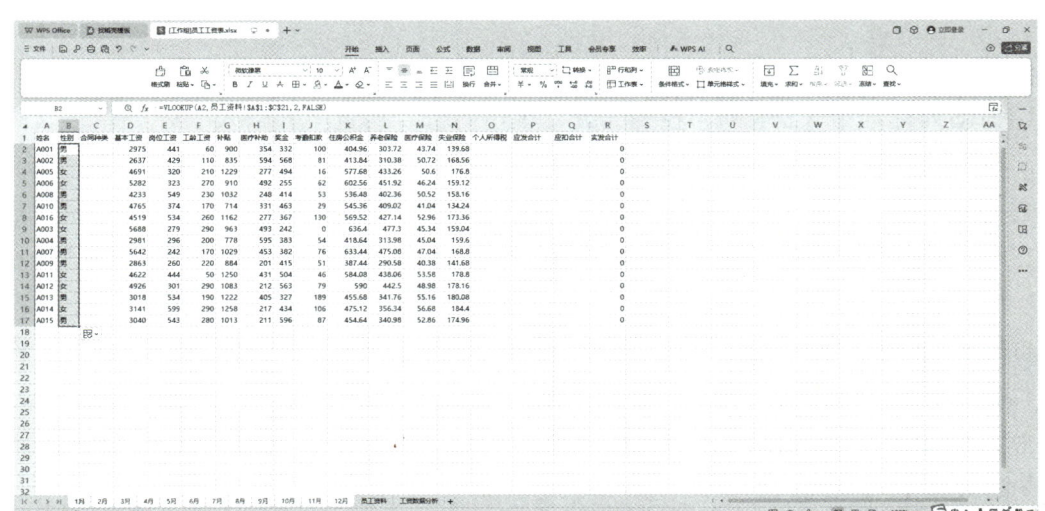

图3-34 添加性别信息

B2单元格，然后输入"=VLOOKUP（A2，员工资料!$A$1：$C$21，2，FALSE）"，并按<Enter>键。将鼠标光标放在B2单元格，当右下角为实心十字箭头时，手动下拉拖曳到B17单元格。最后，鼠标光标定位在C2单元格，输入"=VLOOKUP（A2，员工资料!$A$1：$C$21，3，FALSE）"，然后，按<Enter>键。将鼠标光标放在C2单元格，直到右下角为实心十字箭头，手动下拉拖曳到C17单元格。

（三）修改单元格样式

步骤1 如图3-35所示，单击"员工资料"工作表取消对于前面12张工作表的全选，再单击"1月"工作表，并将光标定位在工作表中A1单元格。然后，单击"开始"选项卡，并选择"表格样式""表样式浅色1"。最后，选择"转换成表格，并套用表格样式"，并单击"确定"按钮。依次按照上述操作设置"2月—12月"工作表。

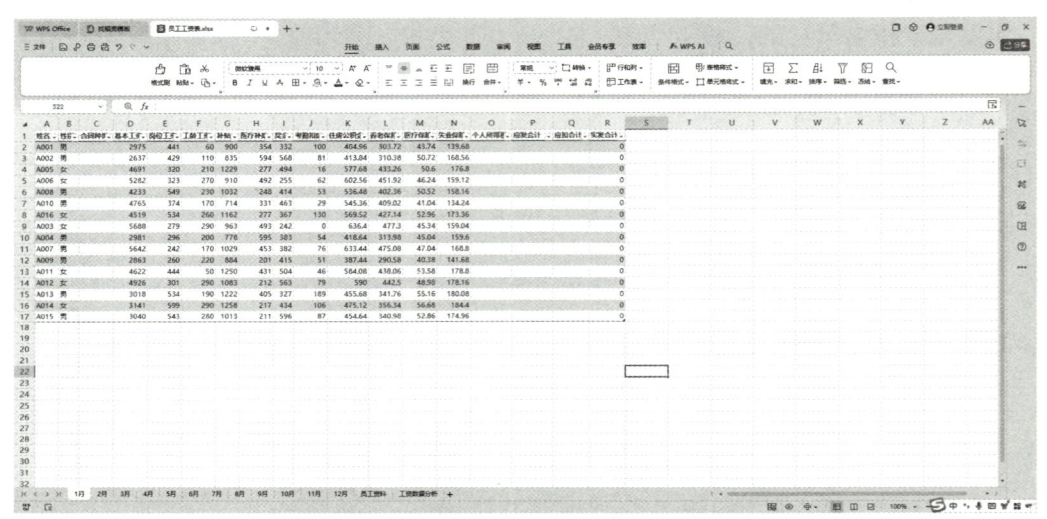

图3-35 修改表格样式

步骤2 如图3-36所示，单击"1月"工作表，按住<Shift>键单击"12月"工作表。然后，拖动列标选中A至R列，在列号处，单击右键"列宽"并输入"8"，单击"确定"按钮。单击"开始"选项卡，再单击"居中"。最后，选中D2至R17有数据区域的单元格，单击右键并单击"设置单元格格式"，设置为"数值"，小数位数选择"2"，取消选择"1月–12月"工作表，单独调整一下"9月"工作表D18至R21的单元格格式，并单击右键，选择"设置单元格格式"中"数值"，小数位数选择"2"。

步骤3 如图3-37所示，单击"1月"工作表，按住<Shift>键单击"12月"工作表，并光标定位在P2单元格，输入"=SUM（D2：I2）-J2"。最后，按<Enter>键，并将鼠标光标放在P2单元格，鼠标光标滑动到右下角为实心十字箭头时，手动下拉拖曳到P17单元格（不能双击）。

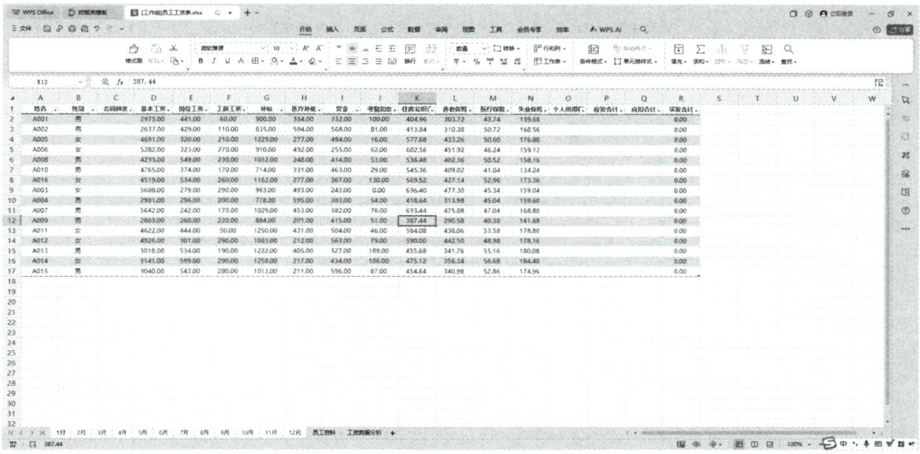

图3-36 修改表格数据单元格格式

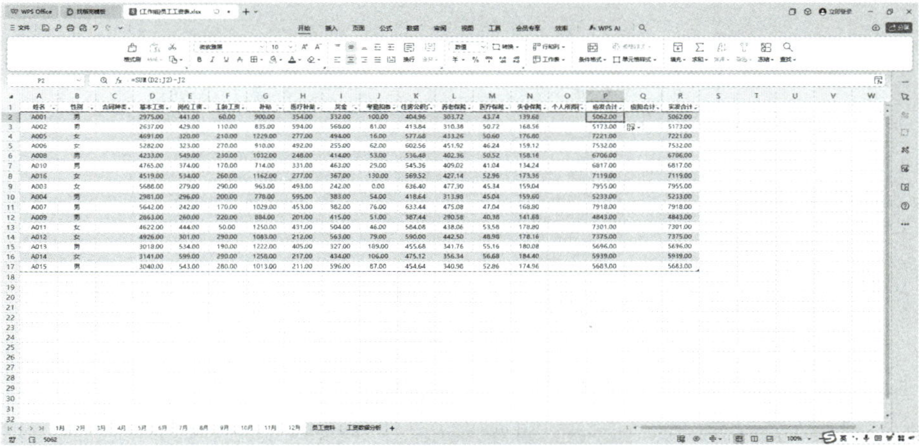

图3-37 计算"应发合计"列信息

步骤4 如图3-38所示，光标定位在O2单元格，输入"=IF（P2-SUM（K2：N2）<=2000，0，IF（P2-SUM（K2：N2）<=40000+（P2-SUM（K2：N2）-2000）*0.03，IF（P2-SUM（K2：N2）<=8000，0+2000*0.03+（P2-SUM（K2：N2）-4000）*0.08，0+2000*0.03+4000*0.08+（P2-SUM（K2：N2）-8000）*0.1）"，然后按<Enter>键，将鼠标光标放在O2单元格，右下角为实心十字箭头，手动下拉拖曳到O17单元格（不能双击）。最后，单击"员工资料"工作表取消对于前面工作表的全选，并单击"9月"工作表，将O17至P21列也手动拖曳，得到数据。

步骤5 如图3-39所示，单击"1月"工作表，然后按住<Shift>键单击"12月"工作表，并将光标定位在Q2单元格，输入"=SUM（K2：O2）"，按<Enter>键，光标放在Q2单元格。滑动鼠标到Q2单元格边界区，当右下角为实心十字箭头时，手动下拉拖曳到Q17单元格（不能双击），再单击"员工资料"工作表，取消对于前面工作表的全选，单击"9月"工作表，并选中Q17，然后双击右下角进行填充。

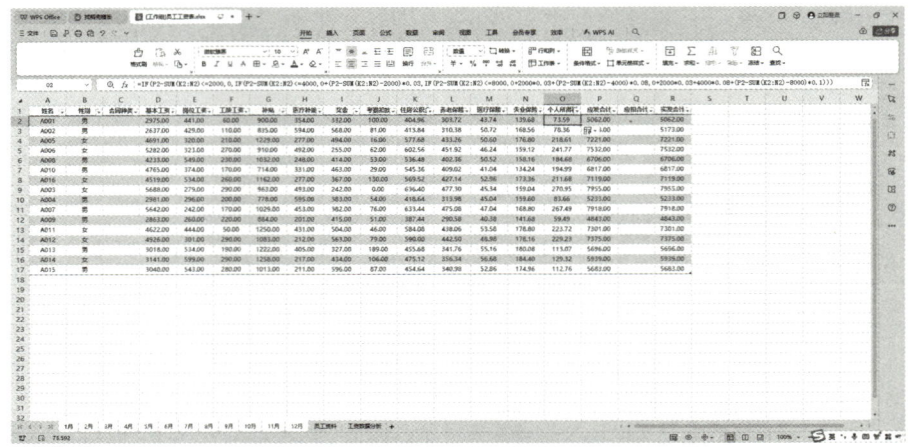

图3-38 计算"个人所得税"列信息

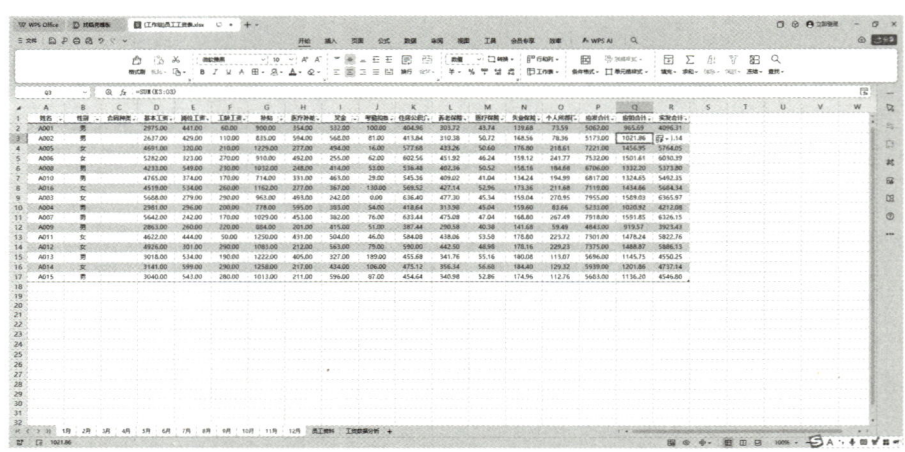

图3-39 计算"应扣合计"列信息

（四）添加图表

添加图表

步骤1 如图3-40所示，单击"5月工作表"，然后选中A1至A17、按住<Ctrl>键选中I1至I17和P1至P17单元格，然后单击"插入"选项卡，再单击"全部图表"中的"组合图"并选择"奖金"功能，然后选择"折线图"中的"带数据标记的折线图"，并勾选次坐标轴，"应发合计"选择"簇状柱形图"。最后，单击"插入"功能区的"图表工具"选项卡，并单击任意一样式即可。

步骤2 如图3-41所示，选中主纵坐标轴，单击右键，并设置坐标轴格式"数字"，设置"小数位数"为"0"。然后，单击次纵坐标轴，单击右键，选择"设置坐标轴格式"，然后设置"最小值"为"200"，"最大值"为"600"。

（五）数据分析及汇总

步骤1 如图3-42所示，单击"9月"工作表，并将光标定位在"姓名"列单元格，选择"开始"选项卡中的"排序"，并选择"升序"功能。

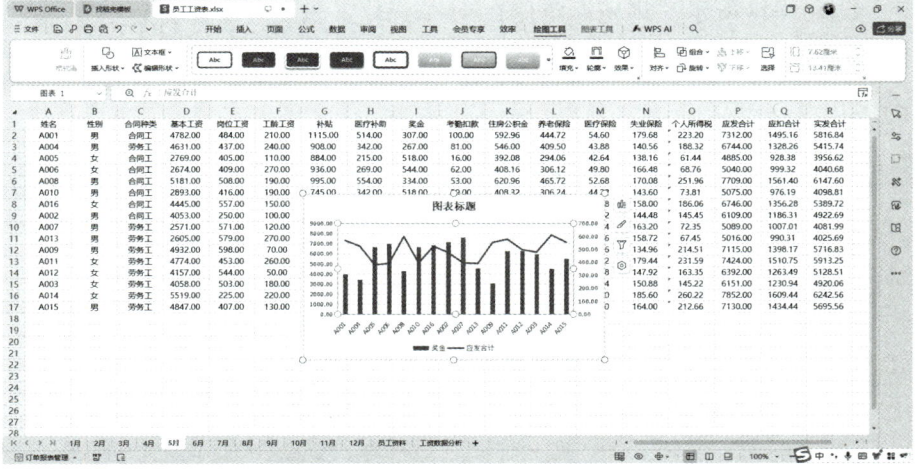

图 3-40　添加图表

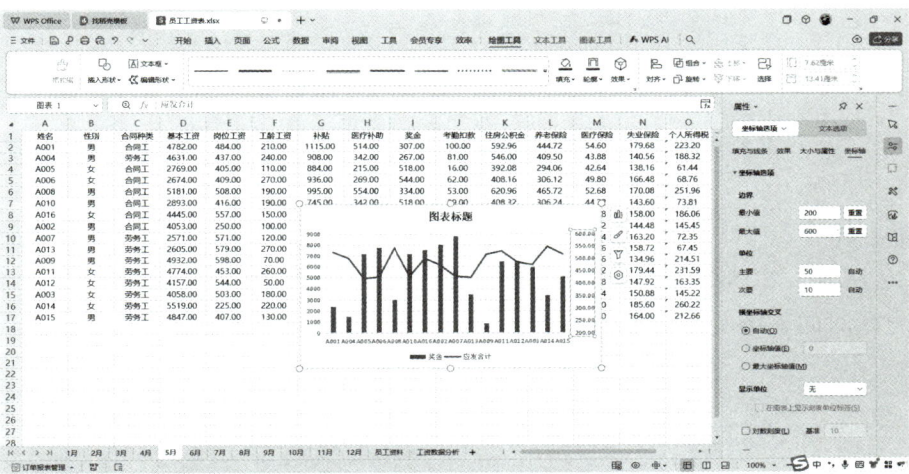

图 3-41　修改图表做表信息

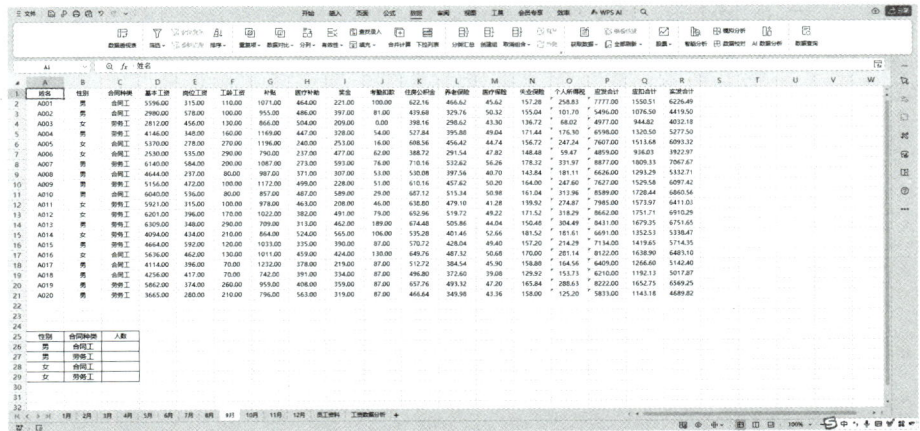

图 3-42　修改排序信息

步骤2 如图3-43所示,将光标定位在S1单元格,输入"实发排行榜",在S2单元格输入"="第"&RANK(R2,$R$2:$R$21)&"名""",然后按<Enter>键,并将光标移动到S2单元格右下角并双击。

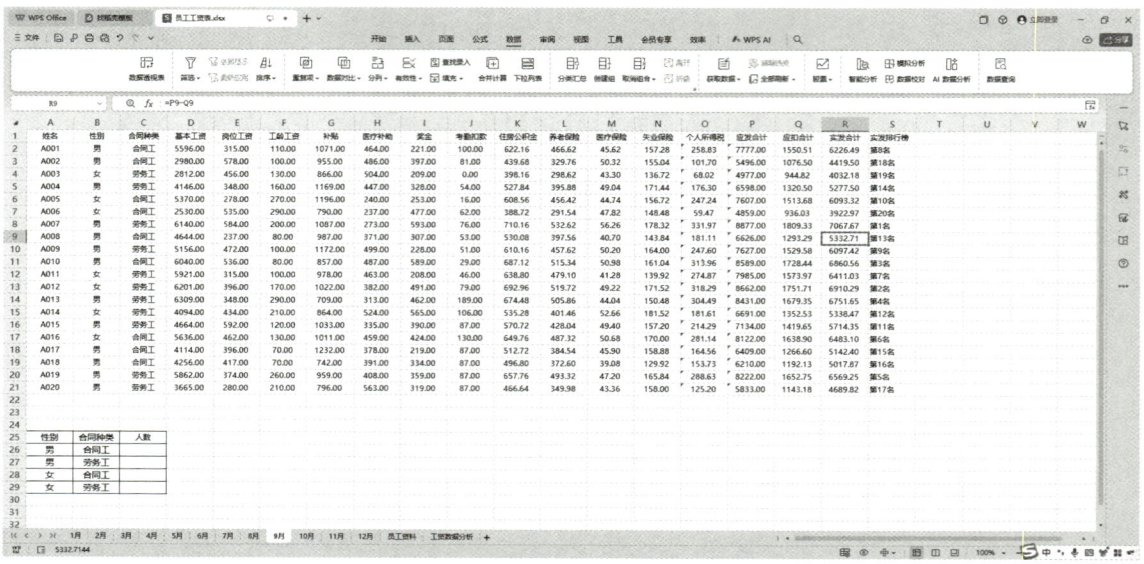

图3-43 修改排序信息

步骤3 如图3-44所示,光标定位在C26单元格,然后输入"=COUNTIFS($B$1:$B$21,A26,$C$1:$C$21,B26)",并按<Enter>键,将鼠标光标移动到C26单元格右下角,成十字填充柄时向下拖曳。

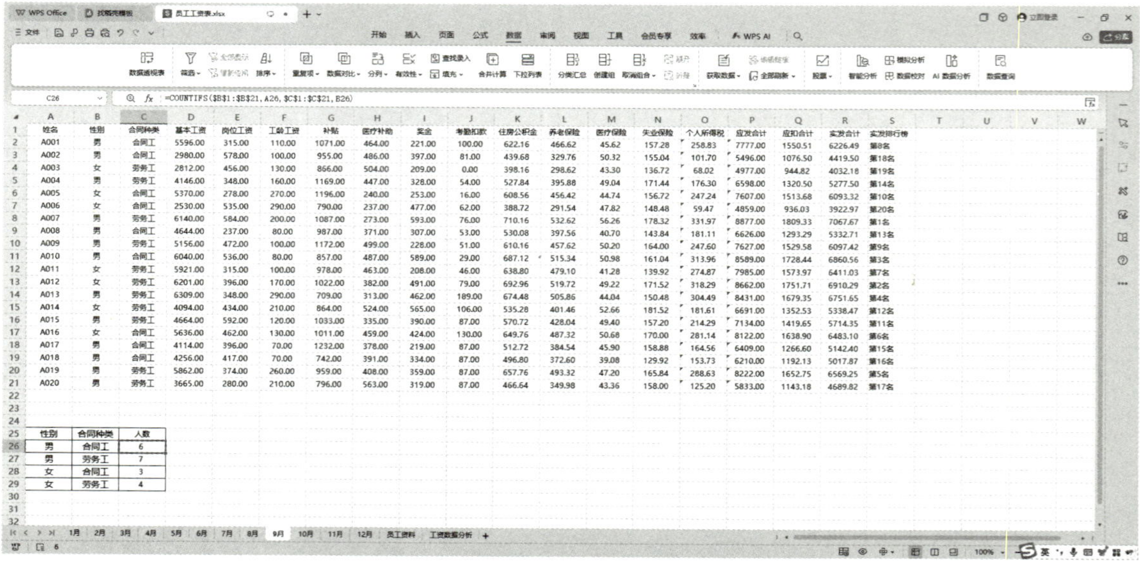

图3-44 添加人数信息

步骤4 如图3-45所示,单击"员工资料"工作表,单击"审阅"选项卡,然后单击"保护工作表",最后单击"确定"按钮完成保存文件并添加维护。

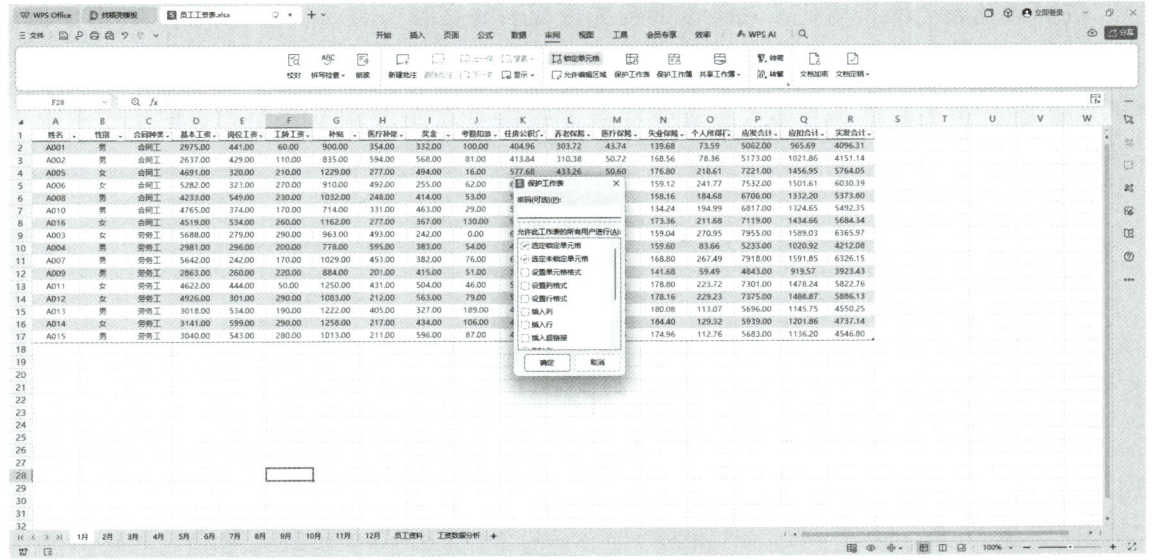

图 3-45　保存文件并添加保护

四　机考助手

考试中该任务的考核形式主要为操作题，包括对给定数据进行处理、分析和可视化，如计算总分、平均分，进行数据排序、筛选，创建数据透视表，以及制作图表等。题目通常会要求考生在指定的考生文件夹中打开素材文件，完成一系列操作后保存结果。

（一）典型考点

工作簿和工作表的基本操作，包括创建、保存、重命名、删除工作表等；单元格的编辑与格式化，如数据输入、自动填充、数字格式设置、字体和对齐方式调整等；公式的编写与使用，包括基本数学运算、单元格引用、相对与绝对引用等；常用函数的应用，如 SUM、AVERAGE、MAX、MIN、COUNTIFS、VLOOKUP 等；数据排序与筛选，包括简单排序、多条件排序、自动筛选、高级筛选等；数据透视表的创建与应用，用于数据汇总和分析；以及图表的创建与编辑，如柱状图、折线图、饼图等。

（二）提升技巧

高级函数应用：掌握更多高级函数，如 IFERROR、INDEX、MATCH、SUMPRODUCT 等。例如，使用 IFERROR 函数可以避免公式计算错误时显示错误值，而是返回自定义的内容；INDEX 和 MATCH 函数组合可以实现更灵活的数据查找和引用；SUMPRODUCT 函数可用于多条件求和或计数，比 SUMIF 和 COUNTIF 函数更加强大。

数组公式与高级筛选：学会使用数组公式来处理复杂的多条件计算，通过按下 <Ctrl+Shift+Enter> 组合键输入数组公式，可以实现对多个单元格区域的批量计算。同时，高级筛选功能可以设置多个条件，对数据进行更精确的筛选，适用于复杂的数据筛选需求。

数据透视表与图表优化：熟练掌握数据透视表的高级功能，如分组字段、计算字段、筛选字段等，可以更高效地对数据进行多维度分析。在创建图表时，注意选择合适的图表类型，并对图表进行美化和优化，如调整图表标题、图例、坐标轴格式等，使图表更直观易懂。

五　课后练习

操作题

某公司正在进行年度销售数据盘点，请按下列要求完成统计和分析任务。请打开"销售数据.et"文件，进行下列任务：

1）将"订单"工作表标签颜色设为预设主题颜色"浅绿，着色6"，设置"结算"工作表标签颜色设为"深蓝，着色5"，其余工作表标签颜色设为"橙色，着色4"。

2）为"订单"和"结算"工作表中的数据区域分别套用预设的"表样式浅色14"和"表样式浅色13"，要求仅套用表格样式而不转换成表格。然后，在两表中分别冻结标题行使其在滚动时保持可见。

3）在"订单"工作表中，使用公式计算出K列的总价。然后，在A列中设置数据有效性验证条件，限制仅允许录入长度为10位的订单编号，否则停止输入并显示如下出错警告：标题为"位数出错"，错误信息为"订单编号应为10位"。

4）在"订单"工作表中，按下列要求整理数据列表，以便于阅读和打印。首先按多条件排序，先按"地区"升序排列，在此基础上再按"订购日期"升序排列。然后，应用分类汇总，以"地区"为分类字段，对"总价"进行"求和"汇总，将汇总结果显示在数据下方，并且每组数据分页。

5）在"结算"工作表中，按"订购日期"降序排列，然后更改J列（单价）和K列（总价）单元格数字格式为"会计专用（小数位数为2位，货币符号位"￥"）"，并将B列（订购日期）、L列（预期结清日）和M列（实际结清日）的日期显示格式设置为8位数字格式，形式为："2021/01/01"。

6）在"结算"工作表的N列中使用IF函数嵌套公式，按N1单元格批注提示的规则进行计算，然后，在A2至N2158数据区域中设置"使用公式确定要设置格式的单元格"条件格式规则，将实际结清日为空值（即尚未结清）的数据行以标准色"黄色"填充背景。

7）在"查询"工作表中的B2至G2和A4至G4区域使用VLOOKUP函数，去"结算"工作表中查找本表中的订单编号并返回相应各字段内容。

8）在"统计"工作表中的G82至G68区域使用COUNTIFS和SUM函数，基于"结算"工作表中的数据进行统计运算，然后将G2至G8区域单元格数字格式更改为预设中文格式"单位：万元"，将金额数字诸如"39207"显示为"3.92万元"的格式。

9）保存"销售数据.et"工作表。

项目四 WPS演示文稿制作

信息技术与人工智能（信创版）

  WPS演示文稿是现代办公的重要工具之一，也是我们进行信息传递与展示的主要方式。在数字化办公时代，熟练掌握WPS演示文稿的制作与美化技巧，已经成为高效工作和汇报能力的基本要求。本项目旨在学习WPS演示文稿的基础操作、设计思路、动画效果应用，以及高效制作与分享演示文稿的实用技巧。

01 知识目标

  理解演示文稿的应用场景，熟悉相关工具的功能、操作界面及制作流程。
  掌握演示文稿的基本操作，包括创建、打开、保存和关闭等常规操作。
  熟悉演示文稿的不同视图模式，并能根据需要灵活应用。
  掌握幻灯片的基本管理，包括创建、复制、删除、移动等操作。
  理解幻灯片的设计与布局原则，提升演示文稿的美观性与可读性。
  掌握插入多种对象的方法，如文本框、图形、图片、表格、音频、视频等，并能合理运用。
  理解幻灯片母版的概念，熟练编辑和应用幻灯片母版及备注母版，提高演示文稿的统一性与规范性。
  掌握幻灯片动画与交互设置，包括幻灯片切换动画、对象动画的应用，以及超链接和动作按钮的使用方法。
  了解幻灯片放映方式，熟练运用排练计时功能优化放映效果。
  掌握演示文稿的导出与分享，熟悉不同格式的导出方法，以适应多种展示需求。

02 能力目标

  能根据不同的应用场景，选择合适的WPS演示模板和风格，确保演示效果符合主题需求。
  熟练掌握幻灯片的基本操作，包括添加、删除、移动等，以优化演示文稿的结构和逻辑。

能高效运用WPS演示制作专业的演示文稿，提升表达与展示效果。

能正确设置幻灯片中的超链接、动画效果及切换方式，增强演示的互动性与动态呈现。

熟练掌握幻灯片母版的编辑与应用，提高演示文稿的整体美观度与规范性。

能根据不同需求，将演示文稿导出为适合的格式，便于分享与展示。

03 素养目标

培养团队协作精神——通过合作完成任务，增强学生的团队意识，培养友爱互助的精神，提高集体协作能力。

激发创新意识——鼓励学生勇于探索、积极进取，在演示文稿制作过程中融入创新思维，提升创造力。

提升美学素养——培养学生对设计美感的敏感度，掌握排版、配色、动画等演示技巧，增强视觉表达能力。

增强文化自信——引导学生深入了解并传承中华优秀传统文化，提高文化认同感，培养传播中华文化的意识。

锻炼表达与沟通能力——通过演示文稿制作和展示，提高学生的组织协调能力，使其具备技术人员应有的清晰表达与沟通能力。

树立终身学习理念——培养学生自主学习的习惯，增强适应科技发展和社会变化的能力，为持续成长奠定基础。

培育工匠精神——鼓励学生在实践中培养细致、认真、耐心的态度，精益求精，提高专业素养和执行力。

04 就业导向

掌握演示文稿制作技能，不仅是日常学习和工作中的基本能力，也是进入职场的重要竞争力之一。以下是演示文稿技能在就业中的主要应用方向。

在企业和机构中，员工需要定期汇报工作进展、展示项目成果或制定工作计划。清晰、美观、逻辑严谨的演示文稿能帮助员工在会议中更有效地传达关键信息，提高沟通效率。

在求职过程中，使用演示文稿进行自我介绍或作品展示，可以让面试官更直观地了解求职者的能力与优势。此外，掌握演示文稿制作技能也能增强个人职业竞争力，在职场中脱颖而出。

演示文稿不仅是表达工具，更是提升个人竞争力的重要技能。无论是在市场推广、职场汇报、教育培训，还是数据分析与求职面试中，熟练运用演示文稿都能有效提升沟通效率，为职业发展助力。

05 思维导图

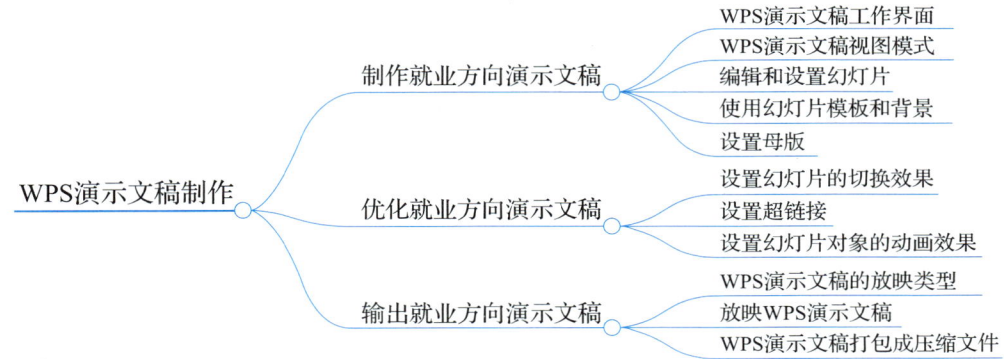

任务七 前沿趋势——制作就业方向演示文稿

一 任务描述

在就业选择过程中，明确自己专业的职业方向对于职业规划至关重要。小明同学收到了一项课程作业任务——制作一个与就业方向相关的演示文稿。为了顺利完成作业，他决定以自己所学的计算机专业为切入点，制作一份内容翔实、形式丰富的计算机专业就业方向演示文稿。

本任务要求制作一份内容翔实、形式丰富的计算机专业就业方向演示文稿，如图4-1所示。通过完成本任务，学生将学会如何利用演示文稿清晰表达行业信息，掌握排版设计、动画应用、演示逻辑等技能，为未来职业发展做好充分准备。

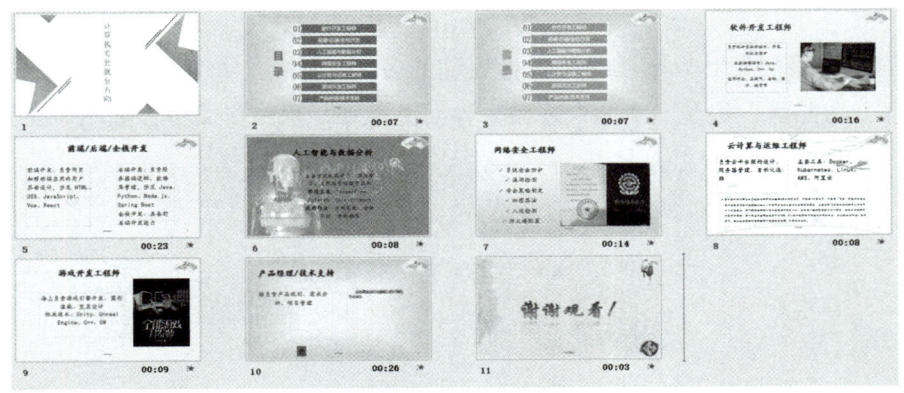

图4-1 "计算机专业就业方向.dps"效果图

二 相关知识

熟悉WPS演示文稿的工作界面和视图模式，可以更好地完成项目的实施。

（一）WPS 演示文稿工作界面

WPS 演示文稿工作界面主要由选项卡、幻灯片/大纲窗格、幻灯片编辑区、备注窗格、视图窗口、显示比例等部分组成，如图 4-2 所示。

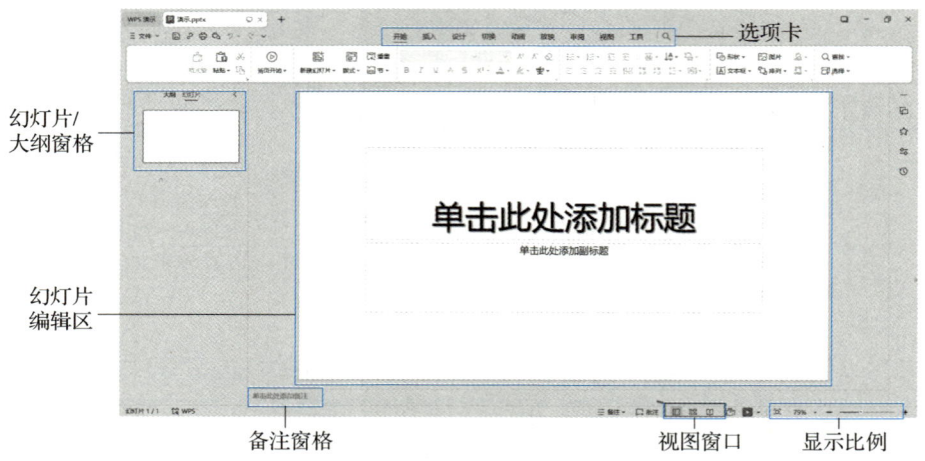

图 4-2　WPS 演示文稿工作界面

1. 文档标签栏

文档标签栏位于 WPS 演示窗口的左上方，显示当前所有打开的文件名，最右端有控制窗口最小化、最大化（还原）和关闭应用程序的三个小图标。

2."文件"菜单

"文件"菜单中包括新建、打开、保存、另存为、输出为 PDF、输出为图片、文件打包、打印、分享文档、文档加密、备份与恢复、帮助、选项、退出等多个命令。

3. 选项卡和功能组

WPS 演示文稿拥有对方案或对象进行处理的多个选项卡，每个选项卡中又包含了多个功能组，每个功能组中包含多个命令按钮，界面更直观，操作更简单，如图 4-3 所示。

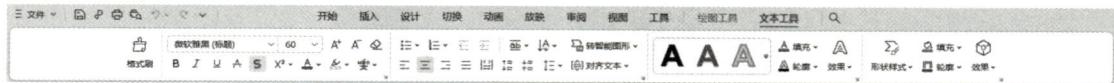

图 4-3　选项卡和功能组

4."开始"选项卡

"开始"选项卡中主要包含的功能组有：剪贴板、幻灯片、字体、段落、绘图、编辑，如图 4-4 所示。

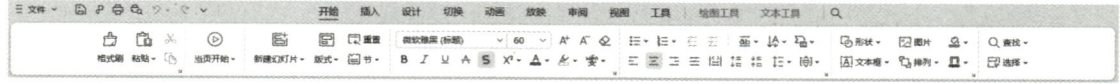

图 4-4　"开始"选项卡

5. "插入"选项卡

"插入"选项卡主要包含的功能组有：表格、图片、链接、文本框、符号、媒体，如图4-5所示。

图4-5 "插入"选项卡

6. "设计"选项卡

"设计"选项卡主要包含的功能组有：页面设置、设计模板、背景，如图4-6所示。

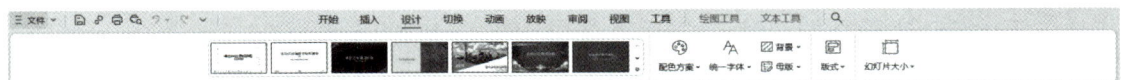

图4-6 "设计"选项卡

7. "动画"选项卡

"动画"选项卡主要包含的功能组有：预览、动画、切换，如图4-7所示。

图4-7 "动画"选项卡

8. "放映"选项卡

"放映"选项卡主要包括的功能组有：从头开始、当页开始、演讲者视图等，如图4-8所示。

图4-8 "幻灯片放映"选项卡

9. "审阅"选项卡

"审阅"选项卡主要包含的功能组有：校对、标记、中文繁简转换，如图4-9所示。

图4-9 "审阅"选项卡

10. "视图"选项卡

"视图"选项卡主要包含的功能组有：演示文稿视图、母版视图、显示、显示比例窗口，如图4-10所示。

图 4-10 "视图"选项卡

11. "工具"选项卡

"工具"选项卡主要包含的功能组有：宏、加载项、控件，如图 4-11 所示。

图 4-11 "工具"选项卡

（二）WPS 演示文稿视图模式

WPS 演示文稿为用户提供了普通、幻灯片浏览、备注页、阅读视图和幻灯片母版视图等多种视图，如图 4-12 所示。每种视图都有特定的工作区、工具栏、相关的按钮及其他工具。不同的视图应用场合不同，但在每一种视图下对演示文稿的任何改动都会对编辑文稿生效，并且所有改动都会反映到其他视图中。

图 4-12 视图模式

1. 视图切换

方法 1：单击"视图"选项卡，在功能组中单击所需视图按钮。

方法 2：通过下方状态栏右侧的视图按钮区域进行切换。该区域提供了普通视图幻灯片浏览视图、阅读视图和幻灯片放映视图的快捷切换按钮，如图 4-13 所示。

图 4-13 视图模式快捷切换按钮

方法 3：按 <F5> 键可进入幻灯片放映视图。

2. 普通视图

普通视图即演示文稿的默认视图，该视图有四个工作区域：幻灯片/大纲窗格、幻灯片编辑区、幻灯片任务窗格和备注窗格。

3. 幻灯片浏览视图

幻灯片浏览视图是缩略图形式的幻灯片视图，在幻灯片浏览视图中可以对幻灯片进行复制、剪切、粘贴、移动、新建、删除、幻灯片设计、背景、动画方案、切换、隐藏转为 WPS 文档等操作。

三　任务实施

（一）编辑和设置幻灯片

演示文稿都是由多张幻灯片构成的，幻灯片是演示文稿的基本单元。在每张幻灯片中可以添加文字、图片、艺术字、形状、智能图形、音频、视频等对象。

1. 幻灯片基本操作

（1）选择幻灯片　选择幻灯片是编辑幻灯片的前提，选择幻灯片主要方法如下。

选择单张幻灯片：在"幻灯片/大纲窗格"中单击目标幻灯片或幻灯片浏览视图中鼠标左键双击目标幻灯片即可。

选择不连续的多张幻灯片：在"幻灯片/大纲窗格"或幻灯片浏览视图中按住<Ctrl>键并单击目标幻灯片即可。

选择连续的多张幻灯片：在"幻灯片/大纲窗格"或幻灯片浏览视图中按住<Shift>键并单击目标范围中开始和结束幻灯片即可。

选择全部幻灯片：在"幻灯片浏览窗格"或幻灯片浏览视图中按<Ctrl+A>组合键即可。

（2）移动和复制幻灯片　移动幻灯片可以调整幻灯片顺序，复制幻灯片可以使用某幻灯片已有的版式或内容，提高工作效率。移动或复制幻灯片主要方法如下。

通过菜单命令实现：选择要移动或复制的幻灯片，右键单击，在弹出的快捷菜单中选择"剪切（T）"或"复制（C）"命令，然后将光标定位到目标位置，单击右键，在弹出的快捷菜单中选择"粘贴（P）"即可。

通过拖曳鼠标实现：选择要移动的幻灯片，按住鼠标左键不放拖曳到目标位置即可实现移动幻灯片；选择要复制的幻灯片，按下<Ctrl>键同时按住鼠标左键不放拖曳到目标位置即可实现复制幻灯片。

通过组合键实现：选择要移动或复制的幻灯片，按下<Ctrl+X>（剪切）或<Ctrl+C>（复制）组合键，然后在目标位置按下<Ctrl+V>（粘贴）组合键即可。

（3）显示和隐藏幻灯片　在播放WPS演示文稿时，隐藏的幻灯片不播放：在"幻灯片/大纲窗格"中选择要隐藏的幻灯片，右键单击，在弹出的快捷菜单中选择"隐藏幻灯片（I）"命令即可实现幻灯片隐藏，此时幻灯片的编号变灰并有斜线，表示幻灯片已经隐藏；再次选择"隐藏幻灯片（I）"命令，即可取消隐藏。

（4）删除幻灯片　选择要删除的幻灯片，单击右键，在弹出的快捷菜单中选择"删除幻灯片（D）"命令或者按<Delete>键即可。

2. 插入和编辑艺术字

插入和编辑艺术字

制作"计算机专业就业方向.dps"演示文稿中的第一张幻灯片，操作步骤如下。

步骤1 打开"计算机专业就业方向.dps"演示文稿，并在"幻灯片/大纲窗格"中选择第一张幻灯片。

步骤2 单击"开始"选项卡下的"版式"按钮，在打开的"母版版式"列表中选择"空白"（第三行第一列）版式，如图4-14所示。

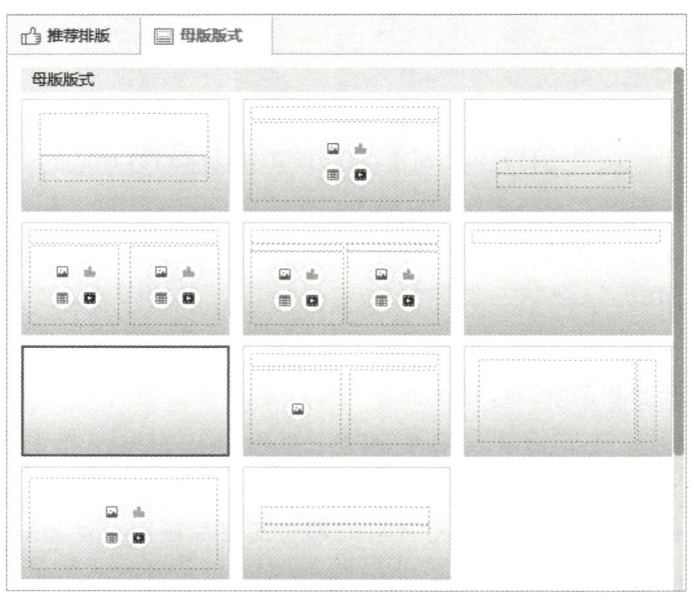

图4-14 "母版版式"列表

步骤3 单击"插入"选项卡下的"艺术字"按钮，在弹出的"预设样式"中选择"填充-沙棕色，着色2，轮廓--着色2"艺术字样式，同时增加了"文本工具"选项卡，如图4-15所示。

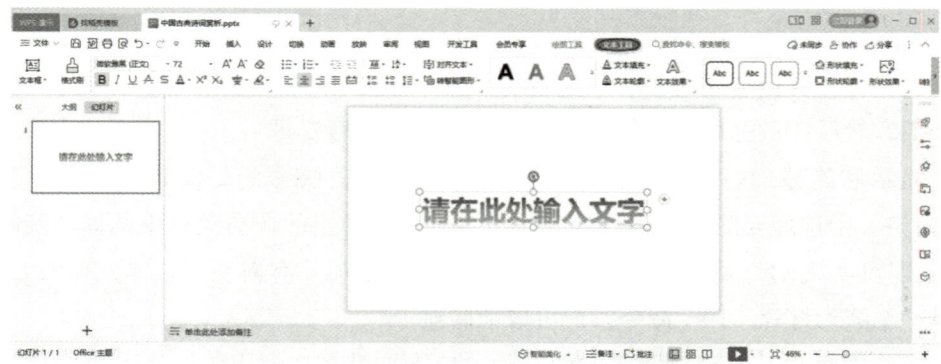

图4-15 "文本工具"选项卡

步骤4 在输入框中输入"计算机专业就业方向",并将艺术字的字体设置为"微软雅黑"、字号为"72磅"、字体样式为"加粗"。在"文本工具"选项卡(如图4-16所示)下单击"填充"按钮,在弹出的列表中选择"其他字体颜色(M)…",打开"颜色"对话框,在"自定义"选项卡下,设置字体"颜色模式(D)"为"RGB","红色(R)"为"252","绿色(G)"为"90","蓝色(B)"为"83"。

步骤5 在"文本工具"选项卡下单击"效果"按钮,选择"倒影"中的"倒影变体"的子项"紧密倒影,接触",再选择"转换"中"跟随路径"的子项"上弯弧"形状,效果如图4-17所示。

图4-16 选择"其他字体颜色(M)…"

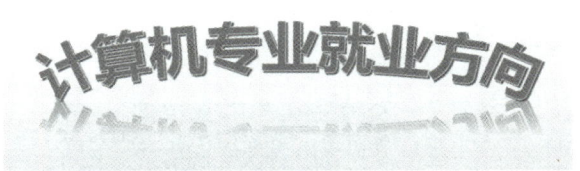

图4-17 第一张幻灯片内容和格式效果

3. 输入和编辑幻灯片文本内容

制作演示文稿中的第二张幻灯片,具体步骤如下。

步骤1 将光标定位到"幻灯片/大纲窗格"第一张幻灯片下方空白位置,单击"开始"选项卡下的"新建幻灯片"按钮,会添加一张和第一张幻灯片版式相同的幻灯片。将其版式修改为"两栏内容"(第二行第一列)。

步骤2 在标题占位符中输入"软件开发工程师",在左侧内容占位符中输入"负责软件系统的设计、开发、测试与维护""主要编程语言:Java、Python、C++、Go""适用行业:互联网、金融、医疗、教育等"。

步骤3 在右侧内容占位符中插入图片。单击右侧内容占位符中的"插入图片"按钮,在"插入图片"对话框中选择图片文件的位置,找到所需图片文件打开即可。

4. 设置幻灯片中文本的字体和段落格式

在演示文稿中,对幻灯片中的文本字体、段落的设置是修饰演示文稿的重要内容,能起到强化视觉效果的作用。设置"计算机专业就业方向.dps"演示文稿中各幻灯片中文本和段落格式,操作步骤如下。

步骤1 选中第2张幻灯片的标题"软件开发工程师"占位符,在"开始"选项卡"字体"功能组的"字体"列表框中,将中文字体设置为"楷体",字体样式为"加粗",字号为"44磅";单击"段落"功能组右下角的"对话框启动"按钮,打开"段落"对话框,在"缩进和间距(I)"选项卡下,设置对齐方式"左对齐","文本之前(R)"缩进"5厘米",设置1.25倍行距。

步骤2　选中左侧内容占位符,设置其字体为"楷体",字号为"32磅";设置对齐方式"居中","文本之前(R)"缩进"0.64厘米",段前、段后间距"2磅",设置1.25倍行距。

步骤3　选中左侧内容占位符,单击"绘图工具"选项卡下"设置形状格式"组中"轮廓"右下角下拉按钮,设置左侧内容占位符线条颜色为"橙色,着色4,浅色60%"实线。

步骤4　选中右侧内容占位符中图片,单击"图片工具"选项卡"大小和位置"组右下角的"对话框启动"按钮,启动"对象属性"对话框,选中"大小与属性"选项卡,锁定纵横比,设置图片的高度"7.77厘米";水平位置"18.12厘米"(相对于左上角),垂直位置"6.38厘米"(相对于左上角),如图4-18所示。

图4-18　第二张幻灯片内容和格式效果

使用类似的操作分别添加第三至第八张幻灯片,其中第三、五、六、七、八张幻灯片版式是"两栏内容"(第二行第一列),第四张版式是"标题和内容"(第一行第二列),然后分别输入对应内容并设置其字体和段落格式。

5. 设置项目符号和编号

选中第五张幻灯片,该幻灯片展示的是网络安全工程师的工作介绍,为其中的文本内容设置项目符号和编号,操作步骤如下。

步骤1　选中幻灯片左侧内容占位符,在"开始"选项卡"段落"组中,单击"项目符号"后边的下拉按钮,打开"预设项目符号"下拉列表框,选择一种项目符号,如"√",设置效果如图4-19所示。

步骤2　在"预设项目符号"下拉列表框最下方选择"其他项目符号(M)...",打开"项目符号与编号"对话框,在对话框中设置项目符号的颜色,如图4-20所示。还可以单击"自定义(U)..."或者"图片(P)..."按钮,添加其他项目符号。

6. 插入对象

除了文字、图片,还可以在幻灯片中插入表格、形状、图标、智能图形等对象,使幻灯片图文并茂,进而使整个演示文稿显得生动、美观,更具有吸引力。

图4-19 项目符号效果　　　　　图4-20 "项目符号与编号"对话框

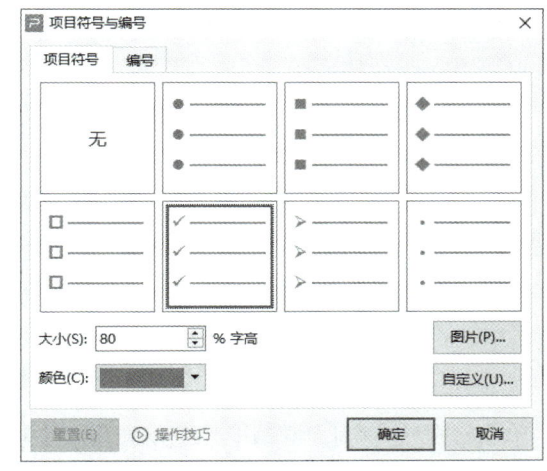

在"计算机专业就业方向.dps"的幻灯片中插入智能图形，步骤如下。

步骤1　在第一张幻灯片下方插入一张"空白"（第三行第一列）版式的幻灯片。

步骤2　在幻灯片靠左侧插入艺术字，内容是"目录"，选中艺术字，在"文本工具"选项卡"段落"功能组，设置文字方向"竖排"。

步骤3　插入智能图形，单击"插入"选项卡下的"智能图形"按钮，打开"智能图形"对话框，单击"列表"项下的"垂直图片重点列表"，此时选项卡中会多出"设计"和"格式"两个选项卡，用来完成对智能图形的编辑。

步骤4　选中智能图形的最后一个子项，单击"设计"选项卡下"添加项目"按钮，在下拉菜单中单击"在后面添加项目（A）"，类似操作共四次。

步骤5　分别单击每个子项左侧圆形中的"插入图片"按钮，插入对应的图片。再在每个子项右侧的形状上添加无边框文本框，然后在文本框中输入相应的就业方向名称；单击"格式"选项卡下"填充"右侧的下拉按钮，选择"矢车菊蓝，着色1"或"中宝石碧绿，着色3"任一种填充颜色，幻灯片效果如图4-21所示。

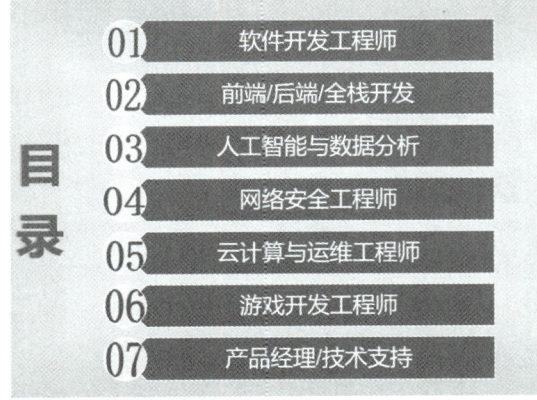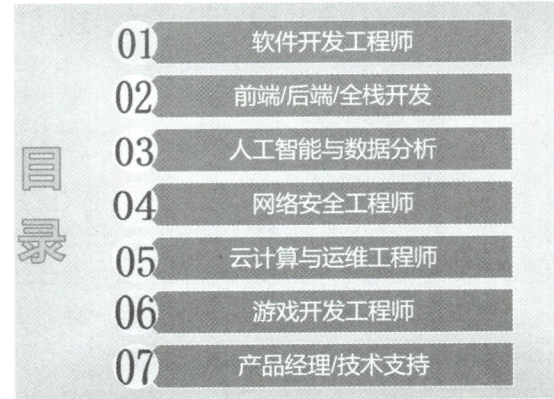

图4-21 "目录"幻灯片效果

（二）使用幻灯片模板和背景

1. 设置幻灯片模板

模板是一组预设的背景、字体格式等的组合。WPS演示为用户提供了丰富的模板（免费和会员），也称为风格。各功能按钮位于"设计"选项卡下，如图4-22所示。

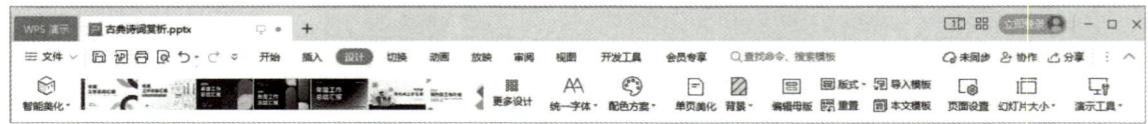

图4-22 "设计"选项卡包含的功能按钮

单击"智能美化"按钮，打开如图4-23所示的功能列表，可以对幻灯片进行"全文换肤""整齐布局""智能配色""统一字体"等操作。

选择列表中的"全文换肤"，或者直接单击"更多设计"按钮，都可打开"全文美化"对话框，如图4-24所示，编辑者可以根据幻灯片适用场合和内容等需求，选择合适的模板。应用模板后，还可以修改搭配好的颜色方案和字体，分别通过"配色方案"和"统一字体"来实现。

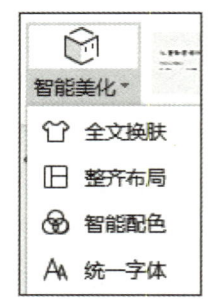

图4-23 "智能美化"功能列表

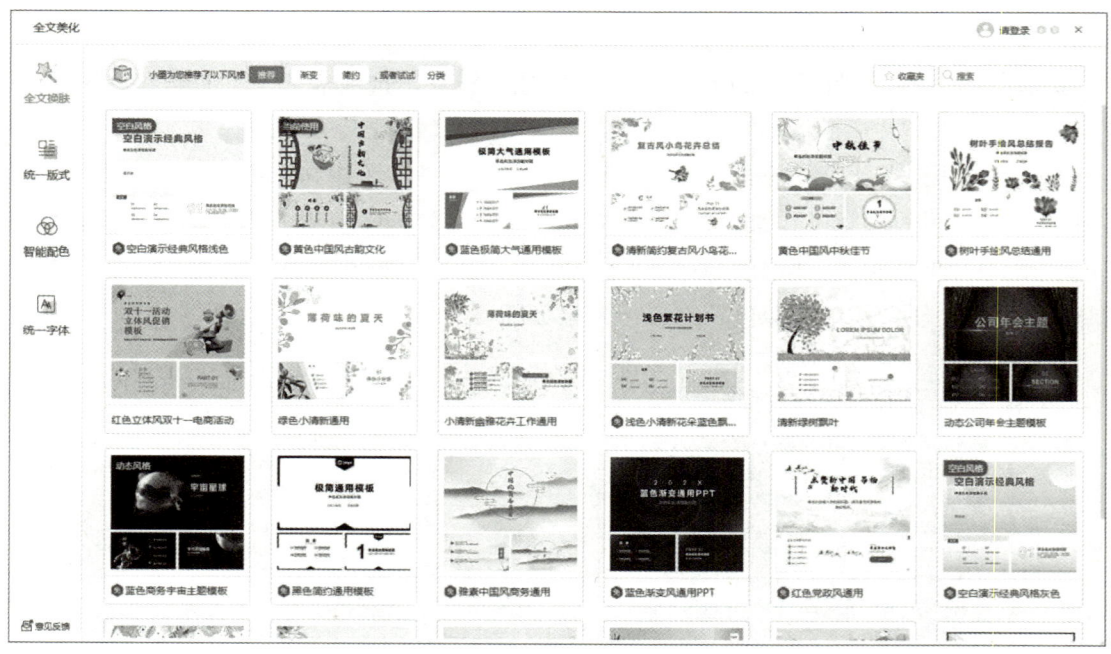

图4-24 "全文美化"对话框

2. 设置幻灯片背景

选中某张幻灯片后，单击"单页美化"功能按钮，可在幻灯片编辑区下方打开一个列表框。不同的幻灯片，所显示的列表框内容不同。例如，选中第一张幻灯片，显示如图 4-25 所示的列表框。

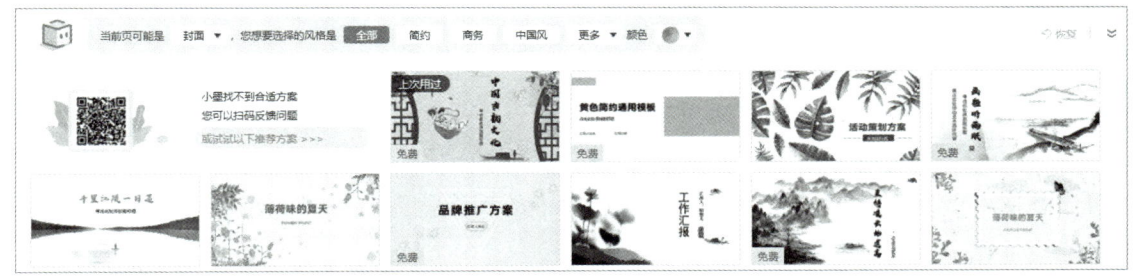

图 4-25 "单页美化"列表框

当鼠标指向列表框中某张背景模板时，可以看见背景模板既可应用于所选幻灯片，也可应用于全文。编者可以根据幻灯片适用场合和内容等需求，选择合适的模板。

3. 设置"计算机专业就业方向.dps"各幻灯片风格和背景

步骤 1 在幻灯片浏览区选中第一张幻灯片。单击"设计"选项卡下的"更多设计"按钮，打开"全文美化"对话框，选择一种模板，例如"简约"风格的"创意极简"（注意：系统中模板会不断更新，编辑者可以根据需求和实际情况进行选择）。

步骤 2 选中第二张幻灯片，单击"设计"选项卡下"背景"按钮，打开"对象属性"窗格。设置第二张幻灯片的背景填充为"渐变填充（G）"，渐变样式为"矩形渐变"→"中心辐射"，然后选中一个色标，可以设置色标颜色（C）、位置（O）、透明度（T）、亮度（B）等属性；还可以添加或删除色标。如图 4-26 所示。

步骤 3 选中第三、第四两张幻灯片，设置其背景为"图片或纹理填充（P）"→"纹理填充"→"方格 1"，设置"透明度（T）"为"65%"。

步骤 4 选中第五、第七两张幻灯片，设置其背景为"图片或纹理填充（P）"，"图片填充"，"透明度（T）"为"65%"。

其余幻灯片背景效果自行设置。

（三）设置母版

母版用于存储有关演示文稿的主题和幻灯片版式的信息，包括幻灯片的背景、颜色、字体、效果、占位符的大小和位置。每个演示文稿至少包含一个幻灯片母版。

使用母版的主要优点是可以对演示文稿中的每张幻灯片进行统一的样式更改，并且以后再插入的幻灯片在格式上都与母版相同。所以，使用母版非常省时和方便，可以通过编辑母版

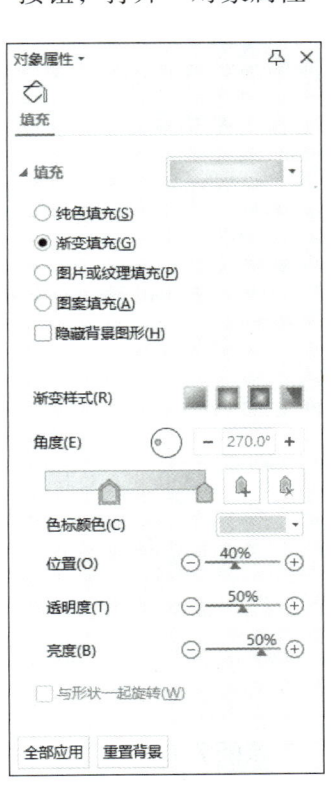

图 4-26 设置背景格式窗格

来改变整个演示文稿中幻灯片的外观。

母版分为幻灯片母版、备注母版和讲义母版3种。

1. 幻灯片母版

幻灯片设计统一的图标和页脚

给"计算机专业就业方向.dps"设计一个统一的图标和页脚，操作步骤如下。

步骤1 单击"视图"选项卡下的"幻灯片母版"按钮，进入编辑幻灯片母版视图。此时通过"幻灯片母版"选项卡中的功能按钮，可以编辑和设置幻灯片母版的主题、字体、背景等格式。

步骤2 选中左侧导航窗格中第1张的"主题母版"，单击"插入"选项卡下"图片"按钮，打开"插入图片"对话框，选择相应的图片文件，单击"插入"按钮，即将图片插入到幻灯片母版中。

步骤3 选中图片，在"图片工具"选项卡的"大小和位置"组选择"锁定纵横比"，设置图片高"4厘米"。

步骤4 单击"图片工具"选项卡的"设置透明色"按钮后，用变形后的鼠标单击图片，将图片设置为"透明"。

步骤5 单击"对齐"按钮，设置其对齐方式为"右对齐（R）"和"靠上对齐（T）"，单击"下移一层"右侧的下拉按钮，单击"置于底层（K）"命令，效果如图4-27所示。

步骤6 单击"插入"选项卡下的"页眉和页脚"按钮，打开"页眉和页脚"对话框，选中"幻灯片编号（N）"复选框和"页脚（F）"复选框，并在"页脚（F）"下的文本框中输入"WPS演示"，单击"全部应用（V）"按钮，如图4-28所示。

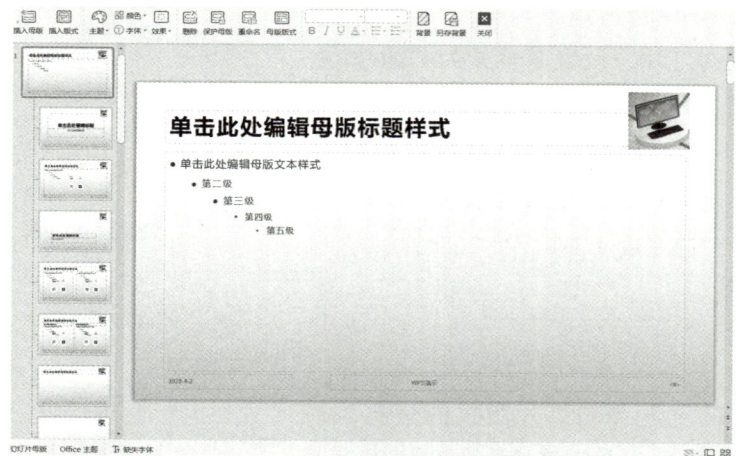

图4-27 幻灯片母版视图

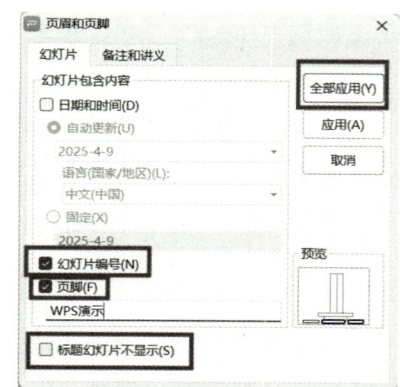

图4-28 "页眉和页脚"对话框的"幻灯片"选项卡

步骤7 单击"幻灯片母版"选项卡下的"关闭"按钮，则关闭幻灯片母版，返回到普通视图，就会将幻灯片母版设置效果应用当前的演示文稿中。

2. 讲义母版

讲义母版用来自定义演示文稿用作打印讲义时的外观，因此讲义母版的设置大多和打印页面有关，它允许设置一页讲义中包含幻灯片的数量，设置页眉、页脚、页码等信息。使用讲义母版操作步骤如下。

步骤1　单击"视图"选项卡下的"讲义母版"按钮，进入讲义母版视图，并显示出"讲义母版"选项卡，如图4-29所示。讲义母版共分为5个区域：页眉区、日期区、幻灯片区、页脚区、页码区。

步骤2　在讲义母版中可以设置讲义的设计和布局，例如背景格式和页眉页脚出现的位置，也可以选择适合自己的页面设置和选项。在"页面设置"组，单击"讲义方向"按钮可以设置讲义方向，默认为"纵向"。单击"每页幻灯片数量"按钮可以设置每一页中幻灯片的数量。在"占位符"组，根据需要勾选"页眉""页脚""日期""页码"选项，默认全部选中。还可根据需要设置颜色、字体、效果等。

步骤3　设置"计算机专业就业方向.dps"讲义母版。在"页眉"区输入"计算机教研室"；光标定位"日期"区中，单击"插入"选项卡下的"日期和时间"按钮，在打开的"页眉和页脚"对话框，选择一种格式，如"2025年4月9日"，且选中"自动更新（U）"前的复选框，如图4-30所示。单击"确定"按钮，返回讲义母版视图，单击"关闭"按钮，返回到普通视图。

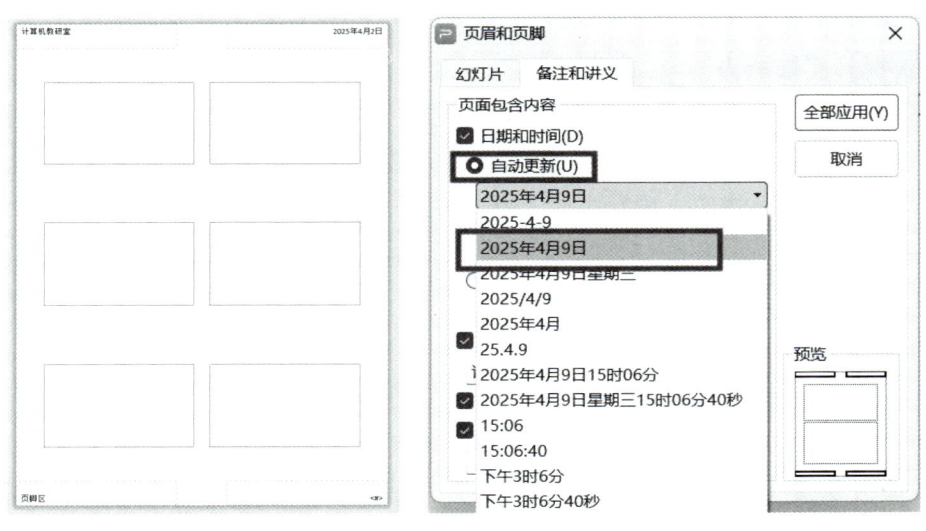

图4-29　讲义母版　　　　　图4-30　"日期和时间"对话框

3. 备注母版

备注母版用来自定义演示文稿与备注一起打印时的外观，操作步骤如下。

步骤1　单击"视图"选项卡下的"备注母版"按钮，打开备注母版视图。备注母版共分为6个区域：页眉区、日期区、幻灯片母版区、备注母版区、页脚区、页码区。

步骤2　在页眉区插入页眉"计算机教研室"，可以在"备注母版区"编辑备注文本样式，比如将备注母版文本样式设置为"宋体，20号，加粗，标准色深红"，效果如图4-31所示。

步骤3 单击"备注母版"选项卡下的"关闭"按钮返回普通视图。然后单击"视图"选项卡下的"备注页"按钮，打开备注页视图，可以在备注文本区编辑备注，比如"编写高质量的代码，确保软件的稳定性和性能。"，浏览幻灯片备注页。

四 机考助手

考试中该任务的考核形式可能为操作题，要求考生新建一个演示文稿，插入指定数量的幻灯片，并设置特定的版式（如标题与内容版式、仅标题版式等）。

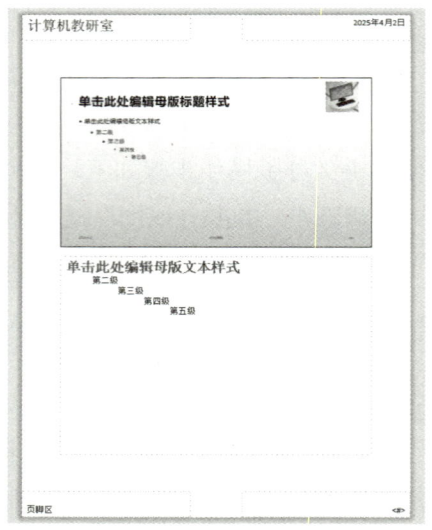

图4-31 备注母版视图

（一）典型考点

典型考点聚焦于基础操作与规范流程：从新建空白演示文稿或灵活调用模板创建文档起步，到根据内容需求插入多张幻灯片并匹配适宜版式，再到掌握删除冗余页面、灵活调整幻灯片顺序以优化演示逻辑等核心操作，每一个环节都考验着考生对工具功能的掌握精度。

（二）提升技巧

为高效提升实操能力与应试水平，建议考生着重强化快捷键与快捷操作的运用，熟悉WPS中诸如<Ctrl+M>快速插入新幻灯片的组合键，以及便捷的右键菜单操作；同时，通过高频次专项练习，熟练使用"幻灯片"面板，完成幻灯片顺序调整与删除任务，从而在考试中实现高效、准确地操作，顺利完成考核任务。

五 课后练习

操作题

新建一个空白演示文稿，命名为"软件开发工程师.dps"，给软件开发工程师这个工作做个介绍。

1）单击"视图"选项卡下的"幻灯片母版"按钮，根据效果图设置幻灯片母版。

2）将第一张幻灯片版式修改为"母版版式"列表的第三行第一列，插入艺术字"软件开发工程师"，设置艺术字的文本效果为"转换"中的"跟随路径"的子项"下弯弧"。

3）新建第二张幻灯片，版式为"母版版式"列表的第二行第一列，标题栏中输入"职业介绍"，左侧占位符中编辑文字，右侧占位符中插入图片。

4）新建第三张幻灯片，自己选择版式、形状组合与相应的文字。将第三张幻灯片的背景填充设置为"渐变填充（G）"，渐变样式（R）为"线性渐变"→"向下"，色标颜色（C）为"巧克力黄，着色2，浅色80%"，其余参数默认。

5）新建第四张幻灯片，版式为"母版版式"列表的第二行第一列。左侧占位符中输入文字，右侧占位符中插入图片。

6）将第四张幻灯片的背景填充为"图片或纹理填充（P）"。根据需要依次创建其他幻灯片，要求整个演示文稿中的幻灯片不少于6张。

任务八　动态展示——优化就业方向演示文稿

一　任务描述

在上个任务中，小明同学已经完成了计算机专业就业方向演示文稿的基本结构，但是效果还不够夺人眼球。

本任务要求给计算机专业就业方向演示文稿增加交互性和设置动画效果，包括设置超链接、创建动画效果以及设置幻灯片的切换效果等。

二　相关知识

设置幻灯片的切换效果

幻灯片切换效果是在幻灯片放映时，从一张幻灯片过渡到下一张幻灯片时出现的类似动画的效果。在默认情况下，演示文稿中上一张幻灯片和下一张幻灯片之间没有设置切换效果，在制作演示文稿的过程中，编者可根据需要为幻灯片添加适当的切换效果，更好地增加视觉效果。

为幻灯片添加切换效果最好是在幻灯片浏览视图中进行，因为在幻灯片浏览视图中用户可以看到演示文稿中所有的幻灯片，并且可以非常方便地选择要添加切换效果的幻灯片。

幻灯片切换效果可以控制每张幻灯片切换的速度，还可以为其添加声音。

为"计算机专业就业方向.dps"演示文稿中的所有奇数页幻灯片设置"插入"切换效果，所有偶数页幻灯片设置"推出"切换效果，操作步骤如下。

在幻灯片浏览视图中，选择演示文稿中的所有奇数页幻灯片，选择"切换"选项卡，在"切换"列表中单击"插入"切换动画，如图4-32所示。

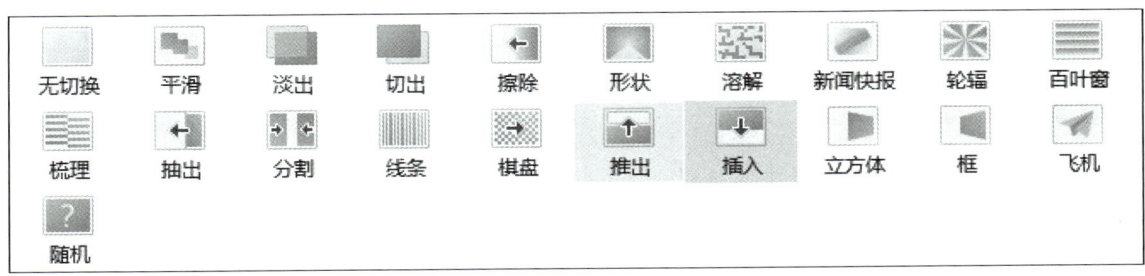

图4-32　切换动画

"效果选项"为"向下",设置"速度:"和"声音:"为默认属性,取消"单击鼠标时换片"前的复选框。

选中所有偶数页幻灯片,在"切换"选项卡的"切换"方式列表中单击"推出"切换动画,效果选项为"向上",设置"速度:"和"声音:"为默认属性,取消"单击鼠标时换片"前的复选框。

幻灯片切换动画默认作用于选中的幻灯片,如果想将某种切换效果作用于所有幻灯片,有两种方法。

方法一:在幻灯片浏览视图中选中所有幻灯片,然后选择切换动画,并设置其属性。

方法二:选中某一张幻灯片,设置切换动画和属性,然后单击"切换"选项卡下的"应用到全部"按钮。

三 任务实施

(一)设置超链接

设置超链接

为了使幻灯片放映过程更加方便灵活、放映效果更佳、突显交互性,在WPS演示中,可以使用超链接从一张幻灯片跳转至另一张幻灯片,也可以跳转到某网页、电子邮件地址、附件文件等。超链接的对象可以是文本、图形或其他对象。

给"计算机专业就业方向.dps"演示文稿中的幻灯片添加本文档超链接,操作步骤如下。

步骤1 打开"计算机专业就业方向.dps",在幻灯片浏览区选中第二张幻灯片。

步骤2 选中幻灯片中文本为"软件开发工程师"的子项上的文本框,单击"插入"选项卡下的"超链接"按钮,打开如图4-33所示的"插入超链接"对话框。

步骤3 分别选择"本文档中的位置(A)"和"请选择文档中的位置(C):"列表框中编号为3的幻灯片,单击"确定"按钮即可完成。

> **说明**
>
> 1)通过设置"屏幕提示(P)…"内容,可以实现在播放幻灯片过程中,鼠标经过超链接时显示提示内容。
>
> 2)单击对话框中"超链接颜色(C)"按钮,打开"超链接颜色"对话框,如图4-34所示。在该窗格可以设置"超链接颜色""已访问超链接颜色""链接有无下划线"和设置应用范围等。

步骤4 类似地,为目录中其他就业方向设置超链接,指向相应的页面。

(二)设置幻灯片对象的动画效果

为了使演示文稿的内容更加富有动感、吸引观众的注意力、突出强调重点内容,在创建演示文稿时,可以为幻灯片中的文本和其他对象添加动画效果。

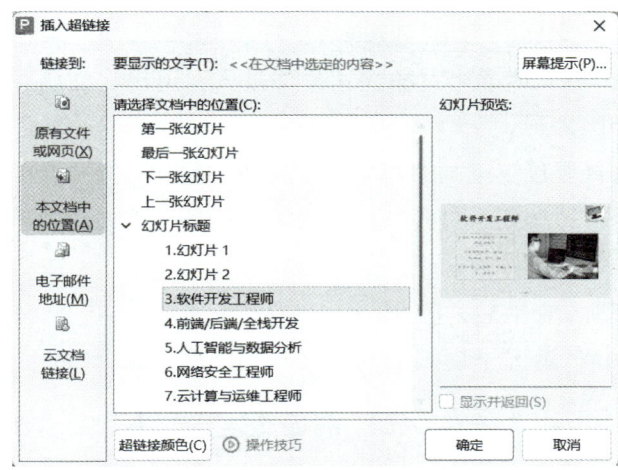

图4-33 "插入超链接"对话框

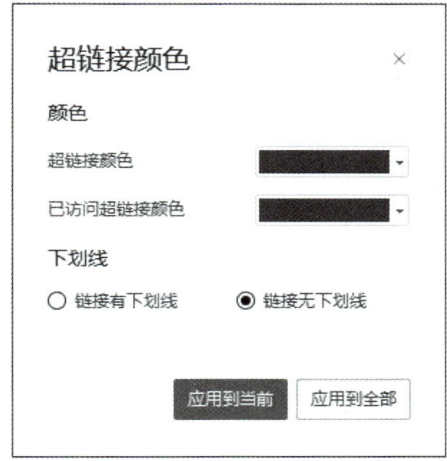

图4-34 "超链接颜色"设置窗格

在WPS演示中，幻灯片动画有两种类型，即幻灯片切换动画和幻灯片对象动画。

幻灯片切换动画是指放映幻灯片时幻灯片进入、离开屏幕时的动画效果；幻灯片对象动画是指为幻灯片中添加的各对象设置动画效果，多种不同的对象动画组合在一起可形成复杂而自然的动画效果。

WPS演示中的对象动画的类别主要有以下5种，进入、强调、退出、动作路径、绘制自定义路径，如图4-35所示。

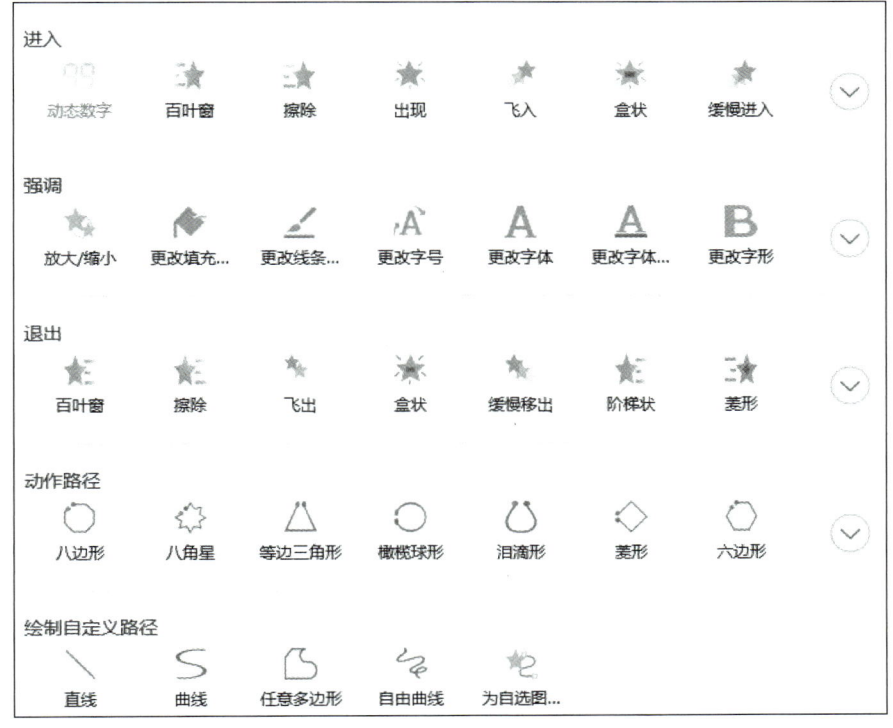

图4-35 WPS演示动画类型

1. 添加单一动画

为对象添加单一动画效果是指为某个对象或多个对象快速添加进入、退出、强调、动作路径或绘制自定义路径的动画。

添加单一动画

在幻灯片编辑区中选择要设置动画的对象，然后在"动画"选项卡中单击"动画"列表右下角的下拉按钮，打开下拉列表，选择某一类型动画下的动画选项即可。

为幻灯片对象添加动画效果后，系统将自动在幻灯片编辑窗口中对设置了动画的对象进行预览放映。打开"动画窗格"后，该对象旁边会出现数字标识，数字顺序代表播放动画的顺序，播放顺序可以在"动画窗格"中改变。

为第三张幻灯片上的对象添加动画的操作步骤如下。

步骤1 选中第三张幻灯片中标题占位符，选择"动画"选项卡下"进入"类动画列表中的"飞入"动画效果。

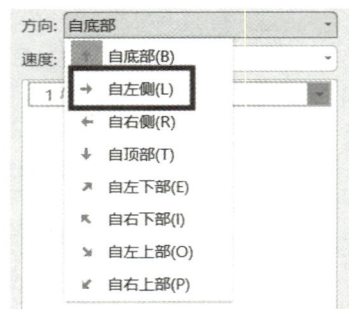
图4-36 动画属性列表

步骤2 单击"动画属性"按钮，打开如图4-36所示的动画属性列表，选择"自左侧（L）"。

步骤3 选中右侧内容占位符中的图片，设置其动画为"进入/棋盘"，动画属性为"下"，动画的"开始播放："方式为"在上一动画之后"，"持续时间："为"1秒"。

步骤4 选中左侧的内容占位符，设置其动画为"进入/扇形展开"，动画的"开始播放："方法为"与上一动画同时"，"持续时间："设置为"1秒"。

步骤5 单击"动画"选项卡下的"自定义动画"按钮，打开如图4-37所示的窗格。在此窗格中，可以删除动画、修改动画类型、动画属性、开始方式、持续时间和播放顺序等。

步骤6 在"自定义动画"中，单击某对象已经设置的动画（例如：选中左侧内容占位符的"扇形展开"动画）右侧的下拉三角形按钮，在打开的下拉菜单中单击"效果选项（E）…"，打开一个动画效果对话框，如图4-38所示。在对话框的"效果"选项卡下，可以设置动画播放时的声音、动画播放后的颜色和隐藏属性，以及动画文本的发送方式等；在"计时"选项卡下，也可以设置动画的开始方式、延迟、速度、重复等属性。

步骤7 在"动画窗格"中选择动画列表中某动画，单击"重新排序"后面的向上或向下箭头，改变动画的播放顺序。

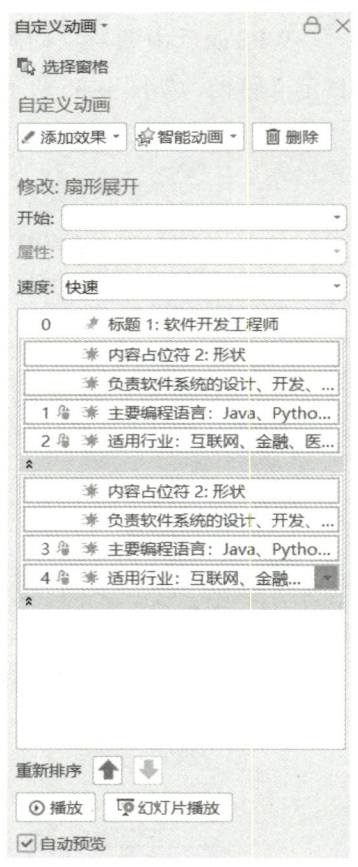
图4-37 动画窗格

例如，设置第三张幻灯片内容播放顺序为先文本后图片。

其余幻灯片对象的动画自行设置。

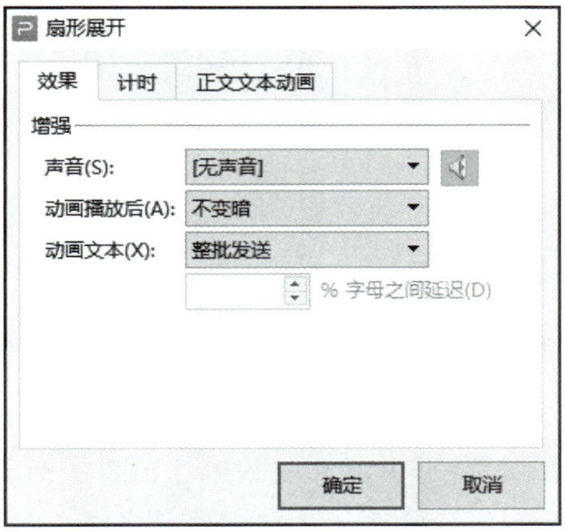

图 4-38 动画效果对话框

2. 添加组合动画

组合动画是指为同一个对象同时添加进入、强调、退出和路径动画 4 种类型中的任意动画组合，如同时添加进入和退出动画等。

为第八张幻灯片中图片添加进入、强调组合动画的操作步骤如下。

步骤1 选中第八张幻灯片中右侧内容占位符中的图片，添加"进入/缓慢进入"动画，并设置其动画属性为"自底部（B）"，动画的"开始播放："设置为"与上一动画同时"，"持续时间："设置为"3秒"。

步骤2 打开"动画窗格"，单击"添加效果"按钮，在打开的动画列表中选择"强调/陀螺旋"动画，设置动画的"开始播放："方式为"在上一动画之后"。

四 机考助手

考试中该任务的考核形式为操作题，要求考生为幻灯片设置应用切换效果，为对象设置动画效果，并调整动画播放顺序或时长。

（一）典型考点

典型考点主要涵盖三个关键维度：其一，为幻灯片设置诸如"淡入淡出"等切换效果，并将其快速应用至全部幻灯片，确保演示过渡流畅自然；其二，针对文本或图片添加"飞入"等动画效果，增强内容呈现的生动性与吸引力；其三，深入调整动画的执行顺序、触发条件以及播放时长，使各元素的动态展示契合演示节奏与逻辑需求。

（二）提升技巧

为有效提升实操水平与考试表现，考生可从三方面强化训练：一是在"动画"选项卡中高频次练习特效设置，熟练掌握"动画窗格"的操作方法，精准管理多个动画效果；二是充分运用"预览"功能，实时检查动画与切换效果是否达到预期，及时优化调整；三是明晰切换效果与动画效果的本质差异，避免概念混淆与操作失误，从而在考试中高效完成动态演示文稿的制作任务。

五　课后练习

操作题

某毕业生需新建一个演示文稿，用于学科成绩汇报。

1. 制作封面页（第一张幻灯片）。

2. 选择"空白"版式（第三行第一列）。

3. 在水平位置 0cm，垂直位置 4.30cm 处插入矩形形状（高 3.21cm，宽 16.22cm），填充颜色："灰色，背景 1，深色 15%"，并添加文字"学科成绩汇报"。

4. 在水平位置 0cm，垂直位置 7.50cm 处插入矩形形状（高 7.49cm，宽 33.86cm），填充颜色："钢蓝，着色 5"。

5. 在矩形形状上插入艺术字（填充－白色，轮廓－着色 1），内容为"××大学 2025 届毕业生"，字体为"微软雅黑"，字号为 60。

6. 插入相关图片（如学校 Logo 或毕业生照片），调整大小和位置，使页面布局美观合理。

7. 制作目录页（第二张幻灯片）。

8. 选择"空白"版式（第三行第一列）。

9. 在水平位置 0cm，垂直位置 0cm 处插入矩形形状（高 19.19cm，宽 10.75cm），填充颜色："钢蓝，着色 5"。

10. 在矩形中间插入横排文本框，添加标题"目录"，并设置动画效果为"进入"中的"温和型"的子项"翻转式由远及近"。

> **注意**
>
> 适当运用配色、动画、图片，提升演示文稿的美观度和专业性。
>
> 保持排版整洁，突出重点信息，使演示内容清晰易读。

任务九　职在必得——输出就业方向演示文稿

一　任务描述

"计算机专业就业方向.dps"演示文稿的制作完成后，小明同学在放映和输出演示文稿方面却犯了难，因为为了更好地放映演示文稿，要设置演示文稿的放映方式以及排练计时等。

本任务要求给计算机专业就业方向演示文稿设置放映方式、自定义放映以及打包计算机专业就业方向演示文稿。

二　相关知识

（一）WPS演示文稿的放映类型

1）WPS演示提供两种放映类型，其作用和特点如下。

演讲者放映（全屏幕）：是默认的放映类型，此类型放映将以全屏幕的状态放映演示文稿。在演示文稿放映过程中，演讲者具有完全的控制权，演讲者可手动切换幻灯片和动画效果，也可以将演示文稿暂停以添加细节等，还可以在放映过程中录制旁白。

展台自动循环放映（全屏幕）：此类型是最简单的一种放映类型，不需要人为控制，系统将自动全屏循环放映演示文稿。使用这种方式进行放映时，不能通过单击鼠标切换幻灯片，但可以通过单击幻灯片中的超链接和动作按钮来切换，按<Esc>键可结束放映。

2）在"放映类型"处，可以选择"演讲者放映（全屏幕）（P）"和"展台自动循环放映（全屏幕）（K）"。

3）在"放映幻灯片"处，可以设置需要放映的幻灯片或者自定义放映。

4）在"放映选项"处，可以选择是否循环放映、绘图笔颜色和放映时是否加动画等。

5）"换片方式"处可设置手动换片或者根据排练计时播放。

6）若想要在一个显示器上放映WPS演示文稿，另一个显示器上显示计算机屏幕，可以在"多显示器"处选择幻灯片放映到主副显示器上。当放映的时候，观众看到的是无备注的演示文稿，而自己在另一台显示器上可以看到带有备注的演示文稿，可以勾选"显示演讲者视图（W）"复选框，这样就可以实现分屏显示了。

（二）放映WPS演示文稿

对演示文稿进行放映设置后，即可开始放映演示文稿，在放映过程中演讲者可以进行标记和定位等控制操作。

1. 放映幻灯片

幻灯片的放映操作包括开始放映和切换放映，下面分别进行介绍。

（1）开始放映　可以"从头开始"，也可以"从当前开始"放映演示文稿。

1）单击"放映"选项卡下的"从头开始"按钮或按<F5>功能键，将从第一张幻灯片开始放映；单击"放映"选项卡下的"当页开始"按钮或按<Shift+F5>组合键，将从当前选择的幻灯片开始放映。

2）单击状态栏上的"从当前幻灯片开始播放（Shift+F5）"按钮，将从当前幻灯片开始放映；单击按钮右侧下拉三角形，在列表中选择"从头开始（W）"将从第一张幻灯片开始放映。

（2）切换放映　在放映需要讲解和介绍演示文稿时，如课件类、会议类演示文稿，经常需要切换到上一张或下一张幻灯片，此时就需要使用幻灯片放映的切换功能。

1）切换到上一张幻灯片。按<Page Up>键，或<←>键，<↑>键，<Back Space>键。

2）切换到下一张幻灯片。单击鼠标左键，按空格键，<Enter>键，<→>键，<↓>键，<Page Down>键。

3）除了使用键盘、鼠标可以切换幻灯片之外，WPS演示还提供了手机遥控功能。

2. 放映过程中的控制

（1）暂停放映　在幻灯片的放映过程中，需要对某一张幻灯片进行更多的说明和讲解时，可以单击鼠标右键暂停该幻灯片的放映。

（2）标记重要内容　放映时，在幻灯片上单击鼠标右键，在快捷菜单中选择"墨迹画笔（O）"命令，在其子菜单中选择"圆珠笔（B）""水彩笔（W）""荧光笔（H）"等命令，同时还可以设置"绘制形状（D）""墨迹颜色（C）"，对幻灯片中的重要内容做标记。

（3）定位　在放映幻灯片时，无论当前放映的是哪一张，都可以通过幻灯片的快速定位功能快速定位到指定的幻灯片进行放映。在放映的幻灯片中单击鼠标右键，在弹出的快捷菜单中选择"定位"命令，在弹出的子菜单中选择要切换到的目标幻灯片即可。

（三）WPS演示文稿打包成压缩文件

WPS还可将演示文稿打包成压缩文件。方法是在制作完成的演示文稿中选择"文件"中的"文件打包（K）"的子项"将演示文稿打包成压缩文件（Z）"命令，在打开的"演示文稿打包"对话框中设置压缩文件名和保存位置后，单击"确定"按钮。

三　任务实施

放映演示文稿的操作在幻灯片"放映"选项卡下完成。

"放映"选项卡下的功能组如图4-39所示。

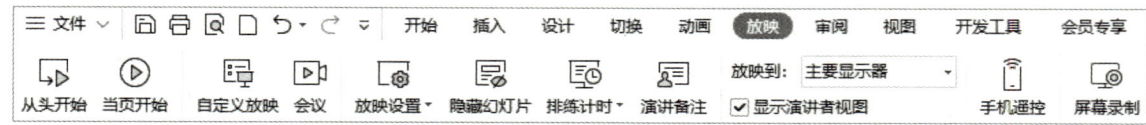

图4-39　"放映"选项卡包含的功能组

（一）设置放映方式

1. 幻灯片放映类型

在WPS演示中，放映幻灯片时可以设置不同的放映方式，如演讲者放映（全屏幕）、展台自动循环放映（全屏幕），还可以隐藏不需要放映的幻灯片，以及录制旁白等，从而满足不同场合的放映需求。

2. 设置幻灯片放映方式

单击"放映"选项卡下的"放映设置"按钮，打开如图4-40所示的"设置放映方式"对话框，可以设置放映类型和效果。

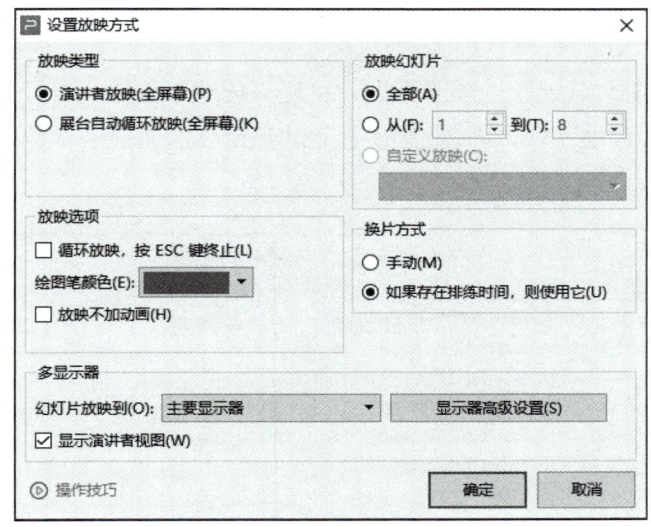

图4-40 "设置放映方式"对话框

设置自定义放映

（二）自定义放映和排练计时

1. 自定义放映

自定义幻灯片放映是指有选择性地放映部分幻灯片，可以将需要放映的幻灯片另存为一个名称再进行放映。这类放映主要适用于内容较多的演示文稿。自定义幻灯片放映的具体操作步骤如下。

步骤1 单击"放映"选项卡下的"自定义放映"按钮，打开"自定义放映"对话框，如图4-41所示。

步骤2 单击"新建"按钮，打开"定义自定义放映"对话框，如图4-42所示。

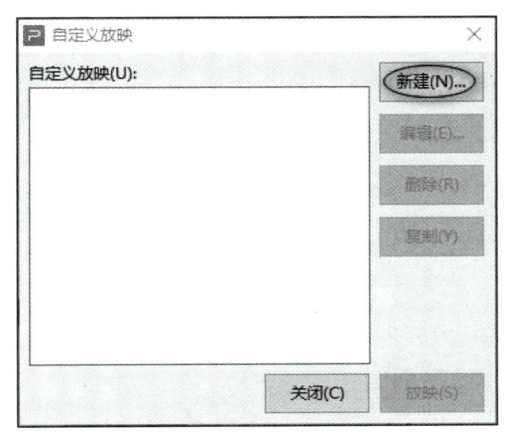

图4-41 "自定义放映"对话框

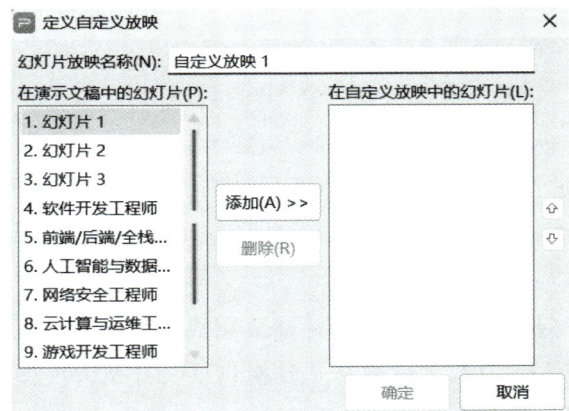

图4-42 "定义自定义放映"对话框

步骤3 在"幻灯片放映名称（N）："文本框中输入名称，如"奇数页放映"，然后同时选中"在演示文稿中的幻灯片（P）："列表中要自定义放映的幻灯片，如编号为奇数的幻灯片，单击"添加（A）>>"按钮，最后单击"确定"按钮即可，效果如图4-43所示。

可以通过"删除（R）"按钮删除不需要的幻灯片，还可以通过对话框右侧的向上或向下箭头按钮改变自定义放映中幻灯片的播放顺序。

步骤4 再次单击"放映"选项卡下的"自定义放映"按钮，打开的"自定义放映"对话框中，在"自定义放映（U）："列表框中可以看到自定义的"奇数页放映"，如图4-44所示。

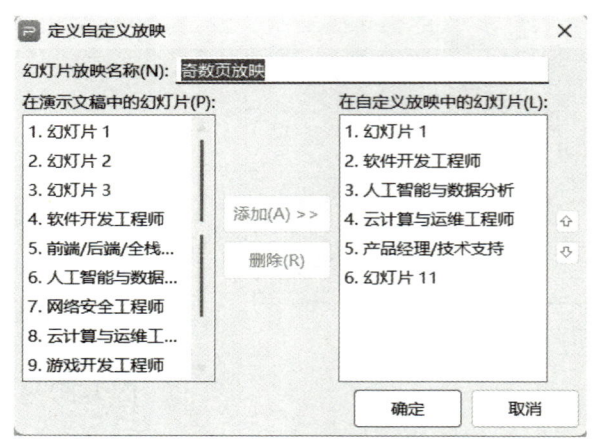
图4-43 "奇数页放映"效果图

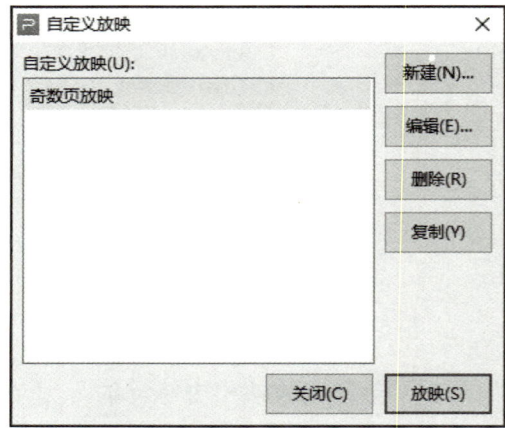
图4-44 "自定义放映"列表

步骤5 选中"奇数页放映"对象，单击"放映（S）"按钮，即可对自定义放映进行放映。也可以对自定义放映对象进行编辑、删除、复制等操作。

2. 设置排练计时

对于某些需要自动放映的演示文稿，用户在设置动画效果后，可以设置排练计时，在放映时可根据排练的时间和顺序放映。

排练计时有"排练全部（A）"和"排练当前页（C）"两种，操作方法相似，默认"排练全部（A）"。

设置"排练全部（A）"的具体操作方法如下。

步骤1 单击"放映"选项卡下的"排练计时"按钮，进入放映"排练全部（A）"状态，同时打开"预演"工具栏，如图4-45所示，自动为幻灯片放映计时，同时累计幻灯片放映总时间。

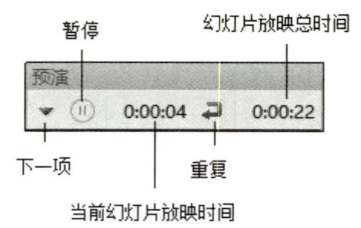
图4-45 "预演"工具栏

步骤2 一张幻灯片播放完成后，单击"下一项"按钮切换到下一项，"预演"工具栏将从头开始为该项计时。全部计时结束后，单击"暂停"按钮并按下<Esc>键，显示提示对话框，提示排练计时时间，并询问是否保留新的幻灯片排练时间，单击"是（Y）"按钮保存。

步骤3 保留幻灯片排练时间后，打开"幻灯片浏览"视图，每张幻灯片的右下角将显示每张幻灯片的播放时间，如图4-46所示。

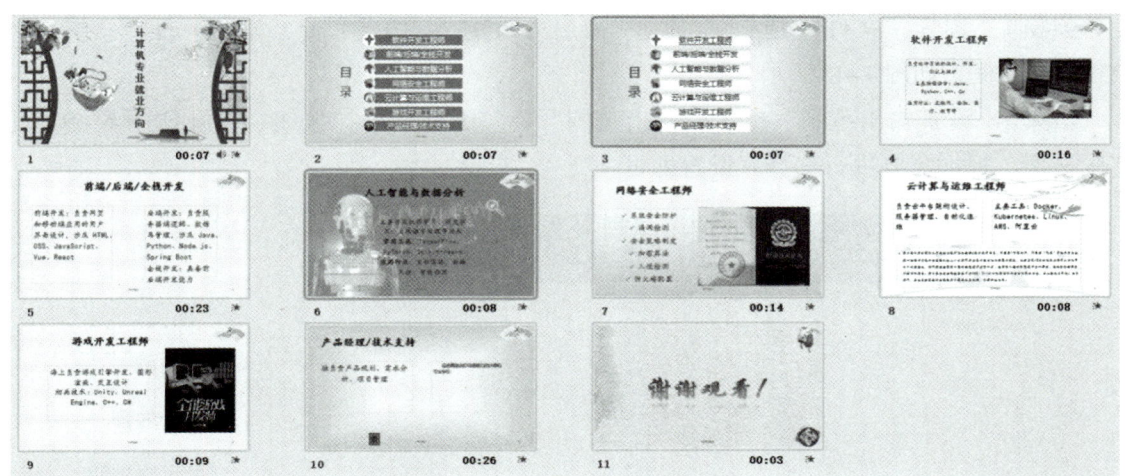

图4-46 显示放映时间的幻灯片列表

（三）输出演示文稿

WPS演示文稿制作完成后，用户可以将需要放映的演示文稿打包，也可以输出成图片格式、PDF格式等，还可以对演示文稿进行加密等操作。

演示文稿打包和输出为pdf

1. 将演示文稿打包

制作完成的演示文稿，有时需要在其他计算机上放映，如果需要一次性传输演示文稿及其相关的音频、视频等文件，可以打包成文件夹或压缩文件。

将"计算机专业就业方向.dps"打包成文件夹，并命名为"计算机专业就业方向"的具体操作步骤如下。

步骤1 选择"文件"选项中"文件打包（K）"的子项"打包成文件夹（F）"命令，打开"演示文稿打包"对话框，在其中输入文件夹名称并选择位置，单击"确定"按钮，如图4-47所示。

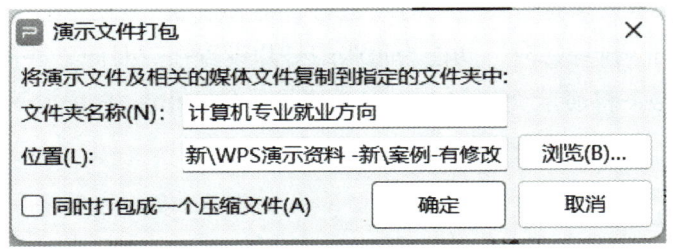

图4-47 "演示文稿打包"对话框

步骤2 打开"已完成打包"对话框，提示文件打包完成。单击"关闭"按钮，完成打包操作。

2. 将演示文稿输出为 PDF

将"计算机专业就业方向.dps"输出为 PDF 格式的操作步骤如下。

步骤1 选择"文件"选项的子项"输出为 PDF 格式（F）…"命令，打开"输出为 PDF"对话框，如图 4-48 所示。

步骤2 设置输出范围。单击"输出范围"标签下面的下拉按钮，打开如图 4-49 所示范围选项。根据需要进行选择并设置即可。

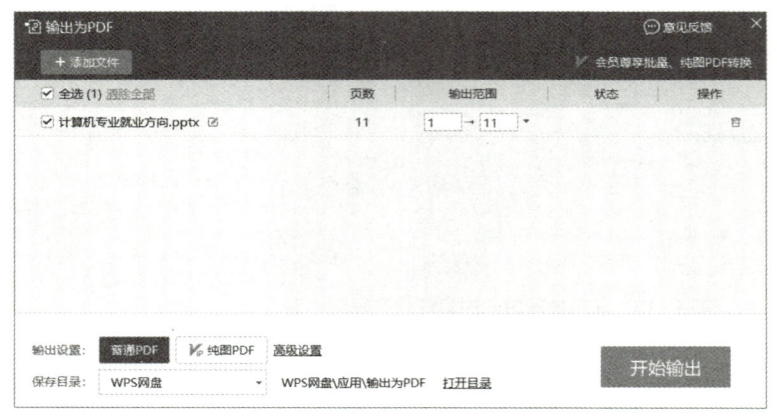
图 4-48 "输出为 PDF"对话框

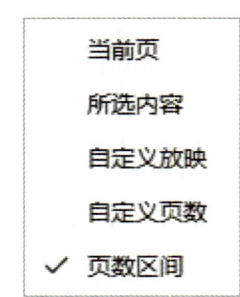
图 4-49 "输出范围"选项

步骤3 设置"输出选项"。输出有两种格式，"PDF"和"图片型 PDF"。

四 机考助手

考试中该任务的考核形式可能为操作题。在计算机等级考试中，要求考生对演示文稿进行放映设置、自定义放映或输出为指定格式的文件。

（一）典型考点

设置放映方式：包括设置"按单击鼠标放映""循环放映""放映时隐藏鼠标指针"等选项。

自定义放映：根据要求选择特定幻灯片进行自定义播放，创建多个播放方案。

排练计时：使用"排练计时"功能为每张幻灯片设置播放时间，并保存计时结果。

演示文稿的输出：将演示文稿保存为图片格式（如 JPEG 或 PNG）、PDF 文件或打包为 CD 运行文件。

（二）提升技巧

熟练掌握"幻灯片放映"选项卡中的功能，特别是"放映设置""自定义放映"和"排练计时"功能的操作。

多次练习导出演示文稿为多种格式（如图片、PDF、打包文件等），确保熟悉不同的保存路径和格式选择。

使用排练计时时，注意每张幻灯片的播放时间分配是否合理，并灵活调整以满足要求。提前检查导出或打包的文件，确保文件完整性和可用性。

五　课后练习

操作题

新建一个演示文稿，内容的主题是职业生涯规划。

1. 添加第一张幻灯片

在"母版版式"列表中选择第三行第一列的版式，设置背景填充为"暗板岩蓝，着色5，深色25%"。在幻灯片中插入一个矩形（高度17厘米，宽度31厘米），设置为"无填充"，轮廓为3磅实线，轮廓颜色为"白色，背景1"。将矩形相对于幻灯片进行"横向分布"和"纵向分布"对齐。

2. 插入图片

插入"第一层.jpg"图片，并设置透明色，同时对齐方式调整为"左对齐"和"底端对齐"。按照类似方法插入其他图片，设置透明色，并调整图片的层次顺序。

3. 添加文字

根据效果图，在幻灯片的适当位置插入并设置文字内容。

4. 制作完整演示文稿

整个演示文稿的幻灯片数量不少于6张。设计并编辑幻灯片，使用不同的版式。在幻灯片中尽量包含图片、图形、文字、表格、智能图形等多种对象。为幻灯片中的对象添加适当的动画效果和超链接。

5. 设置放映方式

配置幻灯片的放映方式（如自定义放映或循环放映）。

6. 排练计时

使用"排练计时"功能，为演示文稿设置合适的播放时间。

7. 另存为图片格式

将演示文稿另存为"JPEG文件交换格式（*.jpg）"的文件。

项目五　AIGC应用

信息技术与人工智能（信创版）

在数字化浪潮席卷职场的今天，AIGC已成为重塑职业竞争力的核心驱动力。本项目聚焦职场就业全流程，深度挖掘AIGC的应用价值，助力学生精准掌握从自我展示到面试攻坚的关键技能。首先，深入探讨自我介绍这一核心职场技能，分析其在面试、会议、社交活动及团队合作等不同场合的独特需求和实用策略。同时，学习如何利用AI的智能化技术优化自我介绍，以实现与岗位的精准对接、个性化表达和专业流畅的沟通。接着，关注AI在项目展示方面的应用，了解AI如何通过数据分析与可视化、自动生成项目内容、优化表达方式以及完善项目描述等手段，提高项目展示的品质和影响力。然后，进入AI简历优化阶段，掌握使用AI工具来提升简历的吸引力，突出重点，并确保其与目标岗位需求的精确匹配。最后，参与AI面试训练，通过AI模拟真实面试环境，磨炼面试技巧，熟悉面试流程，为面试做好充分准备。通过这一系列的学习内容，将全面提升职场中的沟通、展示、简历制作和面试应对等综合技能，从而在职场中增强自身的竞争力。

01 知识目标

了解自我介绍在不同职场场景中的重要性及技巧。
理解AI如何通过智能化技术帮助优化自我介绍以及生成个性化自我介绍。
理解AI在项目展示中的具体应用，如数据分析、项目自动生成和内容优化等方面。
掌握AI简历优化的方法和要点，明白如何借助AI提升简历质量。
熟悉AI模拟面试的相关流程。

02 能力目标

能够通过AI生成符合自身特点和职位需求的个性化自我介绍。
学会利用AI优化项目展示的表达方式，使信息传递更加简洁、有力。
掌握通过AI帮助生成项目展示的框架，并确保项目内容的全面性和深度。
学会运用AI对简历进行优化，突出自身优势，精准匹配岗位要求。
通过AI面试训练，提升应对面试的能力，包括回答问题的准确性、流畅性以及应变能力等。

03 素养目标

培养对AI在职场应用的兴趣，激发探索AI助力就业更多可能性的动力。

增强职场信息素养，能够理解和评估AI在职场沟通、展示、简历制作及面试中的作用和影响。

04 就业导向

在掌握AI辅助职场技能后，求职者可以从事数字化营销（利用AI分析市场数据制定策略）、智能内容运营（借助AI生成和优化内容）等工作。

在面试过程中，熟练运用AI优化的自我介绍和项目展示能力，能够让求职者更加自信、专业地展现自身价值，突出与岗位的匹配度。经AI优化的简历，能精准命中招聘方需求，在筛选环节就占据优势。

05 思维导图

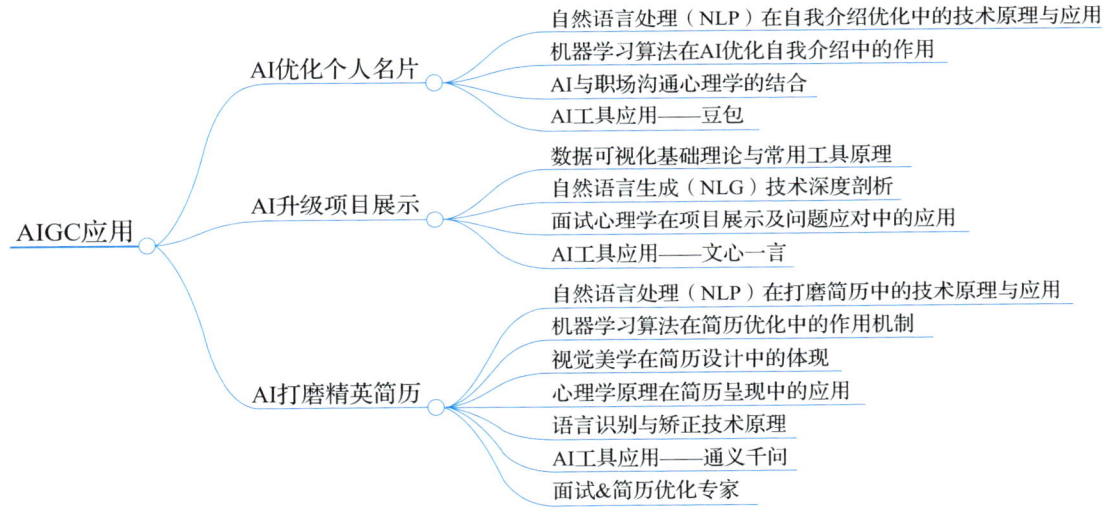

任务十　智领未来——AI优化个人名片

一　任务描述

自我介绍是职场沟通中的关键技能，对于展示个人背景和能力、建立职场联系至关重要。随着AI技术的崛起，许多求职者和职场人士开始借助AI优化自我介绍，以提升其精准度、吸引力和个性化水平。小明同学也意识到，在竞争激烈的职场中，一份出色的自我介绍是脱颖而出的关键。他希望通过本次任务，深入探索 AI 在优化职场自我介绍方面的应用，掌握借助 AI 提升个人职业形象的方法，从而在各类职场场景中更好地展现自我价值。具体任务要求如下。

了解自我介绍在不同职场场景中的重要性及技巧；理解 AI 如何通过智能化技术帮助优化自我介绍；能够通过 AI 生成个性化的自我介绍。

二　相关知识

（一）自然语言处理（NLP）在自我介绍优化中的技术原理与应用

自然语言处理是 AI 实现自我介绍优化的核心技术之一。它致力于让计算机理解、处理和生成人类语言。在自我介绍优化中，NLP 技术发挥着多方面的作用。

语义理解，NLP 通过对职位描述和求职者信息的分析，理解其中的语义。例如，对于数据分析师职位描述中的"熟练掌握数据挖掘技术"，NLP 能够识别出关键技能点，并在处理求职者信息时，判断其相关经验是否与之匹配。它可以解析句子结构，理解词汇之间的语义关系，从而准确把握信息的含义。

文本生成，基于对输入信息的理解，NLP 技术能够生成自然流畅的文本。在自我介绍生成过程中，它根据提取的关键信息和设定的语言风格，组织语句，构建出完整的自我介绍内容。比如，根据求职者的工作成就和岗位需求，生成重点突出、逻辑连贯的表述。

语言风格调整，NLP 可以根据不同的场景和需求，调整语言风格。对于正式的面试场景，生成较为严谨、专业的语言；而在社交活动中，则采用更加轻松、亲和的表达方式。它能够灵活运用词汇和句式，使自我介绍更符合特定场合的要求。

（二）机器学习算法在 AI 优化自我介绍中的作用

机器学习算法是 AI 实现智能化自我介绍优化的重要支撑。通过对大量数据的学习和分析，机器学习算法能够不断提升优化的准确性和效果。

数据挖掘与特征提取。算法可以从海量的职位信息和求职者简历数据中挖掘出有价值的信息。例如，通过分析大量数据分析师职位的招聘信息，提取出该岗位普遍要求的技能、经验等特征。同时，对求职者的简历进行分析，提取其个人优势和关键技能等特征，为后续的匹配和优化提供基础。

个性化模型训练。基于提取的特征，机器学习算法可以训练个性化的模型。针对每个求职者的具体情况，结合其目标岗位和个人特点，建立相应的模型。该模型能够根据输入的信息，生成最适合该求职者的自我介绍内容。例如，根据小李的教育背景、工作经历和目标产品经理岗位的要求，训练模型生成符合其特点的自我介绍。

持续优化与改进。随着数据的不断积累和更新，机器学习算法可以不断优化和改进。通过对新的职位信息和求职者反馈数据的学习，算法能够调整模型参数，提高自我介绍的质量和针对性。例如，当出现新的行业趋势或岗位要求变化时，算法能够及时调整优化策略，使生成的自我介绍更符合市场需求。

（三）AI与职场沟通心理学的结合

AI优化自我介绍不仅仅是技术层面的操作，还需要结合职场沟通心理学，以达到更好的效果。

第一印象的重要性。在自我介绍中，给对方留下良好的第一印象至关重要。AI生成的自我介绍可以根据心理学原理，突出关键信息，展示个人优势，从而在短时间内吸引对方的注意力。例如，强调与岗位相关的成就和技能，能够让面试官或交流对象快速了解求职者的价值。

情感共鸣与信任建立。通过调整语言风格和内容，AI可以帮助求职者与对方建立情感共鸣。在自我介绍中适当融入个人的价值观和兴趣爱好，能够展现出人性化的一面，增加亲和力。同时，清晰、自信地表达能够增强对方的信任感，为后续的沟通和合作奠定基础。

沟通目标的明确性。不同的职场场景有不同的沟通目标。AI能够根据具体场景，指导求职者明确自我介绍的重点。在面试中，目标是展示自己的能力和适合度；在团队合作中，目标是建立良好的协作关系。通过明确沟通目标，AI生成的自我介绍能够更有针对性地传递信息，提高沟通效率。

（四）AI工具应用——豆包

豆包（客户端主界面见图5-1）是字节跳动开发的多功能AI助手，能在网页、App、客户端等多平台使用。它知识储备丰富，可解答科学、历史、文化等各领域问题。它具备文本创作能力，能撰写文章、文案，还能辅助英语学习，讲解语法、助力词汇学习与口语练习。

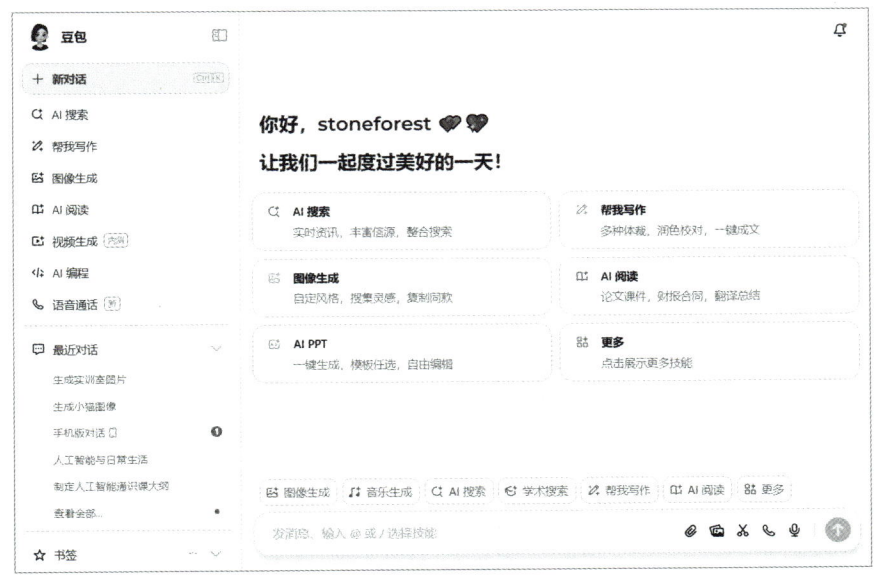

图5-1　豆包主界面

App端界面简洁，支持语音输入，识别精准且兼容方言，有多种音色输出。计算机客户端的AI划词功能实用，可实现搜索、翻译等操作，还能高效阅读PDF文档。在网页输入指令，豆包就能快速响应。无论是工作、学习，还是日常生活，豆包都能为你排忧解难、提供灵感。

三 任务实施

在本任务中，我们将深入了解自我介绍的核心要素和在不同职场场景中的应用，包括面试、会议、社交活动和团队合作等。同时，我们将学习如何运用AI技术优化并生成个性化自我介绍，通过AI的辅助提升自我介绍的效果和专业性。最终，我们将能够通过AI工具生成符合自身特点和职位需求的自我介绍，从而更好地展示自己的优势，增加在职场中的竞争力。让我们一起探索如何通过AI优化自我介绍，提升职场表现。

（一）自我介绍场景

自我介绍是职场中一项至关重要的技能。无论是在面试、会议、社交活动还是团队合作中，自我介绍不仅是与他人建立联系的第一步，也是展示个人品牌、沟通技巧和职业能力的重要方式。一个有效的自我介绍能够帮助你在短时间内精准地传递你的背景、专业优势和个人特质，从而吸引听众的关注，并为随后的互动奠定基础。以下是不同职场场景下自我介绍的具体要求和技巧。

1. 面试中的自我介绍

在面试中，自我介绍是必不可少的环节，通常位于面试的开场部分。它为面试官提供了一个全面了解候选人的机会，不仅能够让面试官迅速了解应聘者的专业背景和工作经历，还能展示其个人特质、沟通能力和对岗位的适应度。面试中的自我介绍需要掌握以下几个重点。

1）简洁明了，面试官通常希望应聘者能在1~2分钟内完成自我介绍，这要求应聘者在有限的时间内尽可能简洁而有效地展示自己的核心竞争力。自我介绍的内容应包括学历背景、相关工作经历、专业技能以及过往的成就。例如，技术岗位的应聘者应该突出自己在相关领域的项目经验和技术专长，而管理岗位的应聘者则应侧重团队管理经验和领导能力。

2）聚焦亮点，面试中的自我介绍不应过于笼统，应该根据面试职位的需求突出与岗位相关的经历和能力。应聘者可以通过简要描述自己在以往工作中的关键成果、面临的挑战及解决方法，向面试官展示自己如何为公司创造价值。例如，在应聘数据分析师时，强调曾用Python进行数据建模和预测分析，并取得了显著的业务效果。

3）保持自然与自信，尽管面试中的自我介绍需要一定的准备，但应尽量避免机械背诵，保持自然流畅的语气。一个自信、真诚的自我介绍能显著提高面试官对候选人的好感度，进而有助于缓解面试中的紧张情绪，并为后续面试环节建立良好的互动基础。

下面是一个面试中自我介绍示例：

"您好，我是××，毕业于××职业学院计算机应用技术专业，拥有五年的软件开发经验。我在上一家公司负责开发和维护关键的业务系统，成功提升了产品的稳定性和用户体验。在此过程中，我熟练掌握了Java、Python等编程语言，特别是在处理大规模数据集和优化算法方面积累了丰富的经验。我对贵公司在技术创新方面的成就非常感兴趣，期待能为您的团队贡献我的技术专长。"

2. 会议中的自我介绍

在职场的会议中，特别是跨部门或跨公司合作的场合，自我介绍是帮助各方了解彼此并建立沟通桥梁的关键步骤。会议中的自我介绍通常较为简短、概括，不需要过多的个人背景描述，但要传达出你的角色、职责以及与会议主题的相关性。会议中的自我介绍需要掌握以下几个重点。

1）适当的背景信息。在会议中，应简明扼要地介绍自己的职位、所在部门和工作职责，重点强调与会议内容相关的背景。例如，在一次跨部门会议中，可以简要介绍自己负责的项目，明确自己在项目中的角色和贡献。

2）关注合作点。如果会议涉及多方合作，可以在自我介绍中突出自己的专业领域或工作经验，以便为未来的合作建立联系。应避免过度详细介绍自己，应简洁地指出自己在会议中的主要任务和目标。

下面是一个会议中自我介绍示例：

"大家好，我是××，目前在市场部担任产品经理，负责新产品的市场推广和用户调研。我们团队在过去的几个月里推出了一款新的软件工具，得到了用户的积极反馈。今天我参加这个会议，主要是为了与各位讨论如何通过合作进一步优化用户体验，并推动产品的市场占有率。"

3. 社交活动中的自我介绍

在职场的社交活动中（如行业聚会、研讨会、商务酒会等），自我介绍通常不如面试那样正式，目的是建立与他人的连接和互动。在这种场合，自我介绍应该更加轻松、开放，并注重展现个人魅力、亲和力和专业性。社交活动中的自我介绍需要掌握以下几个重点：

1）平衡个人与职业信息。社交活动中的自我介绍可以适当加入一些个人兴趣和生活方式的描述，帮助建立更为人性化的联系。比如，除了介绍自己的工作背景外，还可以分享一些个人兴趣爱好或近期的生活经历，增加话题的多样性。

2）简短且富有感染力。社交活动中的自我介绍通常时间较短，应避免长篇大论。应突出自己在行业中的角色、主要成就以及对活动主题的兴趣或观点，让对方能够快速了解你并激发进一步交流的欲望。

下面是一个社交活动中自我介绍示例：

> "你好，我是××，目前在××公司担任高级工程师，专注于人工智能和大数据分析。我对创新技术的应用非常感兴趣，尤其是它们如何改变我们日常生活的方式。在工作之余，我也热衷于长跑和摄影，希望通过这次活动结识一些志同道合的人，交流技术和生活的心得。"

4. 团队合作中的自我介绍

在团队合作中，尤其是在跨部门或新团队建立时，自我介绍能够帮助团队成员之间建立更好的沟通与信任，促进协作效率。通过自我介绍，团队成员能够快速了解彼此的工作背景、专业技能及工作方式，从而为后续的合作打下良好的基础。团队合作中的自我介绍需要掌握以下几个重点。

1）介绍专业背景与角色。在团队合作场景中，团队成员需要简要介绍自己在团队中的角色、职责以及专业背景。这有助于明确每个人的职能和优势，避免工作中的重复或遗漏。

2）突出合作优势与沟通方式。每个人在团队中的优势和沟通风格都有所不同，介绍时可以提到自己的特长（如擅长解决问题、项目协调、创新思维等），同时分享自己的工作偏好，例如倾向于独立工作还是喜欢团队讨论，以促进未来的高效合作。

下面是一个团队合作中自我介绍示例：

> "大家好，我是××，目前担任产品开发经理，负责新产品的设计与实施。在过去的五年里，我积累了丰富的跨部门协作经验，尤其在产品生命周期管理方面有着较强的实践经验。我倾向于团队合作，喜欢在问题出现时进行头脑风暴，寻找最优的解决方案。希望能与大家一起高效合作，共同推动项目的成功。"

不同职场场景中的自我介绍有着不同的侧重点和要求。面试要求的是专业能力和适应性，会议和社交活动则侧重于简洁有效地沟通，而团队合作中的自我介绍则更强调协作与互补性。掌握这些场景下的自我介绍技巧，将有助于你在各种职场环境中自信地展示自己，并建立良好的人际关系。

（二）AI助力优化自我介绍

随着人工智能技术的快速发展，AI已广泛应用于职场的各个方面，尤其是在求职和职场沟通中，AI不仅能够帮助个人优化自我介绍，使其更加精准、富有吸引力和个性化。AI还能够理解应聘者的背景、职位要求和沟通风格，自动生成或优化自我介绍，使其在不同场合下都能展现出应聘者的最佳形象。

AI在自我介绍中的应用，主要体现在以下几个方面。

1）精准匹配岗位要求。AI可以根据岗位的具体要求分析应聘者的背景，并自动优化自我介绍内容，使其与岗位需求高度匹配。例如，AI可以帮助求职者突出与职位要求相关的技能和经验，从而提高自我介绍的针对性和有效性。

2）个性化表达。AI能够根据求职者的个性特征和职业目标，自动调整语气、措辞和内容，使自我介绍更具个性化。通过分析过往的求职经历、个人风格以及职业兴趣，AI可以生成符合个人特色的自我介绍。

3）流畅和专业的表达。AI可以通过自然语言处理技术，帮助求职者在短时间内组织出逻辑清晰、语言流畅的自我介绍。AI可以避免重复的措辞和语法错误，使表达更具专业性和流畅感。

AI在自我介绍优化的过程中，通常会按照以下几个步骤进行。

步骤1 分析岗位需求。AI首先会分析目标岗位的职位描述，提取出关键的技能要求、工作职责以及公司文化等要素。

步骤2 整理个人信息。AI会根据求职者提供的简历、教育背景和工作经历等信息，提炼出与岗位相关的亮点和优势。

步骤3 匹配内容。根据岗位需求和个人背景，AI会优化自我介绍的内容，突出相关的技能和经验，同时避免与岗位不相关的内容。

步骤4 生成自我介绍。AI生成的最终版自我介绍会符合个人特点，能够清晰、精准地表达应聘者的优势，确保其在面试中脱颖而出。

让我们看一个具体的例子，展示如何通过AI优化自我介绍。

例子：假设小明应聘的是一家公司数据分析师的岗位，需要提供一份面向数据分析师职位的自我介绍。以下是传统和AI优化后的自我介绍对比。

传统自我介绍：

> "您好，我是××，毕业于××学院计算机专业。过去五年，我在××公司担任数据分析师，主要负责数据清洗、分析报告和预测模型的建立。我能熟练使用Excel、Python和SQL进行数据分析。"

这个自我介绍虽然简洁，但较为平淡，且缺少具体的成就展示和与职位要求的对接，难以突出小明的优势和适应性。现在通过AI工具来对传统的自我介绍进行优化，使用的AI工具为豆包，豆包有网页版和客户端版，网页版和客户端版功能排版大致一样。以下豆包的使用以客户端版为主。

在豆包的聊天框输入指令：假设小明应聘的是一家公司数据分析师的岗位，他之前的自我介绍为："您好，我是××，毕业于××学院计算机专业。过去五年，我在××公司担任数据分析师，主要负责数据清洗、分析报告和预测模型的建立。我熟练使用Excel、Python和SQL进行数据分析。"现在需要优化他的自我介绍，使他更匹配数据分析师的岗位，如图5-2所示。生成优化后的自我介绍，如图5-3所示。

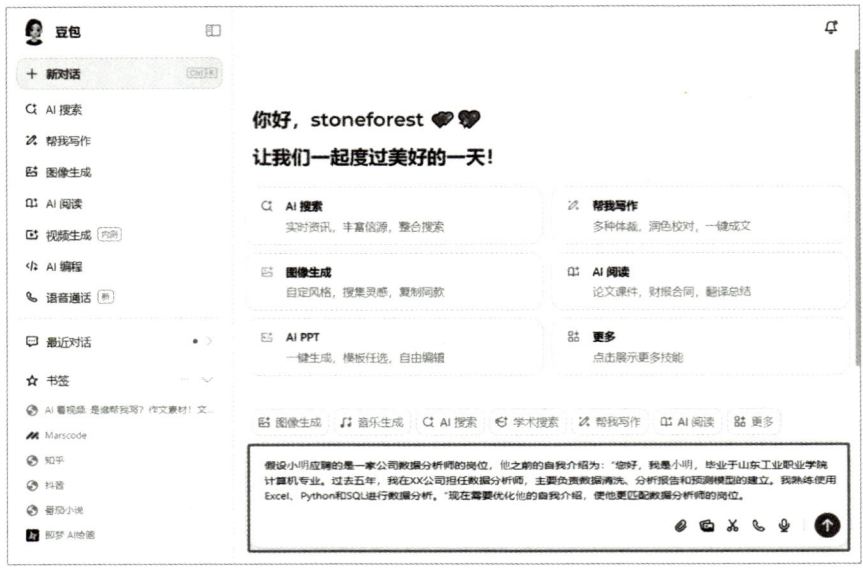

图 5-2　输入优化指令

图 5-3　生成优化后的自我介绍

与传统版本相比，AI 优化后的自我介绍通过清晰呈现关键工作成果，如数据清洗提升数据准确率 85%、分析报告推动业务增长 20%、预测模型准确率达 90%，使工作成效一目了然；详细阐述数据清洗、分析报告、预测模型等核心工作内容，彰显专业能力；深入说明 Python 和 SQL 在复杂数据处理与模型构建中的应用，突出技术操作水平；结尾表达助力公司数据驱动业务发展的决心，体现与岗位需求的高度契合及积极求职态度。

AI 的介入使得自我介绍的优化不再是烦琐的手动工作，而是通过智能化、自动化的方式，使其更加精准、个性化和具有吸引力。通过 AI，求职者不仅能够提高自我介绍的质量和效果，还能更好地展示自己的专业能力和职业潜力，最终增加在求职竞争中的优势。

（三）个性化自我介绍生成

AI 可以根据求职者的具体需求，如求职岗位、公司文化、个人特点等，自动生成与之匹配的自我介绍。这样的自我介绍不仅能够突出求职者的优点，还能够避免千篇一律的表达方式，确保与招聘者的沟通更具吸引力和效果。

个性化自我介绍的生成通常包括以下几个步骤。

步骤1　数据收集与分析。AI首先会收集求职者的基本信息，包括教育背景、工作经验、技能特长、职业目标、个人兴趣等。同时，还会分析求职者所应聘职位的要求和公司文化，从中提取关键要素。

步骤2　匹配个人与职位需求。基于收集到的信息，AI将根据职位描述中提到的关键技能和职责，优化求职者的自我介绍，使其更加符合岗位需求。例如，AI会强调应聘者与该岗位高度匹配的专业技能、项目经验等。

步骤3　生成个性化内容。AI将结合求职者的个人风格和特点生成具有个性化的自我介绍。比如，对于注重创新的公司，AI会帮助求职者强调自己的创意和解决问题的能力；对于注重团队合作的公司，AI则会突出求职者的团队协作经验。

步骤4　语言优化与反馈。AI会利用自然语言处理技术，确保自我介绍的语言流畅、简洁且具吸引力。同时，AI还会根据求职者的情感倾向，调整语气和措辞，使自我介绍更具亲和力或专业感。

步骤5　自我介绍评估与优化。AI生成的自我介绍不仅能够自动进行语言优化，还可以通过模拟面试或数据反馈进行评估，帮助求职者进一步调整自我介绍的内容。

下面通过具体的实例来看个性化自我介绍生成的过程和效果。

示例：假设小李正在应聘一家科技公司产品经理的职位，需要一份符合应聘产品经理职位的个性化自我介绍。

职位要求如下。

技能要求：项目管理、用户体验设计、数据分析。

经验要求：至少3年产品管理经验，具有成功的产品上线经验。

公司文化：注重创新与协作，推崇团队合作与跨部门沟通。

小李的背景如下。

教育背景：××学院专科计算机应用技术专业

工作经历：3年产品经理经验，成功主导了两款移动产品的上线。

技能特长：产品规划、数据分析、团队协调。

个人特点：擅长与团队合作，解决跨部门沟通问题。

在豆包的聊天输入框输入指令：假设小李正在应聘一家科技公司产品经理的职位，该职位的要求为："技能要求：项目管理、用户体验设计、数据分析；经验要求：至少3年产品管理经验，具有成功的产品上线经验；公司文化：注重创新与协作，推崇团队合作与跨部门沟通。"小李的背景为："教育背景：邵阳工业职业技术学院专科计算机应用技术专业；工作经历：3年产品经理经验，成功主导了两款移动产品的上线；技能特长：产品规划、数据分析、团队协调；个人特点：擅长与团队合作，解决跨部门沟通问题。"现在生成小李的个性化自我介绍。如图5-4所示。生成的个性化自我介绍如图5-5所示。

图5-4 输入生成指令

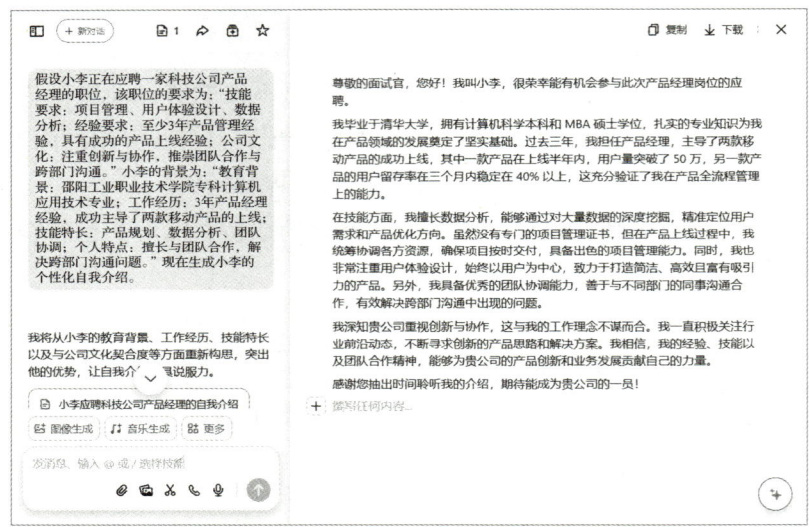

图5-5 生成个性化自我介绍

个性化自我介绍生成，不仅能够提升求职者在面试中的表现，还能够帮助求职者更好地与招聘者建立联系，展示自己与岗位需求和公司文化的匹配度。通过AI的智能分析与优化，求职者能够避免模板化的表达，展现更具个性和针对性的自我形象，从而在竞争激烈的求职市场中脱颖而出。

四 机考助手

考试中该任务的考核形式可能为实操题或合规性分析题，要求考生结合AI工具与信创环境完成以下任务：使用国产AI设计工具（如WPS AI助手）生成符合信创安全标准的名片模板（如加密字段、国产字体）。模拟企业敏感信息处理场景，通过AI自动填充名片内容时，需同步配置数据脱敏规则（如职位信息分级显示）。验证设计成果的国产化兼容性（如名片模板在统信UOS、银河麒麟系统中的渲染效果测试）。

（一）典型考点

AI工具与信创软件协同：在WPS、永中Office等国产软件中调用AI功能（如智能版式推荐），生成符合设计规范的名片模板。

国产化适配验证：检测AI设计工具输出的文件格式（如OFD版式文档）在国产操作系统中的兼容性。

（二）提升技巧

国产AI工具专项训练：掌握WPS AI助手的高级功能。

安全策略实操强化：在信创沙箱环境中模拟数据泄露场景（如未加密名片被截获），实践应急响应流程。

五 课后练习

选择题

1）自我介绍在职场中的重要性主要体现在以下哪个方面？（   ）

   A. 仅仅作为一种礼节性沟通

   B. 帮助展示个人品牌、沟通技巧和职业能力

   C. 完全不需要根据职位需求调整内容

   D. 主要用于社交场合，不适用于正式场合

2）在面试中自我介绍时，以下哪一项是最为重要的？（   ）

   A. 过于详细地描述个人兴趣爱好

   B. 保持简洁明了，突出与职位相关的经验和能力

   C. 仅介绍过往的工作经历，无须提及技术能力

   D. 长篇大论，详细讲解所有职场经历

3）AI在自我介绍优化中的一个主要作用是（   ）。

   A. 自动给出面试题答案

   B. 根据岗位要求自动优化自我介绍内容，突出相关技能和经验

   C. 帮助求职者选择正确的着装

   D. 提供模拟面试的反馈，优化沟通技巧

4）在会议中自我介绍时，以下哪一项最为重要？（   ）

   A. 详细介绍个人兴趣爱好和家庭背景

   B. 简明扼要地介绍自己的职位、职责及与会议主题的相关性

   C. 着重介绍自己在其他会议中的表现

D. 过多的技术细节，忽略与会议目标的关联

5）以下关于AI优化自我介绍的描述，哪一项是正确的？（　　）

A. AI会帮助求职者把所有的背景信息都列出，而不加以精简

B. AI只能根据求职者的基本信息生成固定格式的自我介绍

C. AI能够根据求职者的个人特点和职位要求，生成个性化的自我介绍

D. AI仅能纠正语法错误，无法优化自我介绍内容

任务十一　脱颖而出——AI升级项目展示

一　任务描述

随着人工智能技术的不断进步，AI在职业发展中的作用日益凸显。在求职过程中，AI的应用不仅改变了面试官与求职者之间的互动方式，也显著提升了项目展示的效果与效率。

以往，求职者往往依赖个人的演讲能力和表达技巧来介绍所参与的项目；而如今，借助AI技术，如数据分析、内容优化与可视化呈现等手段，求职者可以更加高效、清晰地展示自身在项目中的实际贡献。这种转变使得面试官能够快速捕捉到关键信息，从而有效提升面试的成功率。

小明同学正准备参加一场求职面试，他曾参与某大型AI项目的开发工作。为了更精准地向面试官展示自己的角色和技术成果，他决定借助AI工具，对项目展示内容进行优化升级，打造兼具专业性与感染力的展示方案，从而在众多竞争者中脱颖而出。具体任务要求如下。

理解AI在项目展示中的具体应用，尤其是在数据分析、项目自动生成和内容优化方面；学会如何利用AI优化项目展示的表达方式，使得信息传递更加简洁、有力；熟悉如何通过AI帮助生成项目展示的框架，并确保项目内容的全面性和深度；掌握AI如何预测项目相关的面试问题，并提供高质量的回答建议，提升面试准备效率。

二　相关知识

（一）数据可视化基础理论与常用工具原理

数据可视化是将数据以图形、图表等直观形式呈现的技术，其核心目标是使复杂的数据更易于理解和分析。在借助AI进行项目展示的数据分析与可视化环节中，理解相关理论和工具原理至关重要。

1. 数据可视化原则

简洁性原则：图表应避免过度复杂，确保能快速传达核心信息。例如，在展示销售数据趋势时，选择简洁的折线图，去除不必要的装饰元素，使面试官能够一眼看清数据走向。

准确性原则：可视化呈现的数据必须准确无误，否则会导致错误的解读。这要求在数据收集、整理和图表生成过程中严格把控数据质量。

相关性原则：展示的图表要与项目主题紧密相关，突出关键数据点，为项目展示的观点提供有力支持。

2. 常用可视化工具原理

柱状图原理：通过不同长度的柱子表示数据大小，适用于比较不同类别之间的数据差异。在项目成果对比中，如不同产品功能模块的用户使用率对比，柱状图能清晰呈现各模块的差异情况。

折线图原理：以折线连接数据点，主要用于展示数据随时间或其他连续变量的变化趋势。如在市场营销项目中，用折线图展示产品在一段时间内的销售额变化，能直观反映销售走势。

饼图原理：将圆形划分为不同扇形，每个扇形的面积代表数据占总体的比例。常用于展示各部分数据在整体中的占比关系，例如，项目成本结构中各项费用的占比情况。

散点图原理：通过在二维坐标系中绘制数据点，展示两个变量之间的关系。在数据分析项目中，可用于探索用户行为数据中两个因素之间的潜在关联。

（二）自然语言生成（NLG）技术深度剖析

自然语言生成（NLG）是AI实现项目内容自动生成与优化、语言表达优化以及面试问题回答建议生成的关键技术。

1. NLG的技术架构

输入处理层：接收来自项目信息、职位要求、用户指令等的多源数据，进行数据清洗、语义理解和特征提取。例如，在生成项目展示内容时，输入处理层会分析项目背景、职责、成果等信息，提取关键语义特征。

文本规划层：根据输入信息和目标任务（如生成项目描述、优化语言等），制定文本生成的结构和框架。比如在生成项目描述时，规划好项目背景、挑战、解决方案和成果等部分的先后顺序和逻辑关系。

语言实现层：运用语法规则、词汇选择和语义组合等技术，将规划好的内容转化为自然流畅的文本。例如，选择合适的词汇和句式来表达项目中的技术难点和解决方法，确保语言的专业性和准确性。

2. NLG在项目展示中的应用优势

提高效率：能快速生成大量文本内容，如项目展示框架、面试问题回答等，节省人工撰写时间，在紧急的面试准备或项目汇报场景中，可迅速提供初稿内容。

确保一致性：生成的文本在语言风格、术语使用等方面保持一致，提升项目展示的专业性和规范性。例如，在整个项目描述中统一使用行业标准术语。

基于数据驱动：根据大量项目数据和行业案例进行学习，生成的内容更符合实际业务需求和行业特点。如在生成项目成果描述时，借鉴类似项目的成功经验表述方式。

（三）面试心理学在项目展示及问题应对中的应用

在借助 AI 进行项目展示及面试问题准备时，融入面试心理学知识能更好地提升展示效果和面试成功率。

1. 第一印象心理学

开场效应：项目展示的开头部分至关重要，如同面试时的自我介绍。一个精彩、有吸引力的开场，如用引人入胜的项目背景或突出的项目成果作为开场，能迅速抓住面试官的注意力，建立良好的第一印象。

视觉与语言配合：在项目展示中，可视化图表与语言表达的协调配合会影响第一印象。清晰、美观的图表搭配简洁明了的语言，能让面试官感受到求职者的专业和条理性。

2. 问题回答策略心理学

STAR 原则应用：在回答面试中关于项目的问题时，运用情境（Situation）、任务（Task）、行动（Action）、结果（Result）原则，能使回答更具逻辑性和说服力。例如，在阐述项目中解决问题的过程时，按照 STAR 原则详细说明问题出现的情境、面临的任务、采取的行动以及最终取得的结果。

情绪管理与自信表达：面试中保持冷静、自信的情绪状态至关重要。AI 生成的回答建议应注重引导求职者以积极、自信的语气表达，避免紧张和犹豫的措辞，增强面试官对求职者能力的信任。

（四）AI 工具应用——文心一言

文心一言（首页见图 5-6）是百度研发的人工智能大语言模型产品，由文心大模型驱动，具备理解、生成、逻辑、记忆四大基础能力。它能听懂人类复杂表达，快速生成文本、代码、图片、图表、视频等内容，还能解决复杂逻辑难题与决策问题。

文心一言平台

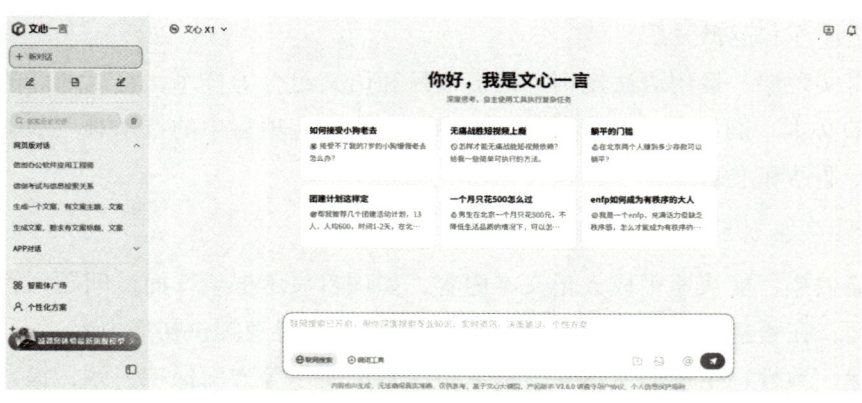

图 5-6　文心一言首页

文心一言功能多元，有文本分类、情感分析、相似度比较等文本处理功能；具备创作、翻译、总结、信息提取及简单数据分析等能力。它提供PC版、App版及API接入等多样使用方式，App版有社区和发现功能，API接入适用于企业场景。用户输入指令，就能与文心一言对话互动，获取信息、知识与灵感，满足工作、学习、生活等多场景需求。

三　任务实施

在本任务中，我们将学习如何利用AI来提升自己的项目展示效果。

步骤1　我们将了解如何通过AI生成可视化图表，帮助我们更清晰地展示项目成果。

步骤2　我们将掌握如何通过AI对项目内容进行自动生成和优化，确保展示内容简洁、精确且有逻辑性。

步骤3　我们还将学习如何借助AI优化项目描述中的语言表达，使项目展示更加专业，并突显求职者的核心贡献。

步骤4　我们将通过AI预测面试官可能提出的问题，并准备高质量的回答，以提升面试表现。

通过完成本任务，我们将获得如何有效使用AI进行项目展示的全面能力，帮助我们在未来的职业面试中更加自信地展示自己的能力。

（一）项目展示中的AI作用

AI在项目展示中的作用非常重要，它不仅仅是一个辅助工具，更能够在关键环节提供智能化支持。AI可以通过数据分析、内容生成、结构优化等手段帮助求职者展示项目中的亮点和成果。

1. 数据分析与可视化

在项目展示中，能够通过数据支持自己的成就往往能显著提升说服力。AI可以帮助求职者处理和分析项目中的大量数据，并将其转化为直观易懂的图表和可视化报告。这种可视化的展示方式能帮助面试官快速理解项目的核心成效，避免冗长的数据描述。例如，在一个市场营销优化项目中，AI可以帮助求职者自动生成销售趋势图、用户增长曲线等图表，突出展示项目中的关键成果。通过图表的展示，求职者能够清楚地阐述项目的目标、执行过程以及成果，确保面试官一目了然。

假设你在一个市场营销优化项目中，负责分析促销活动后的销售增长数据。以下表5-1是项目中的历史销售数据。

表5-1　历史销售数据

月份	销售额（万元）	销售增长率（%）
1月	50	—
2月	55	10%

（续）

月份	销售额（万元）	销售增长率（%）
3月	60	9.09%
4月	75	25%
5月	90	20%
6月	100	11.11%
7月	120	20%
8月	135	12.50%
9月	150	11.11%
10月	180	20%
11月	200	11.11%
12月	220	10%

此时，可以借助AI根据这个销售数据自动生成折线图，清晰地展示每个月的销售增长趋势，帮助面试官快速理解促销策略的效果。文心一言AI大模型在处理表格并进行图表制作时表现出强大的能力。将表5-1内容输入文心一言的聊天框，并输入指令："假设你在一个市场营销优化项目中，负责分析促销活动后的销售增长数据。上面的表格是项目中的历史销售数据，现在根据这个销售数据自动生成折线图"。输入生成折线图指令如图5-7所示。生成的折线图如图5-8所示。

2. 项目自动生成与内容优化

AI还能够根据求职者提供的简要描述，自动生成或优化项目内容。这一过程不仅能提升项目展示的效率，还能帮助求职者确保信息简洁、精准，并且有逻辑性。AI会根据项目的背景信息、挑战、解决方案和结果等要素，自动整合并生成一份具有说服力的项目展示内容。

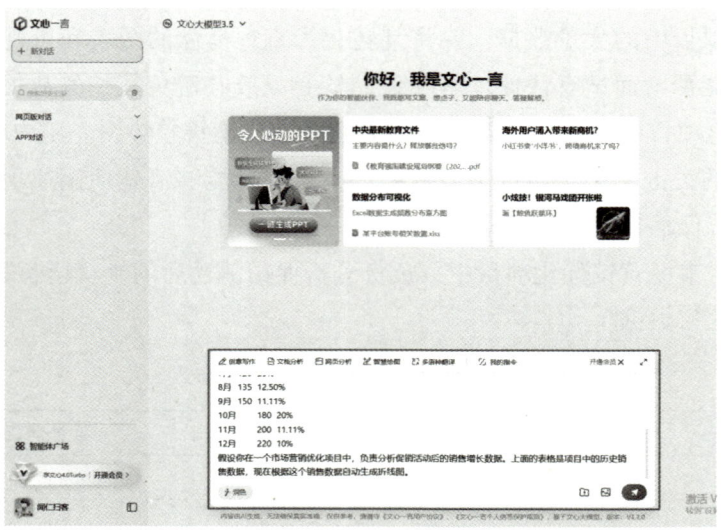

图5-7　输入生成折线图指令

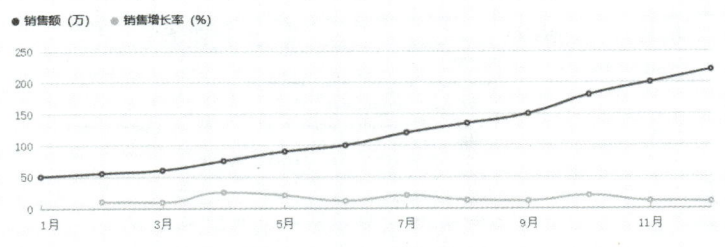

图5-8　生成的折线图

假设求职者正在应聘一个产品经理岗位，面试时需要展示自己在某个项目中的贡献。项目背景是：求职者在一个在线教育平台的项目中负责设计并优化用户界面，目标是提升平台的用户体验和用户满意度。

求职者提供的基本项目信息包括：

项目名称：在线教育平台用户体验优化。

职责：设计和优化用户界面。

目标：提升用户操作流畅度，改善用户满意度。

关键成就：通过优化界面设计，用户操作更加直观，提升了用户满意度。

使用技术：Sketch、Axure RP、Figma。

在文心一言聊天框输入指令：假设求职者正在应聘一个产品经理岗位，面试时需要展示自己在某个项目中的贡献。项目背景是：求职者在一个在线教育平台的项目中负责设计并优化用户界面，目标是提升平台的用户体验和用户满意度。求职者提供的基本项目信息包括："项目名称：在线教育平台用户体验优化；职责：设计和优化用户界面；目标：提升用户操作流畅度，改善用户满意度；关键成就：通过优化界面设计，用户操作更加直观，提升了用户满意度；使用技术：Sketch、Axure RP、Figma。"根据提供的内容生成一份具有说服力的项目展示内容。输入项目内容生成指令如图5-9所示。生成的项目展示内容如图5-10所示。

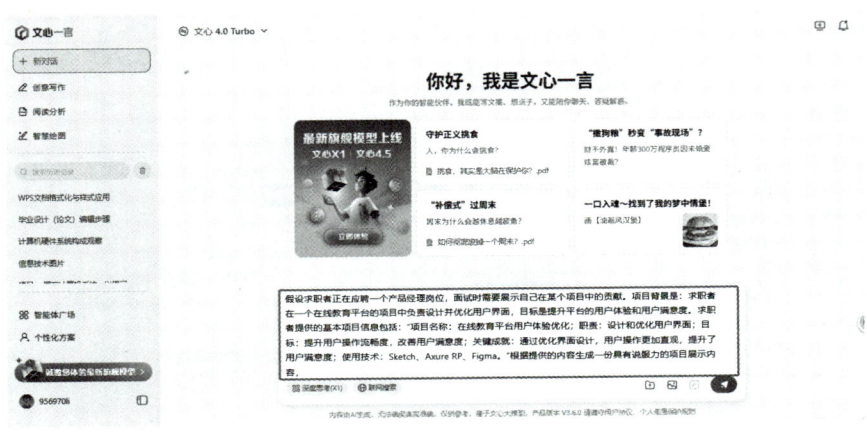

图5-9　输入项目内容生成指令

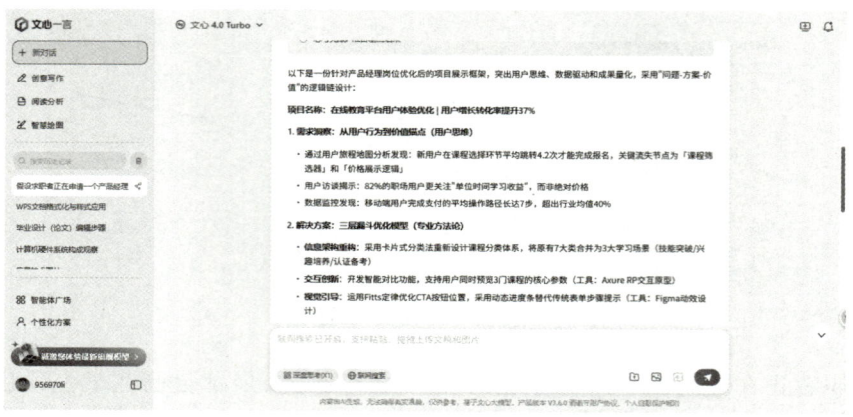

图 5-10　生成的项目展示内容

（二）AI 优化表达式

在项目展示过程中，语言的表达方式直接影响到信息的传递效果。AI 能够帮助求职者优化语言的简洁性、清晰性和逻辑性，使得项目展示更加专业且富有说服力。

1. 精简语言与突出亮点

在展示项目时，求职者往往希望在有限的时间内突出自己在项目中的核心贡献。AI 能够帮助求职者将冗长的描述优化为简洁明了的语言，同时确保不失重点。通过精简语言，求职者能够更高效地展示自己在项目中的独特价值。

例如，求职者在项目中写了这样一段话："在我们的移动应用开发项目中，我负责分析用户行为并根据反馈优化了应用的功能。通过对用户数据的分析，我们发现了一些关键问题，如复杂的导航和不直观的任务管理功能，这影响了用户的使用体验。因此，我与团队合作，对这些功能进行了优化，提升了界面的简洁性和操作的流畅性，最终改善了用户体验。"可以通过 AI 工具优化，精简这段话并突出亮点。将上述求职者的表述内容复制到文心一言聊天框，并添加一行指令：精简上述内容并突出亮点，使求职者更高效地展示自己在项目中的独特价值。如图 5-11 所示。通过 AI 工具精简后的内容如图 5-12 所示。

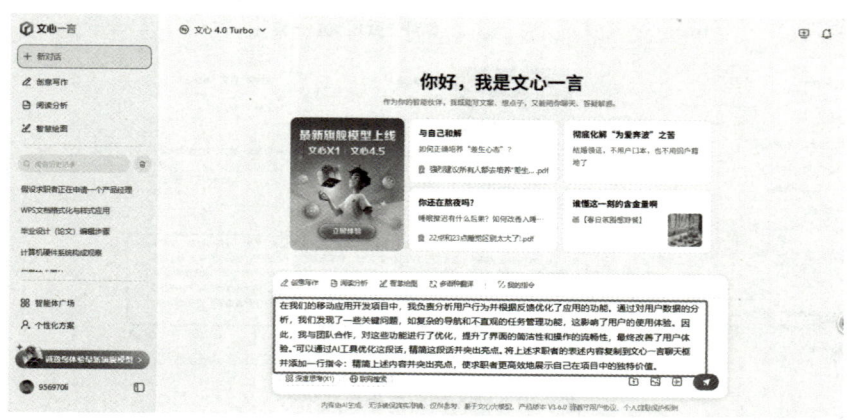

图 5-11　输入精简内容指令

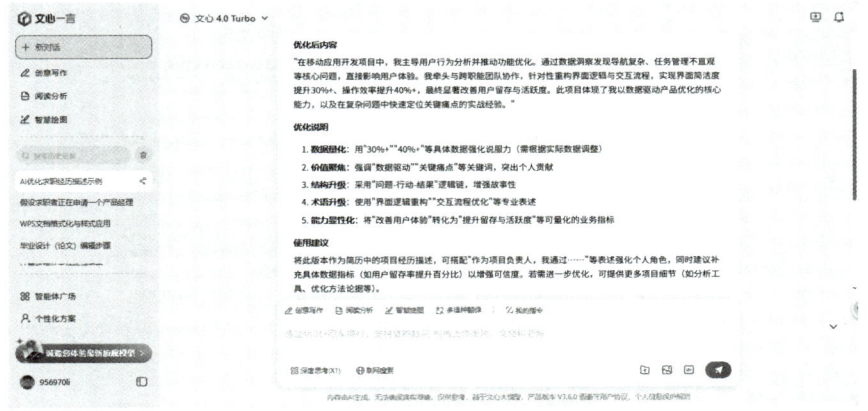

图 5-12　精简后的项目内容

2. 优化文本结构与逻辑

AI 不仅能优化语言的简洁性，还能帮助求职者调整文本结构，确保项目展示从目标、挑战、解决方案到结果的逻辑结构清晰、层次分明。逻辑不清的展示可能让面试官感到困惑，进而影响对求职者能力的判断，而 AI 的结构优化正好弥补了这一点。

例如，在项目中介绍解决方案时，AI 会帮助求职者按照"问题——原因——解决方法——结果"的逻辑框架组织内容，使得展示的结构更加严谨。求职者在原始项目中写了这样一段话："在该项目中，我负责系统的开发和设计，主要解决了应用卡顿的问题。通过分析用户反馈和系统性能数据，我与团队一起找到了系统瓶颈，并优化了后台处理逻辑和数据传输，最终提升了应用的响应速度和稳定性。"可以在文心一言的聊天框输入这段指令："在该项目中，我负责系统的开发和设计，主要解决了应用卡顿的问题。通过分析用户反馈和系统性能数据，我与团队一起找到了系统瓶颈，并优化了后台处理逻辑和数据传输，最终提升了应用的响应速度和稳定性。优化这段话的文本结构与逻辑。"如图 5-13 所示。优化文本结构与逻辑后的项目内容，如图 5-14 所示。

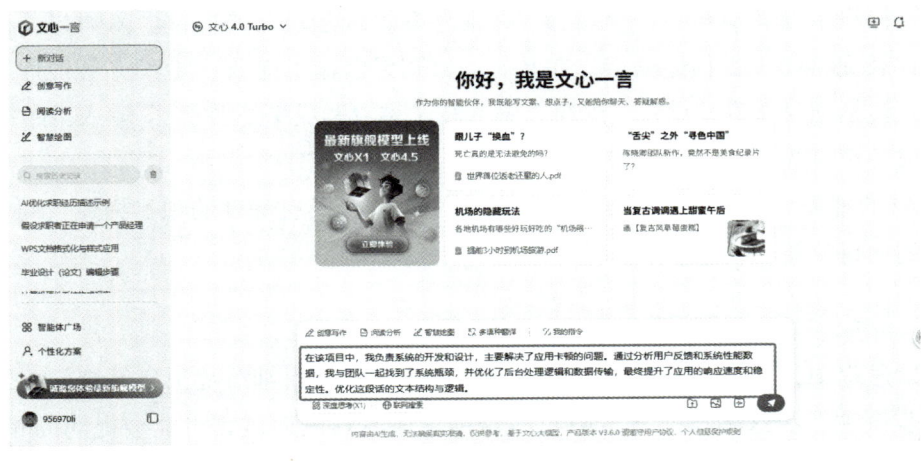

图 5-13　输入优化文本结构与逻辑指令

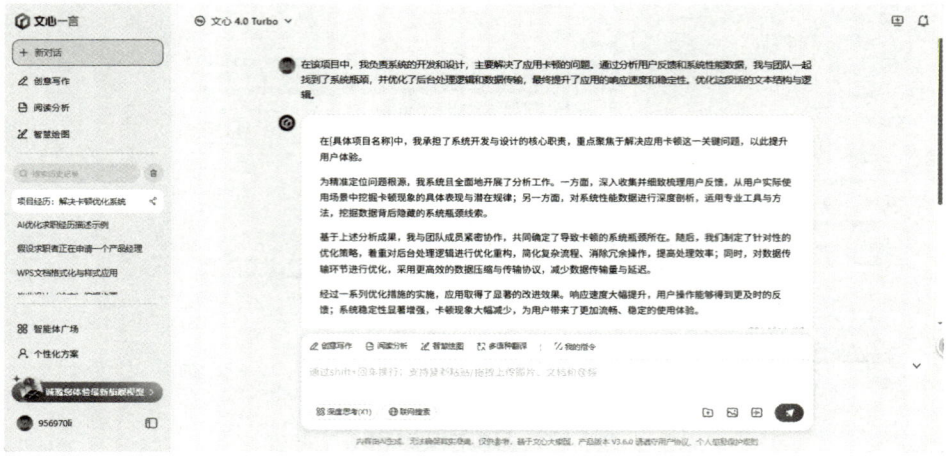

图5-14 优化后的项目内容

（三）AI生成和完善项目描述

AI能够帮助求职者生成更完整的项目描述，使其展示更加全面且具有深度。求职者可以根据AI的生成内容，将其进一步完善，确保每个项目描述都包含项目背景、挑战、解决方案、技术难点和成果等要素。

通过AI的辅助，求职者不仅能够快速搭建起项目描述的基本框架，还能确保内容的详尽与准确。AI会智能识别并补充可能被遗漏的关键信息，比如项目的具体应用场景、所采用的技术以及团队协作的方式等，这些都能让面试官对项目有一个更加立体和全面的了解。同时，AI还会根据项目描述中的具体内容，智能推荐相关的专业术语和行业案例，以提升描述的专业性和说服力。求职者还可以借助AI对项目描述进行语言风格的调整，使其更加符合目标岗位的要求。无论是追求严谨的技术阐述，还是注重成果展示的商业文案，AI都能提供相应的优化建议，帮助求职者更好地展现自己的专业素养和表达能力。在完善项目描述的过程中，求职者也可以不断学习和吸收AI提供的优质内容，提升自己的项目总结和表达能力。

例如，假设求职者参与了一个名为"智能库存管理系统"的项目。AI可以帮助求职者生成一个比较完善的项目描述框架，在文心一言聊天框输入指令："介绍'智能库存管理系统'项目，包括项目背景、挑战、解决方案、技术难点和成果等要素。"输入指令如图5-15所示，生成的项目描述如图5-16所示。

通过AI的辅助，求职者能够快速构建起一个全面且具有深度的项目描述，同时学习和提升自己的项目总结和表达能力。

（四）面试中项目问题准备

在面试过程中，项目展示只是开始，面试官还会就项目细节提出一系列问题，要求求职者进一步阐述。在这种情况下，AI可以帮助求职者预测面试官可能会提问的相关问题，并提供高质量的回答建议。

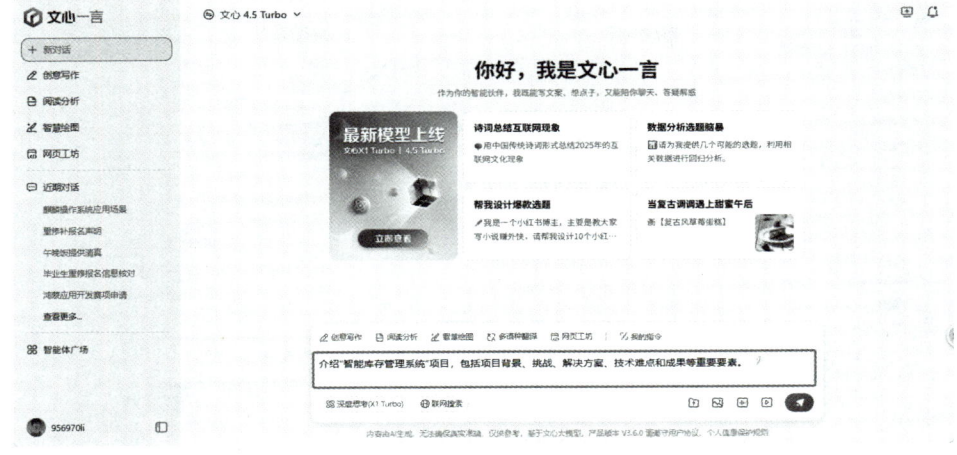

图 5-15　输入指令

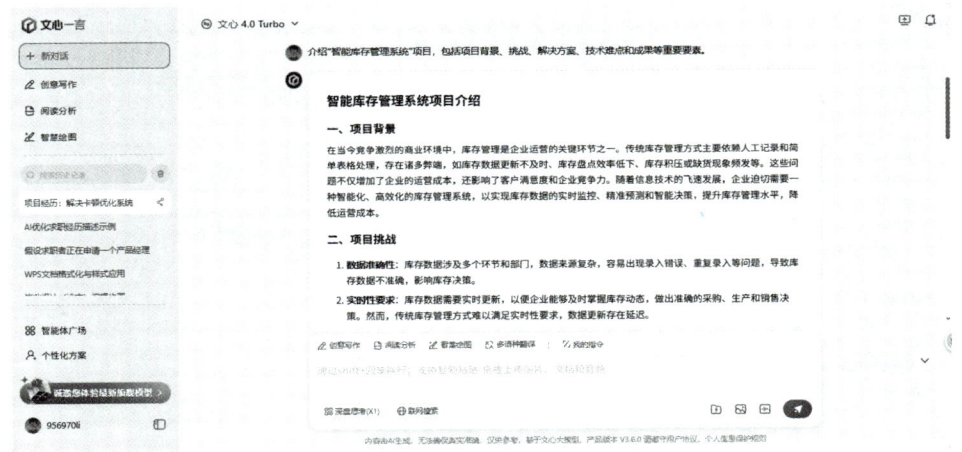

图 5-16　生成的项目描述

利用强大的自然语言处理能力，AI能够深入分析项目的核心要素，并结合典型的面试问题模板，预测出面试官可能询问的具体问题。求职者可以根据这些预测问题进行充分准备，确保在面试中能够自信且准确地作答。同时，AI还能针对求职者的回答，提供细致的优化建议，帮助求职者更清晰地表达自己的见解，提升面试的整体表现，从而增加被录用的可能性。

假设你在应聘一个数据分析师的岗位，面试过程中需要详细介绍你参与的一个数据分析项目，具体项目背景是：你负责分析一个电商平台的用户购买行为，目标是找出影响用户购买决策的关键因素，并提出优化建议。此时，你可以在文心一言聊天框输入指令："我在应聘一个数据分析师的岗位，负责分析一个电商平台的用户购买行为，目标是找出影响用户购买决策的关键因素，并提出优化建议。请帮我预测面试官可能会提出的相关问题。"输入项目问题如图 5-17 所示，生成的问题及参考答案如图 5-18 所示。

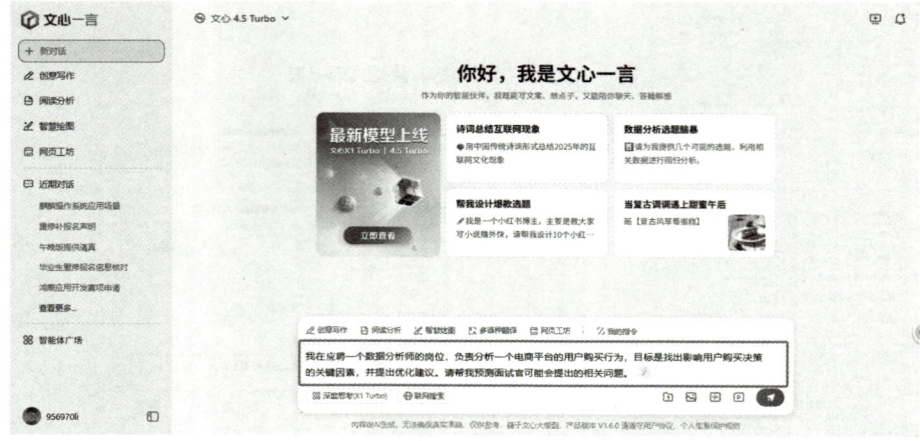

图 5-17　输入项目问题

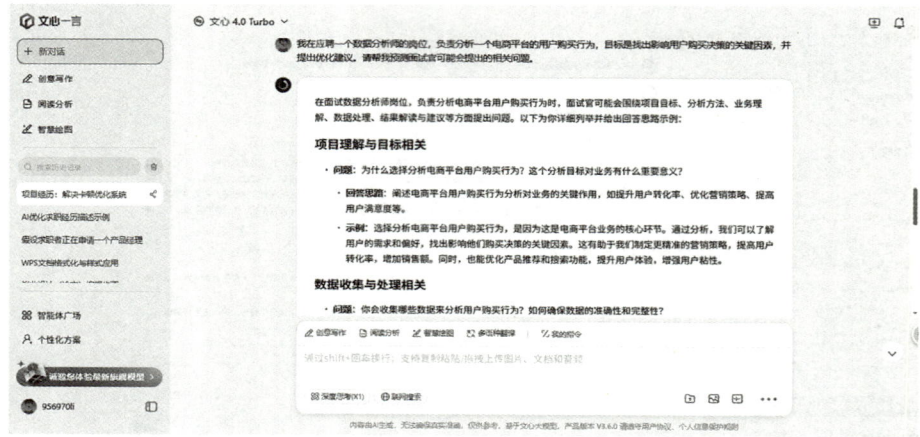

图 5-18　生成的问题及参考答案

通过 AI 的预测，你可以提前准备这些问题的答案，确保在面试中能够流畅且准确地阐述你的项目经验和见解。同时，AI 还能针对你的回答提供优化建议，比如调整语言表述、突出关键信息、增加数据支持等，帮助你更清晰地传达你的分析思路和成果。这样一来，你就能在面试中展现出更加专业和自信的形象，增加被录用的可能性。

四　机考助手

考试中该任务的考核形式可能为综合应用题或场景实操题，要求考生结合 AI 工具与信创办公软件完成以下任务：使用 WPS 表格的 AI 功能（如智能图表推荐）生成符合信创数据标准的可视化图表（如 GDP 对比柱状图、国产化率增长折线图）；通过自然语言生成（NLG）工具优化项目文档表述（如将技术参数描述转化为非技术人员可理解的汇报文本）；调用国产 AI 助手（如 WPS AI）自动生成项目框架（背景—挑战—解决方案—成果），并适配信创政策要求（如引用《信创产业白皮书》数据）。

（一）典型考点

图表生成：在WPS表格中利用AI快速创建图表（如国产服务器市场份额饼图），设置数据标签、配色方案。

动态更新：绑定图表与国产数据库（如达梦DM8），实现数据源更新后图表自动刷新。

NLG应用：输入技术参数（如"鲲鹏920处理器主频2.6GHz"），生成用户友好的产品描述（如"高性能国产芯片，保障业务连续稳定"）。

AI问答训练：输入项目方案，通过AI生成模拟答辩问题（如"如何验证统信UOS系统的等保合规性？"）。

汇报材料整合：将AI生成的图表、文本自动嵌入演示文稿模板，适配麒麟系统下的WPS演示播放模式。

（二）提升技巧

练习跨软件协作（WPS文字+表格+演示文稿），实现"数据输入—AI处理—多格式输出"全流程自动化。

收集信创政策要求的文档模板（如等保2.0合规报告模板），通过AI工具批量转换为可编辑格式并分类存储。

五 课后练习

选择题

1）AI在项目展示中的作用主要体现在以下哪方面？（ ）

　　A. 只用于生成项目展示内容

　　B. 通过数据分析和内容优化提升展示效果

　　C. 完全替代求职者的表达能力

　　D. 仅在面试后提供反馈

2）在项目展示中，AI如何帮助求职者提升说服力？（ ）

　　A. 仅生成项目背景描述

　　B. 通过分析和可视化展示项目中的数据成果

　　C. 完全替代手动处理数据的过程

　　D. 生成面试问题并提供答案

3）在面试过程中，AI可以帮助求职者优化项目展示中的语言表达，以下哪种优化是AI可以提供的？（ ）

　　A. 生成冗长的描述以详细阐述项目

　　B. 简化语言并突出项目中的关键亮点

　　C. 使语言更加复杂，以增加专业性

　　D. 完全消除项目中的技术术语

4）AI在帮助求职者生成项目描述时，以下哪项是正确的？（　　）

　　A. AI只能提供项目背景信息

　　B. AI能够根据求职者提供的简要信息生成完整的项目描述

　　C. AI仅负责调整文本结构，无法补充遗漏的细节

　　D. AI无法帮助求职者提升项目展示的专业性

5）AI在面试准备中如何帮助求职者？（　　）

　　A. 提供面试官可能提出的相关问题及参考答案

　　B. 自动完成整个面试过程

　　C. 只提供技术性问题的答案

　　D. 只能回答求职者的个人背景问题

任务十二　锦上添花——AI打磨精英简历

一　任务描述

随着人工智能技术的不断进步，AI在求职领域的应用日趋成熟，尤其在简历构建与优化方面展现出强大的辅助能力。AI的出现，使得求职者能够更高效、精准地制作和优化简历，更好地突出自身优势，从而在激烈的就业竞争中脱颖而出。

小明同学最近正在积极准备求职。他意识到，想要获得更多面试机会，一份结构清晰、内容精准、贴合岗位需求的简历至关重要。于是，他决定借助AI工具来优化自己的简历内容。AI不仅能根据小明的教育背景和项目经历快速生成简历框架，还能结合所申请岗位的招聘要求进行有针对性的内容优化，甚至能够按照ATS（候选人跟踪系统）的关键词匹配规则进行智能调整。具体任务要求如下。

学会如何通过AI自动生成简历框架，确保简历结构清晰、格式规范；理解AI如何精准优化简历内容，使其更加符合职位要求和招聘方期望；掌握如何利用AI进行关键词优化，使简历能够通过ATS筛选；学会如何根据AI提供的反馈和建议进一步提升简历的整体质量，突出自己的成就和优势。

二　相关知识

（一）自然语言处理（NLP）在打磨简历中的技术原理与应用

自然语言处理是让计算机理解、处理和生成人类语言的技术。在AI打磨简历中，NLP发挥着核心作用。它通过对输入的职位描述和求职者提供的信息进行语义分析，理解其中的含义和关键要素。例如，利用词性标注、命名实体识别等技术，从职位描述中提取出如"数据挖掘""Java编程"等关键技能和"数据分析项目""软件研发岗位"等重要概念；从求职者的工作经历阐述里识别出具体的工作职责、成果数据等信息。在简历生成和优化过

程中，NLP 技术能够根据这些理解，组织语言生成符合逻辑和行业表达习惯的简历内容，如将求职者模糊的成果描述转化为专业、精准的表述，还能对生成的文本进行语法检查和语义连贯性优化，确保简历语言通顺、表意明确。

（二）机器学习算法在简历优化中的作用机制

机器学习算法通过对大量简历数据和招聘成功案例的学习，建立起数据模型。这些模型能够分析不同行业、职位的成功简历所具备的特征，包括内容结构、关键词使用频率、语言风格等。在为求职者生成和优化简历时，算法会依据这些学习到的特征模式，结合求职者的个人情况和目标职位要求，进行个性化的简历生成与调整。比如，对于一个应聘市场营销岗位的求职者，算法会参考大量市场营销领域成功简历的共性，突出展示营销活动策划、市场推广成果、客户增长数据等相关内容，并按照该行业简历常见的结构和重点突出方式来组织文本，从而生成一份更贴合市场需求的简历。同时，随着新数据的不断输入，机器学习算法会持续优化模型，提升简历生成和优化的准确性与有效性。

（三）视觉美学在简历设计中的体现

简历的视觉美学对于吸引招聘者的注意力至关重要。在设计上，应遵循简洁、协调的原则。简洁性体现在页面布局上，避免过于复杂的排版和过多的元素堆砌，确保招聘者能够快速定位关键信息。各部分内容之间要有合理的留白，形成清晰的视觉分区，如教育背景、工作经历、技能特长等板块。字体选择应简洁易读，避免使用过于花哨或难以辨认的字体，字号大小要适中，标题和正文要有明显区分。颜色搭配要协调，一般以不超过三种主色调为宜，且颜色要符合专业、正式的氛围，如黑、白、灰搭配，或在适当位置点缀与行业相关的辅助色，如科技行业可适当使用蓝色。整体的视觉设计要给人一种整洁、专业的印象，增强招聘者对求职者的好感度。

（四）心理学原理在简历呈现中的应用

从心理学角度看，简历的呈现方式会影响招聘者对求职者的认知和判断。例如，在简历开头突出关键成就和与职位紧密相关的技能，利用"首因效应"，让招聘者在短时间内对求职者形成积极的第一印象。在描述工作经历和成果时，运用具体的数据和案例，符合人类认知中对具体、可量化信息的偏好，使招聘者更容易理解和记住求职者的能力与贡献。此外，使用积极、自信的语言风格来描述自己，会传递出求职者的良好心态和对自身能力的肯定。同时，保持简历内容的逻辑性和连贯性，有助于招聘者顺畅地理解求职者的职业发展轨迹和能力体系，增强对求职者的信任感。

（五）语音识别与矫正技术原理

科大讯飞语音测评所运用的语音识别技术，基于深度学习算法，通过对海量语音数据的学习，构建声学模型和语言模型。当用户输入语音时，系统首先将语音信号转化为数字信号，然后通过声学模型分析语音的声学特征，如频率、时长、强度等，与预先训练好的模型进行匹配，识别出语音中的文字内容。同时，语言模型会对识别结果进行语义分析和语法校验，提高识别的准确性。

在语音矫正方面，系统通过对比标准发音和用户发音的差异，分析出具体的发音问题，并根据问题类型提供相应的矫正策略。例如，对于声调不准的问题，系统会给出针对性的声调练习音频和训练方法；对于方言口音干扰，会提供方言与普通话发音的对比学习内容。通过不断地练习和反馈，帮助用户逐步改善发音，提升普通话水平。

（六）AI工具应用——通义千问

通义千问是阿里云推出的超大规模语言模型。其App可在手机应用市场下载。通义千问能快速生成小红书文案等创意内容，进行剧本创作与改写润色；办公时可实现代码生成、解释及周报扩写；学习上，解答数学题、完成中英互译与文言文翻译；还能提供高情商回复、定制健身计划，增添生活趣味，且支持AI修图、生成视频。

通义千问平台

打开浏览器进入官网，就能使用网页版通义千问。它支持多语言输入，理解复杂指令，可撰写求职信、辅助编程、制定旅行计划，还能多轮对话，交流连贯自然。

（七）面试＆简历优化专家

面试＆简历优化专家是在通义千问平台上构建的一个智能体，可以深度模拟面试，并进行实时反馈，以及结合行业动态优化简历。打开的步骤如下。

首先，进入通义千问主界面，如图5-19所示。

接着，单击左边功能菜单的智能体按钮，进入智能体界面，如图5-20所示。

图5-19 通义千问主界面

图5-20 智能体界面

然后，在智能体界面的上方输入"面试"，即可找到面试＆简历优化专家智能体，如图5-21所示。

最后，单击"面试&简历优化专家"智能体即可进入聊天界面，可以按照自己的需求进行问答，如图5-22所示。

图5-21 查找面试&简历优化专家智能体

图5-22 面试&简历优化专家智能体界面

三 任务实施

在本任务中，你将通过AI的帮助，学习如何高效构建和优化简历。首先，你将了解AI自动生成简历的框架，并根据求职者提供的基本信息创建逻辑清晰的简历内容。接下来，你将体验AI如何通过精准的内容优化，使简历更加符合应聘的岗位要求，并提高其在候选人跟踪系统中的通过率。最后，你将通过AI的反馈与建议，进一步改进简历的语言表达、格式规范和成就展示，确保简历更具竞争力。让我们开始这次简历优化之旅，借助AI的力量，让你在求职中脱颖而出！

（一）AI简历构建与优化

在本任务中，你将通过AI的帮助，学习如何高效构建和优化简历。

步骤1 自动生成简历的框架，并根据求职者提供的基本信息创建逻辑清晰的简历内容。

AI简历构建与优化

步骤2 精准的内容优化，使简历更加符合应聘的岗位要求，并提高其在候选人跟踪系统中的通过率。

步骤3 反馈与建议，进一步改进简历的语言表达、格式规范和成就展示，确保简历更具竞争力。

1. 自动生成简历框架

在求职过程中，简历的结构和格式是吸引招聘者注意的关键。AI能够通过求职者提供的基本信息（如个人简介、教育背景、工作经历、技能等），快速自动生成简历的基础框架。这一框架不仅能够确保简历的各个部分有条理地呈现，还能依据行业标准自动调整布局和格式，确保简历符合招聘人员的阅读习惯。

2. 内容精准优化

AI通过深入分析求职者的工作经历、项目经验和技能，结合职位描述中的要求和行业趋势，自动调整简历内容。通过智能化的内容优化，AI能够帮助求职者突出自己最具竞争力的部分，使简历更加符合招聘方的期望。

示例：假设求职者应聘数据分析师岗位，求职者的部分信息如下。

教育背景：计算机科学专科

工作经历：曾在××公司担任数据分析师，负责使用Python进行数据清洗、分析，协助团队制定业务决策。通过优化数据流程，提升分析效率25%。

技能：精通Python、SQL、Tableau，熟练使用Excel进行数据处理和分析。

现将求职者的信息添加到通义千问的聊天框，并在内容后面添加指令："求职者在应聘数据分析师岗位，现根据上述提供的求职者信息，生成一个简历，简历结构具有逻辑性，且要求简历贴合应聘的岗位。"如图5-23所示。生成的简历，如图5-24所示。

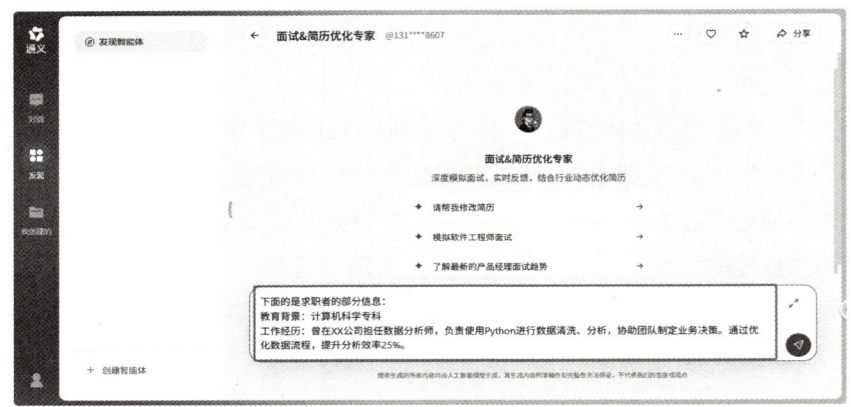

图5-23 输入简历生成指令

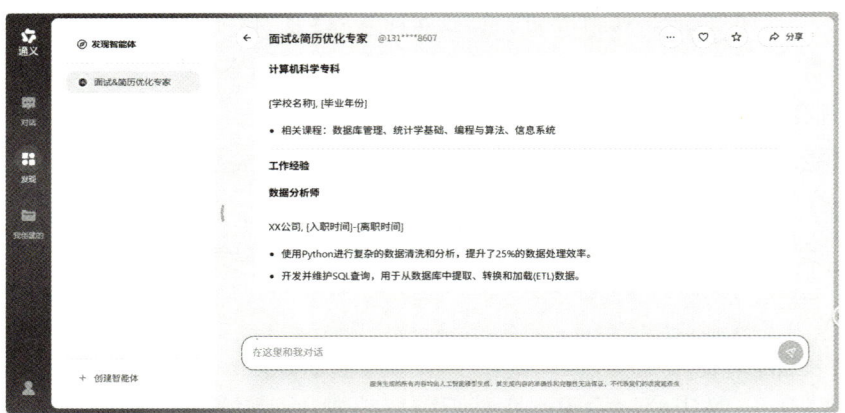

图5-24 生成个人简历框架

通过AI的生成与优化，求职者的简历不仅能够在结构上做到条理清晰，而且能够精准地突出与职位要求高度相关的关键部分。AI会根据求职者的背景、经验和所申请的职位，自动调整简历的布局和内容，使其符合行业标准并符合招聘人员的阅读习惯。

（二）关键词优化

许多公司使用候选人跟踪系统（ATS）筛选简历，这些系统通过匹配简历中的关键词来评估求职者的能力与岗位匹配度。为了通过ATS筛选，求职者的简历需要包含岗位要求的关键技能、工具、行业术语等关键词。AI通过对职位描述的深入分析，帮助求职者在简历中精准地融入这些关键词，从而提高简历的通过率。

图5-25所示是某公司的数据分析师招聘信息。

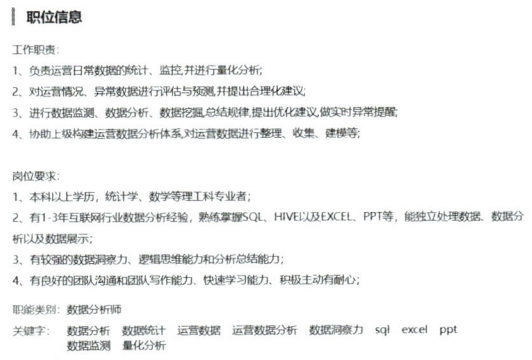

图5-25　某公司的数据分析师招聘信息

假设小明现在想向这家公司投递简历，他之前的简历如图5-24所示。现在对小明的简历进行调整，将图5-25所示内容输入到图5-24的聊天框，并添加指令："上传的图片包含某公司的数据分析师招聘信息，现提取岗位要求的关键技能、工具、行业术语等关键词，对职位描述进行深入分析，并调整上述生成的个人简历，从而提高简历的通过率。"如图5-26所示。通过关键词调整指令生成的个人简历，如图5-27所示。

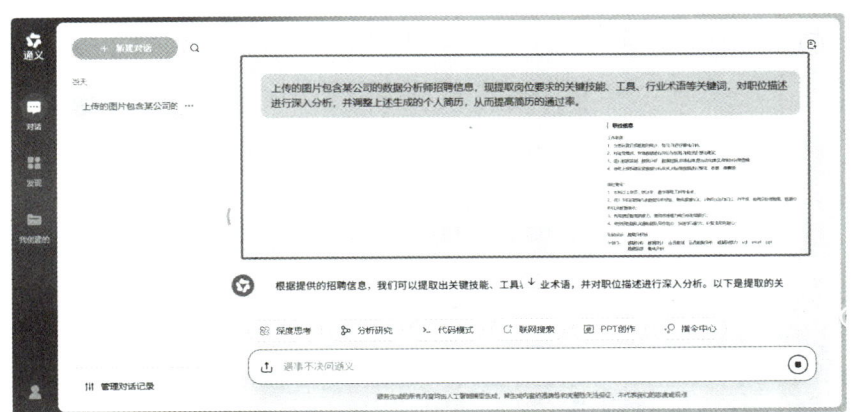

图5-26　输入通过关键词调整指令

AI通过自动化的关键词匹配和优化，确保求职者的简历能够在ATS筛选中脱颖而出，增加获得面试机会的概率。

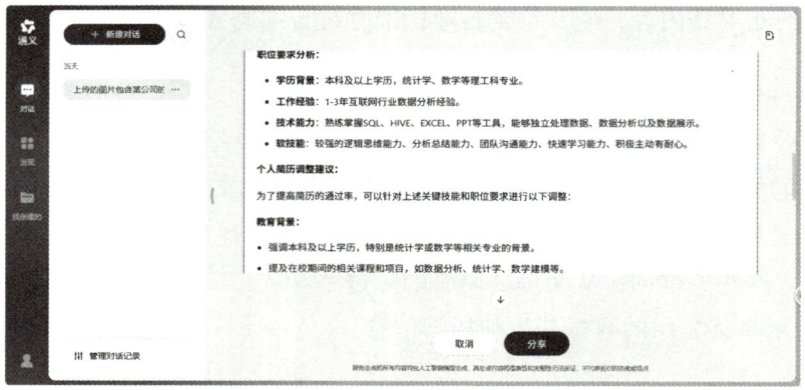

图 5-27　通过关键词调整指令生产的简历

（三）AI反馈与建议

AI不仅能够帮助求职者生成简历，还能够分析简历中的内容，提供反馈和改进建议。通过对简历的深入分析，AI可以识别语言上的不清晰、信息表达上的缺陷以及格式上的不规范之处，帮助求职者提高简历的整体质量。此外，AI还能够为求职者提供有关简历优化的具体建议，如如何突出成就、如何使用简洁且专业的语言等。

AI的反馈与建议功能，是求职者完善简历的得力助手。例如，AI可能会建议求职者用更具体、量化的数据来描述自己的工作经验和技能，如"在××项目中，通过数据分析提高了销售额20%"这样的描述更具说服力，也更能吸引招聘者的注意。同时，AI还会检查简历中的语法和拼写错误，确保简历的专业性和准确性。通过这些细致入微的反馈和建议，求职者可以不断完善自己的简历，提高求职竞争力。

假设小明想应聘Java工程师的岗位，他有一份已经写好的简历文件，文件格式是pdf格式，可以将简历直接上传到通义千问主页的聊天框，然后输入指令"这是我的个人简历，我想应聘Java工程师的岗位，请帮我提供一些反馈和建议，包括：语言上表达、格式规范、如何突出自己的成就以及如何使用简洁且专业的语言等。"如图5-28所示。AI给出的反馈与建议，如图5-29所示。

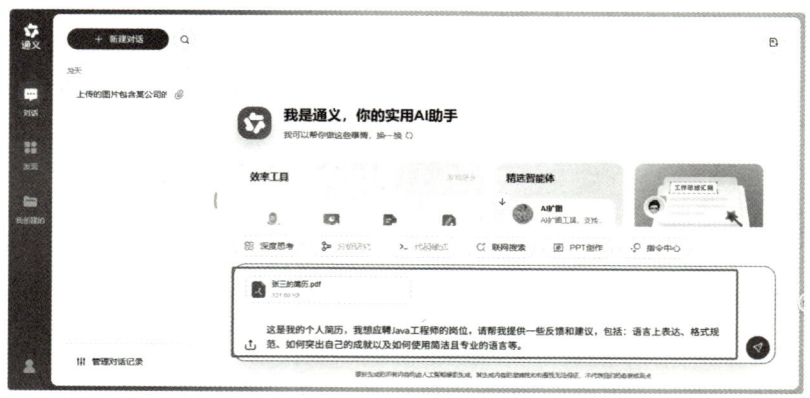

图 5-28　输入简历以及指令

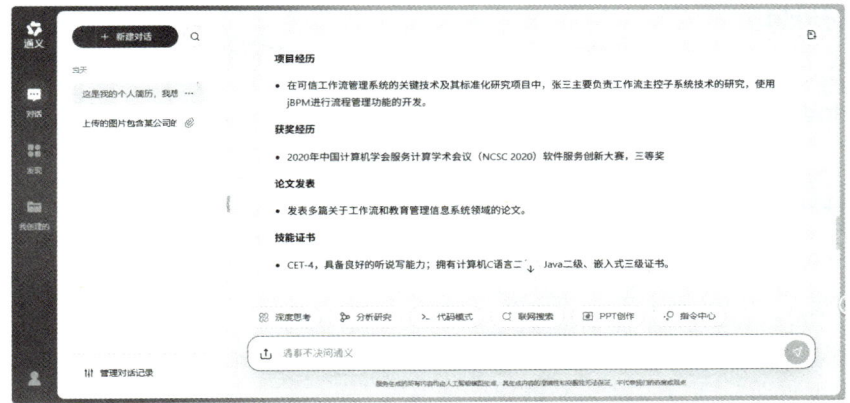

图5-29　给出的反馈与建议

（四）科大讯飞语音测评助力就业展示

在就业竞争中，清晰、标准的语言表达能力是重要的加分项。科大讯飞语音测评通过语音识别分析技术，能够精准检测普通话发音中的问题，如平翘舌音混淆、前后鼻音不分、声调偏差等，并提供针对性的矫正建议和练习方案。

求职者可在科大讯飞相关应用或平台上上传语音内容，系统可自动分析发音问题，提供专业的训练课程和练习方法，并生成详细的测评报告。求职者在制作简历或面试准备时，可以利用科大讯飞语音测评系统进行普通话矫正训练，在就业展示中展现更专业、自信的形象，增强自身竞争力。

四　机考助手

考试中该任务的考核形式可能为操作题或案例分析题，要求考生结合AI工具与信创规范完成以下任务：使用国产AI工具（如WPS AI、统信UOS简历助手）生成符合信创岗位需求的简历模板，并嵌入关键词（如"国产化适配""信创认证"）。

（一）典型考点

AI驱动文档生成。

简历模板构建：调用WPS AI生成框架，自动填充信创技能标签（如"麒麟系统运维""达梦数据库优化"）。

关键词优化：通过AI工具（如秘塔写作猫）插入信创产业人才的核心能力描述（如"等保2.0合规实施经验"）。

公文格式规范：设置多级标题、1.5倍行距、仿宋GB-2312字体，适配党政机关简历提交要求。

OFD签章应用：在统信UOS系统中完成OFD文件签名，验证签章算法（如SM2/SM3）的国密合规性。

（二）提升技巧

掌握WPS AI的简历模板批量生成（如20份/小时），熟练应用"样式刷"统一格式。练习在麒麟系统中调用命令行工具（如UKUI终端）完成OFD签章自动化脚本编写。

五 课后练习

选择题

1）AI在简历构建中的作用是什么？（　　）

　　A. 自动生成简历框架和内容，帮助求职者快速完成简历制作

　　B. 提供求职者面试时的回答建议

　　C. 帮助求职者选择合适的岗位

　　D. 自动进行招聘面试

2）在简历优化过程中，AI如何帮助求职者提高简历的竞争力？（　　）

　　A. 通过提供面试问题的答案

　　B. 通过优化简历的内容、格式和语言表达

　　C. 通过修改求职者的个人背景信息

　　D. 通过发送简历给招聘公司

3）以下哪一项是AI优化简历时的重要功能？（　　）

　　A. 提供简历的自定义设计模板

　　B. 自动选择求职者的最佳推荐信

　　C. 在简历中嵌入职位描述的关键词，帮助通过ATS筛选

　　D. 自动联系招聘方

4）求职者如何通过AI反馈提升简历的质量？（　　）

　　A. 通过获取关于简历内容的语言表达、格式和成就展示的具体建议

　　B. 通过让AI自动决定简历的提交时间

　　C. 通过减少简历中的工作经验

　　D. 通过让AI直接生成求职信

5）AI如何根据职位要求优化简历？（　　）

　　A. AI根据职位描述中的关键词和行业要求，调整简历的内容

　　B. AI通过调整简历的字体和颜色来优化其效果

　　C. AI自动撰写求职者的职业生涯总结

　　D. AI将简历发送给多个招聘公司

项目六　信息检索

信息技术与人工智能（信创版）

信息检索是获取信息的重要方法与手段，也是我们查找信息的主要方式。在现代信息社会，掌握高效的网络信息检索方法已成为对高素质技术技能人才的基本要求。本项目旨在学习信息检索的基础知识、搜索引擎的使用技巧、专用平台的信息检索和利用AI大模型检索信息等内容。

01 知识目标

了解信息检索的基本概念和流程。
熟悉常用的搜索引擎及通用信息检索平台。
了解期刊、论文、专利、商标等专用信息检索平台的使用。
熟悉利用AI大模型检索信息的方法。

02 能力目标

能根据特定的信息需求选择合适的检索工具和方式。
能以有效的方法判断信息的可靠性、真实性、准确性和目的性。

03 素质目标

增强信息意识，主动利用信息解决生活、学习和工作中的实际问题。
发扬团队协作精神，善于与他人合作与共享信息，充分发挥信息的价值。

04 就业导向

信息管理与数据分析领域。
适配岗位：信息管理专员、数据采集分析师、企业知识库管理员。
就业竞争力：能通过专业检索技术为企事业单位构建行业数据库，支持决策分析；熟练使用专利、商标检索平台，助力知识产权保护与合规运营。

05 思维导图

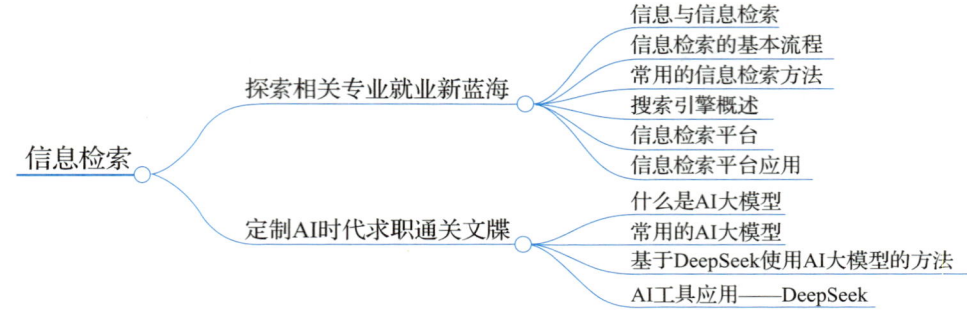

任务十三　智联未来——探索相关专业就业新蓝海

一　任务描述

随着信息技术的飞速发展，信息的产生与更新速度日益加快，随之而来的信息超载与泛滥问题也愈加严重。在这样的背景下，信息资源的价值愈发凸显。如何在浩瀚如海的信息中快速、准确地获取所需内容，并进行有效筛选与提炼，已成为一项关键能力。答案就在于：培养信息检索能力，并善用现代信息检索工具实现精准获取。

小明同学正在开展一项课程任务——了解钢铁智能冶金技术专业的就业方向。为了完成这一任务，他需要收集相关行业趋势与岗位信息。因此，小明决定通过通用搜索引擎与专业数据库相结合的方式进行信息检索。

本任务要求使用百度搜索引擎信息检索工具，输入关键词"钢铁智能冶金技术就业方向"，获取最新的行业资讯与岗位信息。同时，要求借助中国知网这一权威的专业信息检索平台，查找与冶金技术专业就业相关的学术论文和研究文献。最后通过综合整理和分析检索到的内容，将信息以文档形式汇总，不仅帮助自己系统了解该专业的就业趋势，也为进一步的职业规划提供可靠依据。

二　相关知识

（一）信息与信息检索

1. 信息

信息（Information）是事物运动状态及其规律的客观描述，是能够通过感知、传递、存储和处理，并用于消除不确定性的内容。信息是指事物发出的消息、指令、数据、符号等所包含的内容。人们通过获得、识别自然界和社会的不同信息来区别不同事物，得以认识和改造世界。在一切通信和控制系统中，信息是一种普遍联系的形式。"信息"作为科学名词术语最早出现在哈特莱（Hartley）于1928年撰写的《信息传输》一书中。20世纪40年代,信息论的奠基人香农(Shannon)给出了信息的明确定义:信息是用来消除随机不确定性的东西。这一定义被人们看作是经典性定义并加以引用。

信息具有客观性、可传递性、可加工性、共享性和时效性五大核心特征。其客观性体现为源于客观世界,如温度波动、天体运转等现象独立于主观意识而存在;可传递性表现为能借由声音、文字、电磁波等媒介广泛传播;可加工性指信息可被抽象提炼、压缩存储或转换形式,像图像转化为数字编码;共享性则说明信息可供多方同时使用,且不会因此损耗,例如多人共读一本书;时效性强调信息的价值会随时间推移而改变,如实时更新的天气预报。在我们日常生活和科学研究中,经常会接触到"数据""知识""信号"等概念,它们与"信息"密切相关,却又各有侧重,具体定义以及与信号的区别见表6-1。

表6-1 信息与相关概念的区别

概念	定义	与信息的区别
数据(Data)	未经处理的原始符号或记录(如数字、字符、信号)	数据是信息的载体,信息是数据的内涵(如"25℃"是数据,"今天气温较高"是信息)
知识(Knowledge)	通过信息加工形成的系统性认知(如规律、经验)	信息是知识的原材料,知识是信息的结构化整合(如"水在0℃结冰"是知识,由多次温度实验的信息归纳得出)
信号(Signal)	物理载体(如光、电、声波)用于传递信息	信号是信息的物理表现形式,信息是信号承载的内容(如无线电波是信号,其调制的音频内容是信息)

2. 信息检索

信息检索(Information Retrieval)的概念可以从广义和狭义两个层面理解,并涉及技术原理、发展历程及实际应用等多个维度。

广义的信息检索是"信息组织存储与检索"的全流程,涵盖信息组织存储与查找两大阶段。在组织存储阶段,原始信息如文档、图片、音视频等会被转化为计算机可识别格式,借助分类、标引等技术构建起有序的信息集合,像各类数据库;检索阶段则依据用户需求,运用匹配算法在信息集合中筛选相关结果,并按相关性高低排序输出。狭义的信息检索聚焦于"信息搜索",专指从已组织好的信息集合中查找所需信息的过程,其关键在于精准理解用户需求,灵活运用关键词匹配、语义分析等检索技术,并通过反馈机制持续优化,直至满足用户需求。

信息检索的核心原理与技术主要围绕匹配机制和技术发展展开。匹配机制是信息检索的本质,它是用户提问特征与系统信息特征的匹配过程,在计算机检索中,通过余弦相似度等算法计算用户查询词与数据库索引词的相似度,从而筛选出高度相关的文档;而自然语言处理则借助分词、词干提取等技术进一步提升匹配精度。在技术发展层面,早期信息检索主要依靠手工检索,如纸质目录索引,以及机械检索,如穿孔卡片等方式;发展至今,现代技术以计算机检索为主导,融合网络搜索、数据库查询、语义分析等,能够高效处理海量数据。

（二）信息检索的基本流程

1. 分析检索内容，明确信息需求

该步骤的主要工作是通过分析检索内容的主题、类型、用途、时间范围以及用户自身对检索结果的评价标准，来明确信息需求，这一步骤对有效获取信息至关重要。许多用户在进行信息检索时常常会忽略这一重要环节。它帮助用户充分了解所需的信息，从而避免检索结果与预期相差甚远。例如，当用户希望检索与网络安全相关的信息时，可以自问几个关键问题：所需信息的主题是普及教育、引发讨论，还是其他类型；所需信息的类型是基础理论知识、最新技术成果，还是相关新闻报道；信息的时间范围是近十年、近几年，还是某个特定的时间节点；所涉及的领域是否需要尽可能全面；在回答这些问题后，用户将能更加清晰地确定自己的信息检索需求，从而增强检索的目的性，提高检索效率。

2. 选择检索工具，了解检索系统

（1）检索工具　检索工具是帮助用户快速、准确地查找所需信息的设备和软件的统称。根据检索范围和目标的不同，用户可以选择适合的检索工具，例如图书馆的数据库、学术搜索引擎、专业网站等。了解不同检索工具的特点和适用场景，有助于提高信息检索的效率和效果。

检索工具可以大致分为两类：综合性检索工具和专业性检索工具。综合性检索工具包括搜索引擎、门户网站、图书馆和百科全书等，专业性检索工具则涵盖各类垂直网站、专业数据库以及专题工具书等。图6-1所示为淄博市图书馆首页。

图6-1　淄博市图书馆首页

选择合适的检索工具是用户信息检索过程中的关键一步。用户所选的检索工具是否适合，将在很大程度上决定信息检索的效率。在选择检索工具时，应遵循以下原则。

高效原则：综合性检索工具往往信息丰富多样，对于涉及面较广的信息检索非常友好，因此许多用户将其视为首选工具。然而，这类工具的信息质量参差不齐，可能需要用户投

入大量时间进行筛选。对于某些专业性较强的信息检索，使用专业性检索工具可以更有针对性，从而提升检索效率。例如，如果某用户需撰写一篇关于食品安全的学术论文，由于信息涉及专业性，选择在权威的食品安全相关网站（如"中国食品安全网"）中进行检索，会避免花费大量时间辨别信息的可靠性，从而更快速地获取权威、可信且有用的信息。

灵活原则：在互联网上，信息量庞大，没有任何一种检索工具能够完全覆盖所有的信息。因此，用户在选择和使用检索工具时，不应局限于某一种工具，而应根据自身的信息需求灵活运用多种检索工具，以高效获取所需信息。

（2）检索系统　检索系统是指在用户检索信息时所用到的工具、数据库、检索语言等组成的整体。例如，图书馆本身就是一个检索系统，其中的检索工具通常是图书查询系统，数据库则包含图书馆内所有的书籍，而检索语言则是图书分类法。

检索系统通常较为庞大，内部所包含的信息种类、数量、类型和检索语言等各不相同。在使用检索系统之前，用户可以参考相关的说明文件，以了解检索系统的功能和使用方法，从而提高信息检索的效率。

3. 实施检索策略，浏览初步结果

在明确信息需求、选择合适的检索工具以及了解检索系统之后，用户可以开始制定信息检索策略。检索策略主要包括以下两个部分。

（1）选取检索词　检索词是用户信息需求的具体表达，是构成检索式的基本单元。在选取检索词时，需注意以下四点：

1）提炼的检索词应全面描述所需检索的信息；

2）将抽象的检索词具体化（例如，把"环保"转化为"垃圾分类"）；

3）删除意义不大的虚词和低频词（如"哪些""相关"等）；

4）对检索词进行适当的替换和补充（例如，把"地铁"更改为"城市轨道交通"）。

（2）构建检索式　检索式是用户根据检索系统的检索语言对检索词进行格式化表述，其呈现形式因检索系统而异。例如，若某用户希望检索中国信息产业经济发展现状的相关信息，并且选择的检索系统是图书馆，那么根据《中图分类法》，其检索式应为"F492中国信息产业经济"。

在拟定检索策略后，用户可以使用检索工具进行信息检索。此时，用户可对检索结果进行初步浏览和筛选，排除一些明显不符合要求的信息。

4. 评价检索结果，获取所需信息

在进行信息检索后，用户需对检索结果进行评价，以分析这些结果是否与检索式相匹配，是否能够满足其信息需求或帮助解决实际问题。如果结果满足要求，用户可以从中挑选匹配度最高的信息作为最终获取的资料；如果结果不符合预期，则需要对信息检索的基本流程进行复盘，查明步骤中可能出现的问题，并及时调整检索策略。此后，用户可以重新进行信息检索，直到获得令人满意的结果为止。

(三)常用的信息检索方法

1. 布尔逻辑检索

布尔逻辑检索是一种基于布尔代数的搜索方法,广泛应用于各种信息检索系统中,包括数据库、搜索引擎、图书馆系统等。以下是与布尔逻辑检索相关的一些基本知识。

(1)布尔逻辑概念 布尔逻辑是19世纪中叶数学家乔治·布尔提出的经典数学逻辑体系,主要通过"与(AND)""或(OR)""非(NOT)"三种操作符对逻辑表达式进行组合与处理。其中,"与(AND)"操作符要求检索结果必须同时满足所有指定条件,如搜索"猫AND 狗",系统仅呈现同时包含"猫"和"狗"的页面;"或(OR)"操作符则更为灵活,只要满足任意一个条件即可,使用"猫 OR 狗"进行搜索,将得到包含"猫""狗"或两者皆有的页面;"非(NOT)"操作符用于排除特定条件,当输入"猫 NOT 狗"时,系统会过滤掉含"狗"的内容,仅返回包含"猫"的页面。

(2)布尔检索的优点 布尔检索凭借精确性、灵活性与可扩展性三大核心优势,成为信息检索领域高效实用的经典技术。其精确性体现在用户能够借助"与(AND)""或(OR)""非(NOT)"等逻辑操作符,精准筛选目标信息,大幅削减无关内容的干扰,使检索结果高度贴合需求;灵活性则赋予用户自由组合关键词的能力,无论是复杂的多条件检索,还是单一条件的精准定位,都能依据实际需求灵活调整,从而获取更具相关性的信息;可扩展性进一步增强了布尔检索的适应性,用户可根据检索目标的复杂程度,随时添加或删减搜索条件,轻松实现检索过程从简到繁或化繁为简的转换,满足不同场景下的多样化信息检索需求。

(3)检索技巧 在信息检索实践中,合理运用检索技巧能够显著提升检索的准确性与检索效率。使用括号可有效界定复杂检索中的运算优先级,系统会优先处理括号内的表达式,再执行括号外的逻辑运算,例如检索式"(猫 OR 狗)AND(跑 OR 路)",系统将先分别处理"猫 OR 狗"与"跑 OR 路",再进行"与"操作;引号的作用在于将多词短语固定为一个不可分割的检索单元,如搜索"家猫"时,搜索引擎会严格匹配该完整短语。此外,由于部分检索系统对布尔运算符存在大小写敏感性,统一使用标准格式的"AND""OR""NOT",能够避免因格式错误导致的检索偏差,确保检索结果精准度。

(4)应用领域 布尔逻辑检索广泛应用于:数据库查询(如学术数据库和商业数据库)、Web 搜索引擎(如百度、夸克等)、图书馆信息检索系统。

2. 截词检索

(1)概念 截词检索(也称为截词搜索或前缀搜索)是一种信息检索技术,允许用户在搜索中使用词的开头部分(前缀)进行模糊匹配。这种方法通常用于提高搜索的灵活性和效率,特别是在用户不确定完整关键词时使用。

(2)截词检索的原理 截词检索通过对用户输入的词部分或开头进行分析,系统会匹配并返回所有以此字符序列起始或包含该字符序列的词及短语结果。其具体操作方式主要分为三类：前缀匹配，专注于检索以用户输入词根或部分词语为起始的记录，如输入"教育"，便能获取"教育学""教育心理学""教育政策"等相关内容；后缀匹配，允许用户输入词的尾部进行检索，虽然在多数搜索引擎中不常用，但仍可通过输入"化"，得到"化学""化妆"等结果；包含匹配则更为灵活，只要数据库中的词语包含用户输入内容，无论处于何种位置，均会被检索出来，例如输入"流""流行""流量""流体系"等结果都会呈现。

（3）优点　截词检索凭借三大显著优势，成为优化信息检索体验的有效工具。其一是灵活性，突破传统完整关键词的限制，用户仅需输入部分关键词，即可触发多样化的检索路径，极大拓宽了信息获取维度；其二是准确性，用户通过输入不同词根，系统能够精准匹配相关内容，有效过滤冗余信息，确保检索结果与需求高度契合；其三是便捷性，针对冗长复杂的关键词，截词检索大幅减轻用户输入负担，以简洁输入获取丰富、精准的信息反馈，显著提升检索效率与操作便捷性。

（4）使用技巧　在运用截词检索时，掌握实用技巧能够大幅提升检索效率与精准度。首先，由于不同搜索工具对截词检索的实现方式存在差异，用户务必仔细研读工具的使用说明，明确截词的正确输入格式，避免因格式错误影响检索效果；其次，将截词检索与布尔逻辑相结合是精细化检索的有效策略，通过"与（AND）""或（OR）""非（NOT）"等逻辑操作符，能够更精准地筛选目标信息，例如检索式"教育 AND（政策 OR 学）"，可快速获取教育领域的政策文件与学科资料；此外，合理利用通配符也是增强检索灵活性的关键，部分系统支持使用星号"*"代表多个字符，问号"?"代表单个字符，灵活运用这些通配符，能让检索结果更贴合个性化需求。

3. 位置检索

（1）概念　位置检索，又称位置搜索或词位检索，是一种进阶的信息检索技术，它打破了传统检索仅关注关键词是否存在的局限，转而聚焦于关键词在文档中的具体位置及其相对关系。这种检索方式能够精准捕捉文本中词语间的逻辑关联与语义层次，尤其适用于需要深入挖掘语义关系的场景，极大地提升了检索结果的精确性与相关性。

（2）原理　位置检索的高效运行依赖于精细的文本索引结构，该结构完整记录了每个关键词在文档中的具体位置信息。检索引擎借助这些索引，能够快速锁定目标关键词及其所在位置，实现精准的信息筛选。其核心原理包括：直接位置匹配，用户可指定关键词出现的特定位置，如文档标题、段落开头或句子内部，例如检索"标题：教育"，系统将直接返回标题中包含"教育"的所有文档；邻域检索，重点考量词语间的相邻关系，通过"NEAR"等操作符，可检索出如"教育 NEAR 政策"这类词语位置接近的文本内容；范围检索，则允许用户自定义关键词出现的范围，无论是特定段落、章节，还是指定长度区间内的数据，都能实现精准定位。

（3）优点　位置检索具有显著的实用价值：其一，通过对关键词位置的精准把控，它能够深度解析用户检索意图,显著提升检索结果与需求的匹配度;其二,在处理复杂语义任务时,位置检索可有效揭示词语间的潜在语义联系,为学术研究、文献分析等场景提供有力支持;其三,其灵活的检索条件设置功能,能够充分满足用户在不同场景下的个性化信息获取需求,无论是专业领域的深度检索,还是特定格式文档的信息提取,都能游刃有余。

(4)使用技巧　在实际应用中,掌握以下技巧可充分发挥位置检索的优势:一是灵活运用特定检索关键词,如"标题""段落""章节"等,精准限定检索范围;二是针对长文档或海量信息,明确设定检索范围,通过指定段落、章节或特定文本区间,高效过滤冗余信息,获取更具针对性的检索结果。

(四)搜索引擎概述

搜索引擎是一种信息检索工具,它根据用户的需求和特定算法,通过特定策略从互联网中获取相关信息并反馈给用户。搜索引擎依托于多种技术,包括网络爬虫技术、检索排序技术、网页处理技术、大数据处理技术和自然语言处理技术等,能够为用户提供快速且高相关性的信息服务。

1. 搜索引擎的分类

搜索引擎可以根据工作方式的不同分为四类:全文搜索引擎、元搜索引擎、垂直搜索引擎和目录搜索引擎。

1)全文搜索引擎:也称为关键词搜索引擎。这种搜索引擎从互联网上提取各个网站的信息(以网页为主),并建立数据库。用户通过简单的操作(如输入关键词)即可快速检索所需内容。全文搜索引擎会根据用户的检索条件,将数据库中匹配的数据按一定顺序返回。该类型搜索引擎的搜索范围广泛,非常适合尚未明确检索意图的用户。然而,由于信息量庞大,用户可能会面临信息过于杂乱的问题。

2)元搜索引擎:有时被称为"搜索引擎的搜索引擎"。元搜索引擎可以通过一个统一的用户界面,帮助用户在多个搜索引擎中选择并利用合适的工具进行检索。它充当一种全局控制机制,允许用户逐一浏览和甄别信息。由于不同的全文搜索引擎在性能和信息反馈能力上存在差异,元搜索引擎的出现正是为了解决这一问题,促进各搜索引擎之间的优势互补,适用于广泛且准确的信息收集。

3)垂直搜索引擎:这是针对特定行业或领域的专业搜索引擎,提供更为细化的搜索服务。例如,要查询某地的行车路线,使用地图领域的垂直搜索引擎则能更加迅速和有效地获取所需信息。因此,垂直搜索引擎尤其适合那些有明确搜索意图的用户。

4)目录搜索引擎:主要用于网站内部的信息检索。它将网站内的信息进行整合处理,并以目录形式呈现给用户。这种搜索方式的缺陷在于用户需要事先了解网站的内容和主要版块,因而适用范围较为有限,同时维护成本较高。

2. 常用的搜索引擎

全文搜索引擎因其低操作门槛、广泛的搜索范围和丰富的搜索结果而受到广泛欢迎，成为如今搜索引擎的代名词。因此，这里所指的常用搜索引擎主要是全文搜索引擎。目前，国际上及国内知名的搜索引擎包括：百度、360搜索、搜狗搜索、谷歌（Google）、Microsoft Bing。

（五）信息检索平台

对于普通的互联网用户而言，搜索引擎通常能够满足其绝大多数的信息检索需求。然而，搜索引擎的搜索结果往往以百万、千万计，且存在重复、虚假、过时等问题，导致信息的价值密度较低。因此，从庞大的信息海洋中筛选出有价值的信息如同"沙里淘金"。为了提高检索效率，我们有必要了解一些数据更集中、针对性更强的垂直细分领域平台，并利用它们提供的垂直搜索引擎，以更精准且快速的方式获取相关领域的信息。

以下是几种常用的信息检索平台，涵盖综合资讯、视频资料、知识百科、文献资料与网络课程等领域，满足不同用户的多样化需求。

1. 综合资讯检索

1）今日头条：是一款智能新闻聚合平台，依托先进算法，能够深度分析用户兴趣偏好，精准推送个性化新闻资讯。其内容体系庞大，全面覆盖国内外时事热点、社会民生、科技创新、娱乐八卦等多元领域。该平台资讯更新速度极快，实时追踪全球动态，同时支持关键词搜索功能，便于用户快速获取热点新闻及事件背景信息，是把握时事脉搏的便捷工具。

2）百度新闻：是百度旗下的专业新闻聚合平台，凭借强大的资源整合能力，广泛收录国内外主流媒体的权威新闻报道，构建起丰富全面的资讯类别矩阵。平台既支持分类浏览，帮助用户按领域高效筛选内容，又提供关键词精准搜索服务，尤其适合学生群体快速查找近期热点新闻与事件动态，及时了解社会发展新貌。

2. 视频资料检索

1）哔哩哔哩（B站）：作为中国领先的视频分享平台，以其独特的社区文化和多元化内容生态闻名。平台内容覆盖学习、娱乐、科技、生活等众多领域，在学习板块优势显著，汇聚了大量优质教程、高校公开课、精品纪录片等资源。无论是专业知识学习，还是兴趣技能培养，用户都能在此找到丰富的视频学习素材，是通过视频形式获取知识的理想选择。

2）优酷/腾讯视频：作为国内主流视频平台，不仅拥有海量娱乐内容，还致力于教育资源的开发与整合。平台提供丰富的教育视频资源，包括名校公开课、知识讲座、学术纪录片等，以直观生动的视频形式助力学生学习，帮助用户打破时间与空间限制，轻松获取优质教育内容。

3. 知识百科检索

1）百度百科：作为中国最具知名度的在线百科全书，凭借广泛的知识覆盖范围和专业的编辑团队，构建起庞大的知识体系，内容涵盖科学、文化、历史、人物等各个领域。其知识条目权威性较高，且注重内容的及时更新，能够快速为用户提供某一主题的基础信息与最新动态，是快速了解各类知识的重要窗口。

2）互动百科：是基于用户贡献的中文百科知识平台，秉持开放共享的理念，鼓励用户参与内容创作与编辑，形成了丰富多样的知识内容。该平台知识覆盖面广，内容风格多元，能够提供许多百度百科未涉及的独特视角与细节信息，可作为百度百科的重要补充参考，满足用户对知识深度与广度的进一步需求。

3）中国大百科全书数据库：由中国大百科全书出版社倾力打造，该数据库以权威、专业为核心定位，系统整合了各学科领域的知识精华，内容具有高度的学术性与严谨性。无论是专业学术研究，还是深度知识探索，该平台都能为用户提供精准、权威的知识内容，是获取专业领域知识的重要学术资源库。

4. 文献资料检索

1）中国知网（CNKI）：是国内首屈一指的学术资源数据库，收录了海量的期刊论文、学位论文、会议论文等学术文献，涵盖自然科学、社会科学等众多学科领域。其资源权威性高、更新及时，为学生开展学术研究、文献阅读与论文写作提供了丰富的资料支撑，是学术研究不可或缺的重要平台。

2）万方数据：是国内重要的学术数据库，与中国知网相互补充，提供全面的学术期刊、学位论文、会议论文等资料。平台资源种类丰富、数据质量可靠，在学术资源整合与服务方面表现卓越，是中国学生进行学术研究、课题探索的重要工具，助力用户深入挖掘学术知识。

3）道客巴巴：是专业的文档分享与下载平台，汇聚了海量的学习资料、教学课件、学术论文等文档资源。平台资源类型丰富多样，涵盖各学科、各领域，能够满足用户不同学习阶段、不同应用场景的资料需求，尤其适合用户查找课件、学习笔记等实用学习材料。

5. 网络课程检索

1）学堂在线：清华大学推出的学堂在线，是优质在线学习平台的代表。平台依托清华大学及众多顶尖高校的优质教育资源，提供大量免费课程，内容覆盖计算机、金融、工程等多个学科领域。课程师资力量雄厚、教学质量高，适合大学生进行系统的深度学习，帮助用户提升专业素养与学术能力。

2）网易云课堂：专注于技能培训与知识学习，课程内容紧密贴合职场与生活需求，涵盖编程开发、设计创意、职业发展等实用领域。平台课程注重实践应用，邀请行业资深专家与优秀讲师授课，通过丰富的案例与实操指导，帮助学生快速提升职业技能，实现个人能力的全面发展。

3）中国大学 MOOC（慕课）：是国内规模最大的在线教育平台之一，中国大学 MOOC 整合了众多国内顶尖高校的优质课程资源，课程体系完备，涵盖从基础学科到前沿专业的各个领域。用户通过该平台，能够轻松接触到国内一流大学的优质教学内容，享受高质量的在线学习体验，是获取高等教育课程资源的重要渠道。

（六）信息检索平台应用

1. 百度搜索引擎

百度搜索引擎作为全球领先的中文搜索引擎，由百度公司于 2000 年 1 月创立，自诞生以来始终在技术创新的道路上深耕不辍。从最初专注于基础网页检索，到如今构建起覆盖多领域、多终端的庞大搜索生态体系，百度持续优化算法、拓展功能，在满足用户多元化信息需求的同时，也奠定了自身在行业内的领军地位，成为连接用户与海量信息的核心枢纽。百度搜索引擎主页，如图 6-2 所示。

图 6-2　百度搜索引擎主页

百度搜索引擎以强大且多元的功能著称。网页搜索依托先进算法，能在瞬间抓取并排序全球范围内的网页资源，精准推送符合用户需求的内容；图片搜索支持智能筛选，无论是高清美图还是专业素材都能一键获取；新闻搜索整合千家媒体资源，24 小时不间断更新，让用户第一时间掌握时事热点；地图搜索不仅提供精准导航，还融合实时路况与周边服务查询；学术搜索更是汇聚海量期刊论文，为科研与学习提供坚实的文献支撑。

在搜索算法层面，百度融合经典技术与前沿科技，形成独特的智能检索体系。它不仅借鉴 PageRank 等传统算法衡量网页权重，更引入深度学习、自然语言处理等人工智能技术，深度解析用户意图。通过对用户搜索习惯、浏览偏好的持续学习，百度能够实现搜索结果的个性化推荐，让每一次检索都精准贴合用户需求，在信息洪流中快速锁定目标内容。

百度搜索引擎的应用场景广泛渗透于生活、学习与工作的各个环节。日常生活中，用户通过它查询美食攻略、旅游指南；学习场景下，学生和学者利用学术搜索获取研究资料；商业领域内，企业借助搜索推广实现品牌曝光，通过搜索引擎优化提升网站流量。无论是个体的知识探索，还是组织的商业运营，百度都能以高效的信息检索能力提供有力支持。

从市场格局来看，百度搜索引擎在中国市场占据主导地位，拥有庞大的用户基础与极高的品牌忠诚度。其搜索引擎市场份额长期领先，成为国内用户的首选检索工具。同时，百度积极布局国际市场，通过技术输出与本地化运营，逐步扩大全球影响力，将高效便捷的中文搜索服务推广至世界，展现出强大的市场竞争力与发展潜力。

2. 中国知网（CNKI）

中国知网介绍

中国知网（CNKI）作为国内规模最大、权威性最高的综合性学术资源平台，由清华大学与清华同方于1999年联合发起，是国家知识基础设施工程的核心成果。自1996年以"CAJ－CD"电子期刊开启全文数据库建设，历经二十余年发展，从早期的学术期刊数字化出版，到如今整合期刊、学位论文、会议文献等全类型学术资源，构建起覆盖全学科、全领域的知识服务体系，成为连接学术研究与知识传播的关键枢纽。

中国知网（CNKI）收录资源规模庞大且体系完备，涵盖中文学术期刊8570余种，其中包含近两千种北大核心期刊，充分保障学术内容的权威性；博士、硕士学位论文分别来自全国510余家和780余家培养单位，完整记录高等教育阶段的学术成果；会议论文库收纳国内外会议论文集4万余本，实时追踪学术前沿动态；此外，年鉴、专利、标准等特色数据库，更是将知识边界从传统学术领域拓展至产业、技术等多元维度，全方位覆盖自然科学、人文社科等各个学科领域。

在功能应用方面，中国知网打造了集检索、分析、出版于一体的综合服务平台。用户既可以通过一框式检索、高级检索等多样化方式，利用主题、篇名、摘要等多维检索条件，精准定位目标文献；也能依托其成熟的查重系统，为高校毕业论文、学术成果提供权威的原创性检测服务。同时，平台还构建起学术出版生态，从选稿、投稿到期刊采编，从出版规范到科研统计评价，形成全流程服务链条，助力学术成果的高效传播与质量评估。

中国知网的服务网络覆盖全球56个国家和地区，服务对象不仅包括高校、科研院所、党政机关等3.3万家机构用户，还惠及超过1.2亿个人用户，形成从专业研究者到普通学习者的广泛人群覆盖。在推动学术交流、知识创新的过程中，中国知网发挥着不可替代的作用。

三　任务实施

步骤1　启动360浏览器，在地址栏中输入网址"https://www.baidu.com"，然后按<Enter>键，便可打开百度主页。

百度检索相关专业

步骤2　在搜索框中输入关键词"钢铁智能冶金技术就业方向"，然后按<Enter>键或单击"百度一下"按钮，打开关键词搜索结果页，如图6-3所示。

步骤3　单击搜索框下方的"笔记"按钮，切换至"笔记"版块，对检索到的信息进行筛选，如图6-4所示。

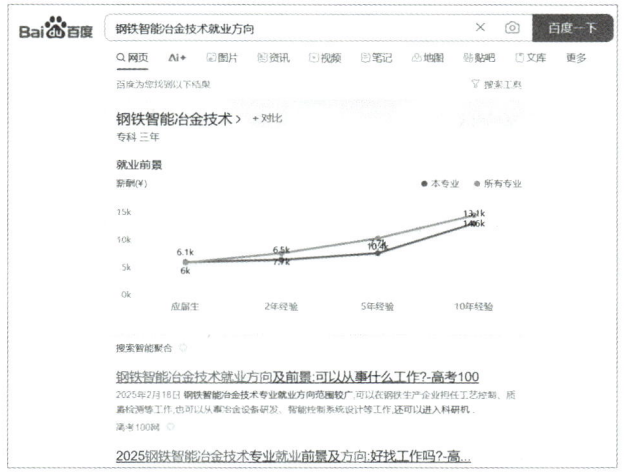

图6-3 搜索结果

图6-4 笔记版块

步骤4 浏览信息资源。在"笔记"版块的搜索结果中单击某条资讯链接,即可跳转至详情页,如图6-5所示。

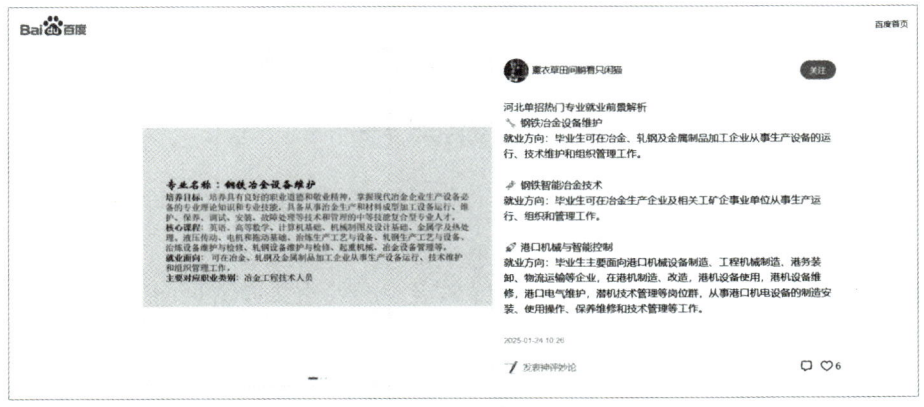

图6-5 浏览钢铁智能冶金技术就业方向信息资源

步骤5　单击其他版块名称，可浏览其他类型的信息资源。例如，可切换至"资讯"版块，浏览钢铁智能冶金技术就业方向的相关资讯，如图6-6所示。

使用知网检索相关专业

图6-6　"资讯"版块

步骤6　启动360浏览器，在地址栏输入"https://www.cnki.net/"，并按<Enter>键，如图6-7所示，打开知网中文主页。

图6-7　知网中文主页

步骤7　在搜索框输入"冶金技术就业"并单击搜索，在页面中单击学术期刊，筛选出相关学位论文，如图6-8所示。

步骤8　找到符合要求的论文并单击题目名字，进入论文详情页面，如图6-9所示，单击"PDF下载"按钮下载该论文。

步骤9　检索完成后，将搜集到的"钢铁智能冶金技术就业方向"最新信息和"冶金技术就业"进行整理，并以文档的形式进行展示。

172

图6-8 冶金技术就业相关学位论文

图6-9 论文详情页面

四 机考助手

考试中该任务的考核形式可能为信息检索题或案例分析题,要求考生通过常规检索工具完成以下任务:在限定时间内查找信创技术文档(如《统信UOS系统管理员手册》),提取关键配置参数;根据故障现象(如麒麟系统启动失败),通过日志关键词检索匹配官方解决方案库中的修复步骤;筛选并整理信创政策文件(如《信创产品安全技术要求》),为运维方案提供合规性依据。

(一)典型考点

典型考点主要集中于两大方向:一是技术文档定向检索,要求考生精准定位龙芯CPU指令集手册、达梦SQL语法指南等国产软硬件官方文档,并从海量内容中提炼如鲲鹏服务器BIOS配置阈值等关键信息;二是故障解决方案匹配,需根据银河麒麟系统错误码E1902等错误代码,或"TPM模块初始化失败"等日志关键词,快速检索对应修复方案与安全运维规范。

（二）提升技巧

为有效提升应试能力，考生可采取三项实用技巧：通过"厂商＋型号＋问题现象"组合（如"华为鲲鹏920内存频率超频失败"）进行精准关键词训练，增强搜索结果匹配度；系统构建信创资源库，将国产OS命令手册、信创白皮书等常用文档分类存储并标注关键章节；强化跨平台检索能力，熟练使用信创工委会官网、开放麒麟社区等专业平台，突破通用搜索引擎在信创领域的检索局限。

五 课后练习

操作题

1）通过搜索引擎、招聘网站，查找至少3个工程造价相关岗位（如土建造价师、工程造价师、土建工程师），归纳其核心技能要求。

2）检索国内3所职业院校的工程造价专业课程设置（如山东工业职业学院、邵阳工业职业技术学院、淄博职业技术大学），对比它们的必修课程。

3）结合任务1和任务2，整理一份500字左右的总结报告，分析职业院校工程造价专业学生应重点学习的技能和课程。

任务十四 深寻机遇——定制AI时代求职通关文牒

一 任务描述

在当前竞争激烈的求职市场中，许多同学的简历常常因为与岗位需求不匹配而未能通过初筛。为了提升求职成功率，借助智能搜索引擎获取招聘信息，并据此优化简历，已成为一种高效且实用的策略。

小明同学近期正积极准备进入职场。他发现，仅凭一份通用简历已难以满足不同岗位的具体要求。于是，他决定使用人工智能大模型搜索引擎DeepSeek，精准获取山东省范围内计算机行业相关岗位的招聘信息，以便深入了解企业对技术能力、项目经验及综合素质的核心要求。

本任务要求通过DeepSeek检索多个招聘平台的岗位描述，提取共性关键词与关键技能要求。基于分析结果，对自己的简历内容进行有针对性的调整与优化，重点突出符合岗位需求的项目经验与能力亮点。

二 相关知识

（一）什么是AI大模型

AI大模型是指参数规模庞大、计算能力强、能够执行多种复杂任务的人工智能模型。

这类模型通常基于深度学习技术，利用大规模数据进行训练，具备强大的自然语言理解、文本生成、图像处理、语音识别、代码编写等能力。随着计算资源的提升和数据规模的增长，AI大模型逐渐成为人工智能领域的重要发展方向，并在多个行业中展现出广泛的应用价值。

人工智能的发展经历了多个阶段，早期主要依赖于基于规则的专家系统和传统的机器学习方法。这些方法虽然在特定任务上表现良好，但难以应对复杂的、开放性的任务。深度学习的兴起推动了AI模型的发展，使其能够通过端到端的训练方法自主学习数据特征，从而提升处理能力。近年来，大模型的发展进入了预训练时代，通过在海量数据上训练出通用模型，再通过微调适配不同任务，从而实现更广泛的应用。例如，BERT等语言模型显著提升了自然语言处理的性能，而GPT系列模型则在文本生成方面取得了突破。

从功能上看，国产AI大模型具备强大的数据理解和生成能力，可以进行语义分析、逻辑推理、知识问答、机器翻译、对话交互等。多模态大模型还能同时处理文本、图像、音频等多种数据类型，实现跨领域的信息融合。例如，智谱AI的CogView可以根据文本描述识别图像，百度的文心一格能够根据文字生成图像。这些模型极大拓展了AI的应用范围，使其能够适用于教育、医疗、金融、工业制造、自动驾驶等多个领域。

按照模型的不同特点，可以将国产AI大模型大致分为以下几类。

1）语言模型：用于文本理解、生成和分析，如智谱AI的GLM、百度的文心一言、阿里的通义千问等。

2）多模态模型：可以同时处理文本、图像、语音等信息，如百度的文心一格、阿里的通义千问·多模态版本、商汤的日日新SenseNova等。

3）代码生成模型：用于自动编写和优化代码，如华为的盘古Coder、清华大学与智谱AI联合开发的CodeGeeX等。

4）通用大模型：具备跨任务能力，可以适应多种人工智能应用，如华为的盘古大模型、清华的悟道大模型、百度的文心大模型、阿里的通义大模型等。

尽管AI大模型展现出强大的能力，但仍然面临挑战。首先，训练和运行大模型需要庞大的计算资源，成本较高。其次，模型的透明度和可解释性仍然是研究难点，影响其在关键领域的应用。此外，数据安全和隐私问题也是大模型应用过程中需要关注的重要问题。未来，AI大模型的发展方向将包括模型的轻量化、增强可控性、优化能源消耗等，以实现更广泛的应用和更高的智能水平。

（二）常用的AI大模型

1. ChatGPT：重新定义人机交互的智能引擎

ChatGPT（首页见图6-10）是由美国人工智能研究公司OpenAI开发的对话式AI模型，基于GPT（Generative Pre-trained Transformer）系列架构。自2022年11月发布以来，它迅速成为全球现象级应用，仅用两个月用户突破1亿，创下互联网产品增长纪录。其核心能力是通过自然语言对话完成复杂任务，如写作、编程、数据分析等，被视为通用人工智能（AGI）发展的重要里程碑。

图6-10　ChatGPT首页

（1）工作原理　ChatGPT之所以能够实现高质量的自然语言交互，其核心技术原理在于预训练与微调机制和自注意力机制的有机结合。在预训练阶段，ChatGPT采用无监督学习的方式，对海量文本数据进行深度处理，通过对这些数据的学习，模型不仅掌握了语言的基本结构，还积累了广泛的知识。随后，借助人类反馈进行微调，进一步优化模型输出，确保其结果更契合人类的表达习惯和期望。在运行过程中，ChatGPT基于Transformer架构，充分发挥自注意力机制的优势，能够精准捕捉文本中的上下文信息，从而在理解用户提问的基础上，生成逻辑连贯、内容相关的高质量回答，为用户带来流畅自然的交互体验。

（2）主要功能　ChatGPT凭借强大的语言处理能力，构建起功能多元的智能交互体系。在对话生成方面，它能够深度理解用户提问，以自然流畅的语言进行实时交互，无论是日常闲聊还是专业咨询，都能给出贴合语境的精准回应；信息查询功能则打破知识边界，从生活常识到专业领域的前沿信息，均能快速检索并输出权威解答，满足用户多样化的求知需求；内容创作领域，ChatGPT化身创意引擎，可为用户撰写各类文章、故事、诗歌，激发创作灵感，提供兼具逻辑性与文学性的优质内容；在编程场景中，它又变身为高效助手，辅助用户完成代码编写、调试工作，精准解读编程疑难，助力开发者攻克技术难题，全方位覆盖用户在对话、求知、创作、开发等场景下的多元需求。

（3）应用场景　ChatGPT凭借强大的语言理解与生成能力，其应用场景已深度渗透至社会生活的多个领域。在商业服务领域，它化身智能客服，通过自动、精准地回复用户咨询，显著提升客户服务效率，优化用户体验；在教育场景中，ChatGPT扮演着智能学习伙伴的角色，不仅能为学生答疑解惑，还可辅助制定个性化学习方案，助力知识吸收与能力提升；对于创意产业，ChatGPT则是创作者的灵感源泉，能为作家、编剧、策划等提供新颖的创作思路，激发创作灵感，加速内容产出；而在游戏与娱乐行业，它作为虚拟助手融入游戏剧情与交互环节，通过自然流畅的对话互动，为玩家打造沉浸式体验，丰富游戏玩法与娱乐内容。

（4）优势与挑战　ChatGPT作为人工智能领域的前沿成果，兼具显著优势与亟待解决的挑战。其优势首先体现在卓越的灵活性上，无论是内容创作、知识问答，还是编程辅助等任务，都能提供全面且高效的支持，极大地拓展了应用边界；同时，依托海量数据训练形成的强大上下文理解能力，使其能够精准把握复杂对话背景下的语义逻辑，实现自然流畅的人机交互。然而，ChatGPT在应用过程中也面临诸多困境：准确性方面，由于模型运行机制和数据局限性，在特定情境下可能产生错误或不实信息；伦理层面，训练数据中潜藏的偏见易被模型重现，进而引发关于公平性、价值观导向的社会争议；对话持续性上，在长对话场景中，难以始终保持上下文的连贯性与一致性，影响交互体验的流畅性和专业性，这些都成为制约其进一步发展的关键问题。

2. DeepSeek：中国AI大模型的创新实践

DeepSeek（深度求索，首页见图6-11）是中国人工智能领域的代表，专注于通用大模型研发与应用。公司成立于2022年，团队由清华、北大等顶尖高校科学家及国际科技公司资深工程师组成，致力于通过技术创新推动AI普惠化。其核心产品DeepSeek-V2和开源模型DeepSeek-R1在中文处理、成本控制等方面展现显著优势。

图6-11　DeepSeek首页

（1）技术特点　DeepSeek在技术领域展现出鲜明的创新特色与高效优势。在架构设计层面，DeepSeek-V2搭载2360亿参数的MLA分层注意力架构，并融入稀疏混合专家系统（MoE），这种创新性的架构组合不仅将训练成本大幅降低70%，更在中文理解任务上实现重大突破，无论是晦涩的古文解析，还是严谨的法律文书生成，其性能均超越GPT-4，树立了中文语言处理的新标杆。而开源模型DeepSeek-R1则从安全合规角度出发，内置合规审查功能，支持本地化部署，有力保障了国内数据安全需求。在数据与训练方面，DeepSeek以超60%占比的中文数据为核心，广泛整合学术论文、社交媒体动态及专业领域知识，通过多阶段优化训练策略，深度适配医疗、金融等垂直场景。尤为突出的是，其单位参数训练成本仅为行业平均水平的1/5，以极高的性价比实现了技术性能与经济效益的双重突破。

（2）应用场景　在多元应用场景中，DeepSeek以显著的技术优势与高性价比服务为不同领域赋能。教育领域，它深度聚焦教学需求，为中小学量身打造的智能答疑系统表现卓越，在数学题解析方面准确率高达92%，有效助力学生攻克学习难点；同时，为科研人员提供文献综述框架快速生成服务，大幅提升学术研究效率；医疗健康领域，其创新的中西医结合诊断模型，能精准分析患者症状并科学推荐检查方案，经测试成功将误诊率降低15%，为医疗决策提供有力支持；企业服务层面，DeepSeek推出的智能客服系统不仅解决率达85%，可高效处理客户咨询，其代码生成工具也备受开发者青睐，且整体收费标准较GPT-4低58%，以高性价比为企业数字化转型注入强劲动力。

（3）核心优势　　DeepSeek凭借三大核心优势在人工智能领域脱颖而出，展现出强劲的技术实力与发展潜力。在语言处理方面，它深度聚焦中文场景，针对中文语法规则进行专门优化，无论是复杂的方言语义理解，还是精准的成语运用，都表现卓越，在中文语言处理上形成显著优势。开源生态建设上，DeepSeek以开放共赢的姿态吸引了超10万开发者踊跃参与，共同构建起丰富多元的开源社区，基于其开源技术衍生出的应用已广泛覆盖金融、教育、医疗等20余个行业，推动人工智能技术与产业深度融合。在合规发展进程中，DeepSeek顺利通过国家算法备案，以可靠的安全性和合规性赢得认可，成为政府合作的首选AI服务商，彰显出其在行业内的标杆地位与公信力。

（三）基于DeepSeek使用AI大模型的方法

1. 访问入口

网页端：登录DeepSeek官网，单击"智能检索"入口。

API调用：通过requests库发送POST请求（需申请开发者密钥），如图6-12所示。

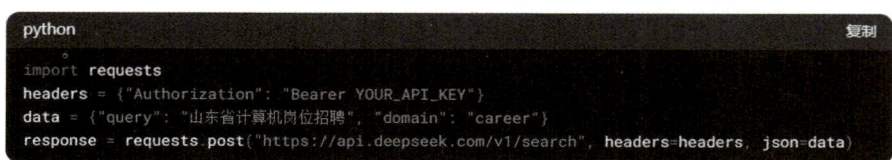

图6-12　通过requests库发送POST请求

2. 关键词设计

在招聘信息检索的关键词设计上，该系统以高效精准与人性化服务为核心，构建起功能完备的检索体系。通过"领域＋地域＋岗位＋时间"的深度组合策略，如输入"济南Java开发2024社招"，能够精准锚定目标岗位，快速锁定符合特定区域、专业与时间要求的招聘信息；利用减号运算符可轻松排除干扰项，例如"计算机实习－外包－销售"，有效过滤无关内容，大幅提升检索纯度。面对多元化需求，系统支持中英文混合检索，输入"大数据开发BigData薪资范围"即可同步获取双语信息，打破语言壁垒。在信息呈现方面，系统默认优先展示24小时内更新的最新招聘资讯，确保求职者第一时间掌握动态；同时，通过智能识别"企业认证""薪资透明"等可信度标签，帮助用户快速甄别优质岗位。此外，系统还提供便捷的一键导出功能，支持CSV/Excel等常用格式，完整收录公司名称、岗位要求、联系方式等关键字段，便于求职者整理筛选，全方位优化招聘信息检索与管理体验。

3. 高级检索技巧

高级检索技巧能大幅提升招聘信息检索效率。通过领域限定语法，可用"site：zhaopin.com"精准锁定智联招聘数据，以"intext：五险一金"筛选正文含特定福利的岗位，或用"filetype：pdf"查找企业官方招聘文档；借助模糊匹配，运用通配符"*"（如"Python * 开发"）拓展搜索范围，搭配"薪资｜薪酬｜待遇"近义词组合，全面覆盖不同表述，轻松获取目标职位信息。

4. AI沟通技巧：提示词策略

提示词（Prompt）是用户输入给AI系统的指令或信息，用于引导AI生成特定的输出或执行特定的任务。简单来说，提示词就是我们与AI"对话"时所使用的语言，它可以是一个简单的问题，一段详细的指令，也可以是一个复杂的任务描述。

提示词构建起人与AI高效交互的桥梁，其基本结构由指令、上下文和期望三部分有机组成。其中，指令作为核心要素，清晰界定AI需执行的具体任务，为交互明确方向；上下文则充当理解的"钥匙"，通过补充背景信息，助力AI更精准把握任务全貌；期望部分或直白表述或暗含要求，细致勾勒出对AI输出成果的预期标准，三者协同作用，确保AI生成符合需求的优质内容。

推理模型与通用模型在提示词策略上存在显著差异。推理模型凭借已深度内化的推理逻辑，能够高效解析任务需求，因此在构建提示词时无需繁复表述，仅需清晰点明任务目标与核心需求，模型便可自主生成层次分明、逻辑严密的推理过程。值得注意的是，过度拆解任务步骤反而可能束缚其智能发挥。而通用模型由于缺乏内置的深度推理机制，需要通过明确的思维链（CoT）提示等方式，将推理步骤逐一细化引导，否则极易遗漏关键逻辑环节。此外，通用模型还需借助提示词弥补自身能力短板，例如通过要求其分步思考、提供案例示范等方式，辅助模型输出更贴合预期的结果。任务需求与提示词策略，见表6-2。

表6-2 任务需求与提示词策略

任务类型	适用模型	提示词侧重点	示例（有效提示）	需避免的提示策略
数学证明	推理模型	直接提问，无需分步引导	"证明勾股定理"	冗余拆解（如"先画图，再列公式"）
数学证明	通用模型	显式要求分步思考，提供示例	"请分三步推导勾股定理，参考：1.画直角三角形…"	直接提问（易跳过关键步骤）
创意写作	推理模型	鼓励发散性，设定角色/风格	"以海明威的风格写一个冒险故事"	过度约束逻辑（如"按时间顺序列出"）
创意写作	通用模型	需明确约束目标，避免自由发挥	"写一个包含'量子'和'沙漠'的短篇小说，不超过200字"	开放式指令（如"自由创作"）

（续）

任务类型	适用模型	提示词侧重点	示例（有效提示）	需避免的提示策略
代码生成	推理模型	简洁需求，信任模型逻辑	"用Python实现快速排序"	分步指导（如"先写递归函数"）
	通用模型	细化步骤，明确输入输出格式	"先解释快速排序原理，再写出代码并测试示例"	模糊需求（如"写个排序代码"）
多轮对话	通用模型	自然交互，无需结构化指令	"你觉得人工智能的未来会怎样？"	强制逻辑链条（如"分三点回答"）
	推理模型	需明确对话目标，避免开放发散	"从技术、伦理、经济三方面分析AI的未来"	情感化提问（如"你害怕AI吗？"）
逻辑分析	推理模型	直接抛出复杂问题	"分析'电车难题'中的功利主义与道德主义冲突"	添加主观引导（如"你认为哪种对？"）
	通用模型	需拆分问题，逐步追问	"先解释'电车难题'的定义，再对比两种伦理观的差异"	一次性提问复杂逻辑

（四）AI工具应用——DeepSeek

DeepSeek介绍

DeepSeek和ChatGPT在功能与应用场景上各有千秋，存在着明显的优缺点差异。DeepSeek在中文处理方面优势显著，专为中文语法设计，对中文语境的理解更为深刻，在方言理解、成语应用等任务中表现出色。其开源生态强大，吸引了超10万开发者参与，衍生应用广泛覆盖20余个行业。而且它具备政策合规优势，通过了国家算法备案，成为政府合作的首选AI服务商。在数据训练上也有高性价比的特点，训练数据以中文为主（占比超60%），涵盖多种类型内容，并通过多阶段优化提升了在垂直场景的适应能力，单位参数训练成本仅为行业平均水平的1/5。然而，与ChatGPT相比，DeepSeek在国际影响力和通用性方面可能稍逊一等，其在处理多语言任务尤其是小语种任务时的能力有待提升。

DeepSeek作为本次任务的核心平台工具，在处理招聘相关任务时展现出独特的优势。它可以通过高级检索技巧，如领域限定语法和模糊匹配，高效准确地获取目标岗位信息。同时，DeepSeek还能凭借其出色的中文理解能力，对获取到的岗位描述进行深度分析，提取出关键信息，为简历优化提供有力的数据支持。

三　任务实施

使用DeepSeek检索招聘信息并优化简历

使用DeepSeek检索优化简历。按实际操作过程，将操作内容及实施过程中遇到的问题和解决办法记录如下。

步骤1　快速检索山东省近1个月计算机类岗位（技术/产品/运维方向），并列出对应企业招聘信息中的硬性技能要求（如Java/云计算）、证书偏好（如软考/华为认证）、能力模型（如需求分析/跨部门协作），DeepSeek搜索结果如图6-13所示。

步骤2 根据岗位高频需求使用DeepSeek自动生成简历文案，如图6-14所示。

步骤3 将生成的文案整理到WPS文稿中。

图6-13 DeepSeek搜索山东计算机岗位结果

图6-14 根据检索到的信息生成简历文案

四 机考助手

考试中该任务的考核形式可能为场景分析题或实操题，要求考生结合AI搜索工具完成以下任务：使用AI搜索工具快速定位国产硬件/软件故障原因。通过AI检索信创产业政策、技术文档（如《信创产品适配指南》），辅助制定运维方案。模拟真实运维场景，利用AI生成报告或优化配置脚本（如基于国产CPU的服务器负载均衡方案）。

（一）典型考点

典型考点聚焦于 AI 辅助故障诊断，即通过输入故障现象（如龙芯服务器宕机），利用 AI 工具分析日志关键词来匹配解决方案，以及 AI 生成运维文档，如自动生成国产硬件巡检报告、安全合规性检查表等标准化文件。

（二）提升技巧

为有效提升应试能力与实操水平，考生可采取以下技巧：一是针对 AI 工具进行定向训练，使用 Kimi、秘塔等 AI 搜索平台练习精准提问，例如"统信 UOS 下如何通过命令行排查网络丢包"；二是构建信创知识库，借助 AI 整理国产硬件与操作系统的常见故障案例（如兆芯 CPU 兼容性问题实例），形成个性化备考资源；三是加强模拟人机协作训练，在实验环境中实践"AI 建议 + 人工验证"的运维流程，比如对 AI 推荐的防火墙规则进行手动安全性测试，以此提升综合运维能力与考试通过率。

五　课后练习

操作题

培养高职学生利用 DeepSeek 进行信息检索的能力，使其能够高效获取、筛选和整理有价值的信息，同时理解 DeepSeek 在信息查询中的优势与局限性。

1. 信息查找与筛选

选择一个与专业相关的主题（如"Python 编程入门""人工智能的发展趋势"或"大数据应用"），使用 DeepSeek 提问，获取该主题的核心知识点，并筛选其中 3 条最有价值的信息，说明选择理由。

2. 获取学习资源

让 DeepSeek 推荐 3 种适合高职学生学习该主题的资源（如书籍、在线课程、博客、开源项目等）。对比这些资源的适用人群、学习难度和优缺点，并整理成一张对比表。

3. DeepSeek 与搜索引擎对比

使用 DeepSeek 和传统搜索引擎（如百度）分别检索相同的问题（如"计算机专业学生就业需要掌握哪些技能？"），从信息准确性、全面性、可读性等方面进行对比分析。

4．撰写总结报告

结合任务 1、2、3 的内容，整理成 500 字左右的实训总结，总结 DeepSeek 在信息检索中的优势、局限性以及优化使用方法。

项目七　探秘新一代信息技术

信息技术与人工智能（信创版）

根据《中华人民共和国国民经济和社会发展第十四个五年规划和2035年远景目标纲要》关于国家战略性新兴产业和未来产业发展的核心方向，"十四五"期间，我国将重点发展新一代信息技术、生物技术、新能源、新材料、高端装备、新能源汽车、绿色环保、航空航天和海洋装备等战略性新兴产业。国家将加快关键核心技术的创新与应用，提升要素保障能力，培育壮大产业发展新动能。其中，新一代信息技术作为代表性领域，涵盖人工智能、量子信息、移动通信、物联网、区块链等前沿技术。它不仅体现了信息技术的纵向迭代升级，也推动了信息技术之间以及与相关产业之间的横向融合，成为引领未来科技和产业变革的重要力量。本项目就新一代信息技术的基本概念、技术特点和典型应用等进行学习。

01 知识目标

了解以人工智能、量子信息、移动通信、物联网、区块链、通用大模型等为代表的新一代信息技术的基本概念、技术特点等，对新一代信息技术的发展现状和趋势有一定的认识。

02 能力目标

能够准确阐述并分析运用新一代信息技术解决实际问题的典型案例，深入理解这些技术在实际应用中的价值、优势和局限性，对新一代信息技术的发展现状和趋势有一定的认识。具备将新一代信息技术应用于本专业领域解决实际问题的能力，能够灵活运用所学知识，设计并实施有效的解决方案。

03 素质目标

理解新一代信息技术对人们的生产生活所产生的影响，认同并维护我国科教兴国战略，自觉培养创新意识，勇担民族复兴使命，发扬时代精神。

04 就业导向

重点聚焦于三大职业方向的核心竞争力塑造：在网络运维领域，深入掌握5G基站高效维护与物联网设备精准调试技能，能够胜任通信网络运维工程师一职，为物联网的稳健运行与智慧城市的基础建设筑牢技术根基；在智能系统集成方向，着力培养AI训练数据的高质量标注能力以及物联网平台的灵活部署能力，可投身智能安防系统集成工作，为企业数字化转型提供强有力的技术支撑；在区块链应用方向，熟练掌握智能合约的严谨测试与链上数据的实时监测技术，能够担任区块链应用技术支持工程师，为供应链金融等新兴产业提供专业的技术服务。通过系统化的课程学习，使学生精准把握企业数字化转型进程中急需的实操技能，在信息技术服务、智能制造等前沿领域斩获显著的就业优势。

05 思维导图

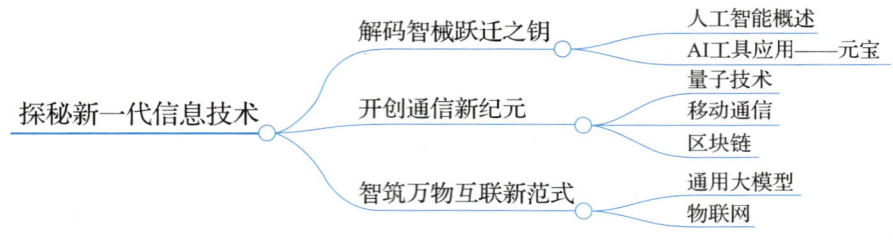

任务十五　智绘苍穹——解码智械跃迁之钥

一　任务描述

大三年级机械专业的小华同学接到毕业设计导师布置的一个任务，要求小华同学在计算机上绘制一幅银河图片。没有绘画基础的小华同学觉得在计算机上绘画创作并不是一件容易的事情，需要学习大量的绘画方法和技巧。小华同学的导师告诉他，基于人工智能（Artificial Intelligence，AI）的在线创作画图，能够运用强大的人工智能自主学习能力，自动根据用户输入的创作关键词，帮助用户快速获得所需的绘画图片，让在计算机上绘画创作更加方便、快捷、高效。

在本次任务中，学生将体验AI在线创作绘图，绘图效果如图7-1所示。请各组成员以小组为单位，依次体验AI在线创作绘图。

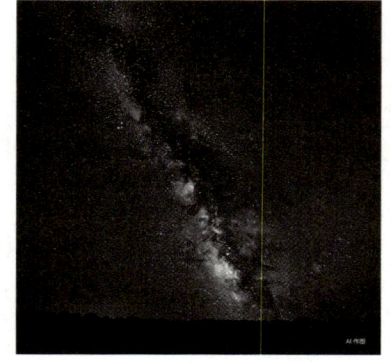

图7-1　AI生成银河系图片

人工智能概述

二　相关知识

（一）人工智能概述

人工智能（Artificial Intelligence，AI）作为引领科技革命的前沿学科，聚焦于构建具备类人智能的系统，其核心使命在于使机器能够像人类一样感知环境、自主学习、逻辑推演并做出智能决策。这一领域的研究不仅致力于模拟人类智能的认知机制,更旨在通过算法创新与硬件协同拓展智能边界,为人类社会发展注入全新动能。

人工智能领域涵盖多项关键技术,包括机器学习、计算机视觉、生物特征识别、语音识别和机器人技术等,它们共同推动着这一领域的进步。下面将对它们展开介绍。

1. 机器学习在人工智能领域的影响及应用

作为人工智能的认知引擎,机器学习通过数据驱动范式突破传统编程的桎梏。其核心在于构建自适应模型,使系统能从海量数据中提炼规律、优化决策边界。以深度学习框架为例,层次化的神经网络结构通过反向传播算法持续调整参数权重,在图像分类、自然语言处理等任务中展现出超越人类专家的模式识别能力。在金融风控领域,机器学习模型可实时分析百万级交易数据流,动态捕捉异常行为模式。这种能力不仅推动计算机视觉领域突破,更催生出自主决策的智能系统,为医疗影像分析、工业缺陷检测等场景提供精准支持。

2. 计算机视觉在人工智能领域的应用

计算机视觉是指计算机具备像人类那样通过视觉系统观察、提取、理解和识别图像及视频的能力。计算机视觉相当于人工智能的"大门",医疗成像分析、智能监控、自动驾驶(见图7-2)、机器人等场景,均需要利用计算机视觉系统提取并识别现场图像或视频信息。

3. 生物特征识别的应用与优势

生物特征识别,作为一项前沿的身份验证技术,依据人体独一无二的生理特性与行为模式,对个人身份展开精

图7-2 自动驾驶

准识别与认证。从整体流程来看,生物特征识别涵盖两大关键阶段:注册阶段和识别阶段。注册阶段借助各类传感器,如摄像头、麦克风、指纹采集器等,对个体特定的生物特征进行全面采集。采集范围包括人脸图像、指纹纹路、声纹频谱等数据,随后将这些精心采集的数据存储至系统数据库,作为后续身份比对的基准。识别阶段运用与注册阶段一致的传感器,对待识别个体的生物特征进行再次采集,并提取其特征信息。系统会将新提取的特征数据,与数据库中预先存储的生物特征数据进行多维度、深层次的比对和分析。经过一系列复杂的算法处理后,最终实现对个体身份的准确识别。

生物特征识别技术凭借独特优势,正深刻变革人们的生活与工作模式。这项技术涉猎范围极为广泛,从指纹、掌纹、人脸,到虹膜、指静脉,再到声音、步态等生物特征,均被纳入识别体系。其识别过程高度复杂,有机融合计算机视觉、语音识别、机器学习等前沿技术,通过对这些技术的协同运用,实现对个体身份的精准判定。如今,生物特征识别作为智能化身份认证领域的核心技术,在多个行业实现了深度应用。在金融领域,它为客

户账户筑牢安全防线，保障线上线下交易的安全；在安防领域，协助监控系统实时追踪、识别人员，有效防范安全风险；在交通领域，优化旅客出行流程，实现自助通关、无感乘车，大幅提升出行效率。

4. 语音识别在人工智能领域的应用

语音识别是指将人类语音中的词汇内容转换为计算机可以"读"的数据，即让机器能听懂"人话"。目前，语音识别的应用包括语音拨号、语音导航、语音搜索、语音购物、语音聊天机器人（见图7-3）等。

5. 机器人技术在人工智能领域的应用

利用机器人技术可以将计算机视觉、语音识别、自动规划等感知和认知技术整合至极小却高性能的传感器、制动器及其他设计巧妙的硬件中，制造出能在各种环境中灵活处理不同任务的机器人。从应用上看，可以将机器人分为工业机器人和服务机器人两个类别。工业机器人是面向工业领域的多关节机械手或其他形式的机器装置，它可以接受人类指挥，也可以按照预先编排的程序自动运行。工业机器人可以降低劳动力成本、提高生产效率，已在制造行业得到广泛应用，如图7-4所示。服务机器人的定位就是服务。从服务机器人的功能特点上来看，它与工业机器人的一个本质区别是，工业机器人的工作环境都是已知的，而服务机器人所面临的环境大多数是未知的，因此其制造难度更大。

图7-3 语音聊天机器人

图7-4 工业机器人

（二）AI工具应用——元宝

本任务采用的是腾讯元宝平台工具，首页如图7-5所示，利用腾讯元宝平台工具解决智能工具绘画问题。腾讯元宝是由腾讯公司基于自研混元大模型开发的C端AI助手应用，于2024年5月30日上线，支持文字、语音、图片、文件等多模态交互，整合微信生态内容（公众号/视频号）实现AI搜索与总结，具备网页解析、代码生成、多语言翻译等功能。其核心技术采用CLIP-2改进版实现跨模态对齐，并集成DeepSeek-R1模型强化联网搜索能力，确保回答时效性。元宝可处理256K超长上下文，支持10个网页同步解析，中文理解准确率达98.7%，领先GPT-4o等国际模型。其特色功能包括AI头像生成、口语陪练及多端协同（移动端/PC端），同时开源混元文生图模型权重，推动中文AI生态发展。作为全场景智能助手，元宝从效率工具向金融分析、学术研究等领域延伸，通过"模型层-应用层-生态层"三级协同，展现国产AI应用的迭代潜力。

图 7-5　腾讯元宝首页

三　任务实施

（一）任务分组

全班学生以 3~5 人为一组进行分组，各组选出组长，组长对组员进行任务分工并将分工情况记录下来。按实际操作步骤，将实际操作内容及实施过程中遇到的问题与解决方法记录在表 7-1 中。

表 7-1　任务实施过程记录表

序号	操作内容	遇到的问题	解决办法

（二）操作步骤

AI绘图

步骤1　启动 360 极速浏览器，在地址栏输入"https://yuanbao.tencent.com/"并按 <Enter> 键，打开腾讯元宝中文主页。

步骤2　如图 7-6 所示，在输入框中输入想要创作的图片主题风格、内容、比例等关键词。输入关键词后按 <Enter> 键，会显示图片生成进度。

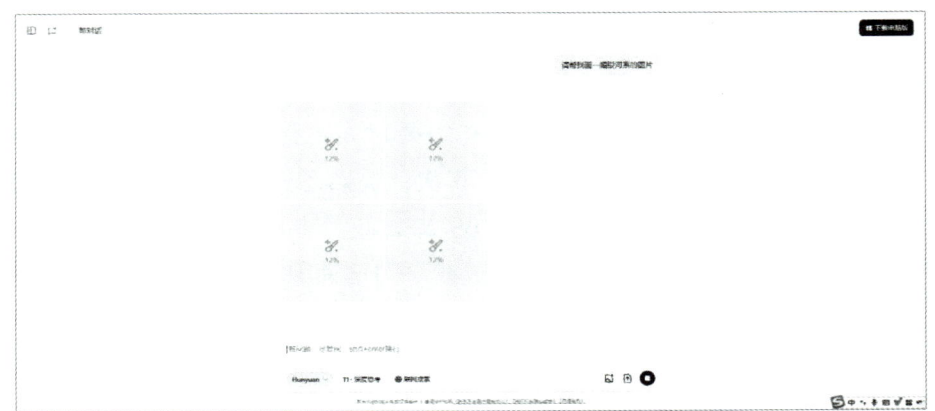

图 7-6　图片生成进度

步骤3 稍等片刻,即可看到生成的图片,如图7-7所示,单击界面下方的"下载"按钮,可以把生成的图片(PNG格式)保存到本地磁盘。

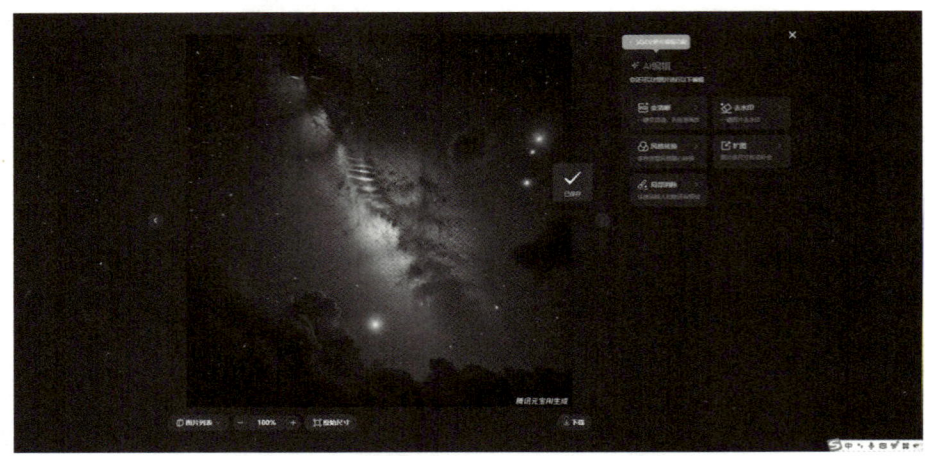

图7-7　完成AI绘图

四　机考助手

考试中该任务的考核内容主要集中在"信创办公软件应用技术"科目中。考试形式为在线机考,包括填空题、简答题和实操题。其中,实操题是重点,要求考生根据给定的任务或场景,实际操作信创办公软件,完成相应的任务。

(一)典型考点

在信创办公软件应用工程师(中级)认证考试中,与人工智能相关的典型考点主要集中在信创办公软件中人工智能功能的应用及原理。例如,WPS 2025政务专用版中的智能写作助手,其工作原理是基于自然语言处理技术,通过对大量文本数据的学习和分析,能够理解用户输入的文本内容,并根据上下文生成符合逻辑和语义的文本。此外,还包括信创办公软件与人工智能技术的集成应用,如基于华为欧拉系统的云端协同平台,利用人工智能实现智能文档推荐、智能排版等功能。

(二)提升技巧

针对人工智能相关考点的提升技巧,首先需要对人工智能的基础知识有清晰的了解,包括机器学习、自然语言处理等核心概念。其次,要熟悉信创办公软件中人工智能功能的具体操作,可以通过实际操作软件,如WPS 2025政务专用版,熟练掌握智能写作助手等工具的使用方法。此外,还可以参加线上或线下的培训课程,如希赛网的信创办公软件应用工程师培训课程,学习专业的知识和技巧。最后,要关注人工智能技术的最新发展动态,通过阅读行业报告和新闻资讯,了解信创办公软件中人工智能技术的最新应用和趋势。

五 课后练习

思考题

1）请思考什么是人工智能？发展人工智能的目的有哪些？

2）人工智能关键技术有哪些？应用在哪些领域？

任务十六　量链跃迁——开创通信新纪元

一 任务描述

大三商管专业的小刚同学在毕业求职应聘运营商岗位时，面试官向他提问：现代移动通信行业正运用量子信息加密技术及区块链技术保障用户通信安全与通信稳定性，请谈谈你对量子信息、移动通信和区块链技术的理解。小刚同学由于平时更多地关注商管类专业知识，没有关注过量子信息、移动通信和区块链技术方面的知识，因此面试官要求在第二天的面试时，希望小刚同学能重新介绍一下对于这三项技术的个人理解。

在本任务中，将了解量子信息、移动通信、区块链领域的相关概念与发展态势。

二 相关知识

（一）量子技术

量子技术概述

量子技术是基于量子力学原理，利用量子态的叠加、纠缠和干涉等特性，进行信息处理、传输和测量的技术。它不同于经典信息技术，后者主要依赖于二进制的0和1进行信息处理，而量子技术则利用量子比特（qubit）的叠加态，实现信息的并行处理和高效传输。

1. 量子技术的基本原理

量子技术的核心特性主要源于量子力学的独特原理，其中包含量子叠加态、量子纠缠态和量子干涉，这些特性使得量子技术在信息处理、传输和测量等方面具有超越经典技术的潜力。

（1）量子叠加态　量子比特可以处于0和1的叠加态，这意味着量子计算机可以同时处理多个可能性，大大提高了计算效率。

（2）量子纠缠态　两个或多个量子比特可以处于纠缠态，即使它们相隔很远，一个量子比特的状态变化会立即影响到另一个，这种特性被广泛应用于量子通信中。

（3）量子干涉　量子态之间存在干涉关系，这种干涉可以导致某些结果得到增强，而另一些结果得到抵消，这是量子计算中实现精确计算的关键。

2. 量子计算的优势

并行计算能力：量子计算机能够同时处理大量信息，这种并行计算能力使得量子计算机在解决某些复杂问题时比传统计算机快得多。

算法优势：量子算法，如 Shor 算法和 Grover 算法，能够利用量子叠加和纠缠等特性解决特定问题，如大整数分解和无序数据库搜索，这些任务在传统计算机上需要指数时间，而在量子计算机上则可以在多项式时间内完成。

3. 量子通信的安全性

量子通信利用量子态的不可克隆定理和量子测量的不确定性原理，实现了无条件安全的密钥分发。任何对量子通信系统的窃听尝试都会不可避免地改变量子态，从而被通信双方检测到。这种特性使得量子通信在金融、国家安全、电子商务等领域具有极高的应用价值。

4. 量子技术的实际应用案例

量子密钥分发：已经实现了多城市量子城域网覆盖，并在金融机构、政府部门等领域得到应用，确保了信息传输的安全性。

量子计算原型机：如中国科学技术大学潘建伟团队，成功构建的 105 比特超导量子计算原型机"祖冲之三号"，在处理量子随机线路采样问题上的速度远超国际最快的超级计算机，"祖冲之三号"芯片，如图 7-8 所示。

量子传感：量子传感器可用于测量粒子的位置、速度和磁场等物理量，其精度比传统传感器高得多，广泛应用于导航、遥感和医学成像等领域。

图 7-8 "祖冲之三号"芯片

5. 量子技术的未来展望

随着技术的不断进步和应用领域的拓展，量子技术有望在未来推动计算机、通信、物理学等领域的革命性变革。例如，量子计算与人工智能的结合将提升人工智能的计算效率和处理复杂问题的能力；量子通信与 6G、AI 等技术的深度融合将形成"量子+智能"新业态；量子互联网的建设将实现全球范围内的安全通信。

6. 量子技术面临的挑战

尽管量子技术具有巨大的潜力和应用价值，但目前仍面临一些挑战。例如，量子比特的稳定性问题、量子纠缠的控制技术、量子设备的成本降低以及国际量子通信协议的统一等。这些挑战需要全球科学家和工程师的共同努力来解决。

（二）移动通信

移动通信是指通信双方至少有一方在移动中进行信息传输和交换的通信方式。它利用无线电波作为传输介质，具有无线接入、移动性、网间漫游和互通等核心特性。这些特性使得移动通信能够突破地理空间的限制，为用户提供随时随地的通信服务。

移动通信概述

1. 移动通信的发展历程

移动通信的发展历程是一部从简单语音通信逐步演进至高速数据连接与

万物互联的壮丽史诗。自其诞生,移动通信便以打破地域限制、实现随时随地通信为目标,不断推动着人类通信方式的革新。从最初的模拟信号传输,到数字技术的广泛应用,再到如今5G时代的高速率、低时延与海量连接,移动通信技术不仅深刻改变了人们的日常生活,更成为推动社会数字化转型和智能化升级的关键力量。其中,第一代移动通信到第五代移动通信的特点及应用场景如下。

第一代移动通信(二十世纪八十年代—二十世纪九十年代初期)堪称移动通信领域的先驱。在技术层面,它采用了模拟技术和频分多址(FDMA)技术。在那个时代,它主要聚焦于支持语音通话功能,通话质量甚至能够与固定电话相媲美,为人们带来了前所未有的移动通信体验。然而,它也存在诸多局限性,例如,频率资源不足导致通信容量受限,保密性差使得通话内容容易被窃听,并且容易受到外界干扰,影响通话质量。尽管如此,1G的出现依然为移动通信的发展奠定了基础,开启了移动通信的新纪元。

第二代移动通信(二十世纪九十年代初期—二十一世纪初期)相较于第一代有了质的飞跃。它大胆引入了数字化技术,并采用了时分多址(TDMA)和码分多址(CDMA)技术。这使得它不仅能够支持数字化话音业务,还能开展低速数据业务,像短信服务的普及就是最好的证明。在进步性方面,它显著提高了频谱利用率和系统容量,让更多的用户能够同时接入网络。同时,保密性和抗干扰能力也得到了极大增强,有效保障了用户通信的安全和稳定。2G的出现,让移动通信从单纯的语音通话向多元化业务发展迈出了重要一步。

第三代移动通信(二十一世纪初期—二十一世纪一十年代初期)是移动通信发展历程中的一个重要里程碑。它采用了更先进的空中接口技术,如CDMA2000、WCDMA等。这些先进技术的应用,为3G提供了更高的容量和更快的数据传输速率。在应用场景上,3G支持多媒体业务,如视频通话、移动互联网接入等,让用户能够随时随地享受丰富的多媒体服务。其意义在于,它开启了移动互联网时代,使得智能手机逐渐普及,人们可以通过手机随时随地获取信息、进行社交和娱乐,极大地改变了人们的生活方式。

第四代移动通信(二十一世纪一十年代初期—二十世纪一十年代末期)带来了前所未有的高速数据传输体验。它采用了正交频分复用(OFDM)和多输入多输出(MIMO)技术,这些技术的结合使得4G能够实现高速的数据传输。在应用场景方面,4G支持高清视频、在线游戏、移动支付等丰富应用。用户可以流畅地观看高清视频,享受沉浸式的在线游戏体验,还能通过手机轻松完成移动支付。4G的出现极大地丰富了移动互联网的应用场景,推动了电子商务、社交媒体等行业的快速发展,让人们的生活更加便捷和高效。

第五代移动通信(二十一世纪一十年代末期—)是当前移动通信领域的最新成果,具有高速率、宽带宽、高可靠、低时延等显著特征。它支持大规模天线阵列、超密集组网、新型多址等关键技术,这些技术的融合使得5G具备了强大的性能。在应用场景上,5G不仅满足了个人消费者对高清视频、VR/AR游戏等的需求,还广泛应用于工业互联网、车联网、智能家居、智慧城市等行业。它为各行业的数字化转型和智能化升级提供了强大的技术支持,为经济社会发展注入了新动能。可以预见,5G技术将在未来发挥更加重要的作用,推动社会向更加智能、高效的方向发展。

2. 移动通信的核心技术

（1）无线接入技术　是移动通信的基石，其本质是通过无线电波在用户终端与基站之间建立动态通信链路。该技术经历了从模拟信号到数字信号的跨越式发展，早期采用频分多址（FDMA）实现语音通信，如今已演进为高度集成的宽带接入系统。通过大规模MIMO（多输入多输出）天线阵列和毫米波频段的应用，无线接入技术不仅显著提升了频谱效率，还支持超高速率数据传输，例如，在5G网络中可实现多峰值速率，同时结合波束成形技术有效增强信号覆盖和抗干扰能力，为万物互联提供了可靠的物理层保障。

（2）多址技术　是解决频谱资源稀缺性的关键技术，通过数学方法将有限的频谱资源划分为独立信道，使多用户能共享同一频段而不产生干扰。频分多址（FDMA）通过频率分割实现信道隔离，时分多址（TDMA）则按时间片分配信道，码分多址（CDMA）利用正交扩频码区分用户。现代移动通信系统（如4G/5G）主要采用正交频分多址（OFDMA），结合灵活的子载波分配和动态资源调度，不仅支持更多用户并发接入，还能根据信道质量自适应调整调制方式，显著提升系统容量和用户公平性。

（3）调制与解调技术　是实现数字信号与无线信道匹配的核心环节。调制过程将二进制数据转换为高频载波信号，通过相位、幅度或频率的变化承载信息，例如采用QPSK、16QAM乃至256QAM等高阶调制格式提升频谱利用率。解调技术则需在接收端克服信道衰落、噪声干扰和多径效应，通过相干检测、均衡算法和纠错编码（如LDPC码）还原原始数据。近年来，人工智能辅助的自适应调制技术可根据实时信道状态动态选择最优调制方式，在保障传输可靠性的同时最大化系统吞吐量。

（4）网络架构与协议　移动通信网络采用分层架构，由核心网、接入网和终端设备三部分组成。核心网负责用户认证、会话管理和数据路由，接入网通过基站实现无线覆盖与接入控制，终端设备则完成业务应用与信号处理。协议体系方面，TCP/IP协议族构建了端到端数据传输的基础框架，HTTP/2、HTTP/3协议通过优化请求–响应机制提升应用层效率。5G网络引入服务化架构（SBA）和网络功能虚拟化（NFV），支持网络切片技术，使能差异化服务（如eMBB、URLLC、mMTC）。同时，新型协议如SDAP（服务数据适配协议）和PFCP（分组转发控制协议）进一步增强了业务灵活性与跨域协同能力。

（三）区块链

区块链（Block Chain）技术作为新一代分布式计算范式的突破性创新，构建了一种去中心化、自组织且具备抗篡改特性的网络基础设施。从技术架构视角观察，其本质是一个由多节点共同参与维护的链式数据结构，通过密码学算法保障数据完整性，运用共识机制实现状态同步，形成去信任化的价值传输体系。这种设计颠覆了传统中心化系统的运作逻辑，将数据存储、验证与交换的权限开放给全网节点，构建起民主化的网络治理新范式。采用金融会计领域的类比视角，区块链可被视为具有革命性意义的分布式账本技术

（DLT）。这个巨型网络账本以公开透明的方式记录所有交易历史，任何符合技术规范的参与者均可随时接入网络，通过共识算法将新增数据永久镌刻至链式结构之中。这种开放式架构不仅支持持续扩展的数据录入需求，更通过加密算法和时间戳技术确保历史记录的不可篡改性和可追溯性。可以用一枚硬币来表示区块链，硬币的一面是表示价值的加密数字货币或通证，另一面是进行价值转移的分布式账本与去中心化网络，如图7-9所示。分布式账本与去中心化网络也常称为"链"，它可被视为一个软件平台；而表示价值的通证常被称为"币"。通证存储在链上，通过链上的代码（智能合约）来管理。

图7-9　区块链定义

1. 区块链核心技术

分布式存储技术：如Peer-to-Peer（P2P）技术。这种技术依赖于使用者和带宽，而不再依赖于少数的服务器，从而保证了数据存储的高效率、可靠性以及安全性，有效防止了系统单点崩溃。

密码学：其中非常著名的技术就包括非对称加密技术和哈希算法。在非对称加密技术中，加密和解密使用的是不同的密钥，加密时使用公钥，解密则使用私钥，保证了用户信息的安全性，也提高了效率。哈希算法也称为散列算法，其可以将信息以更高的效率转换为二进制，同时也可以保证信息的安全。

智能合约（Smart Contract）：是一种旨在以信息化方式传播、验证或执行合同的计算机协议。智能合约允许在没有第三方的情况下进行可信交易，这些交易可追踪且不可逆转。

共识机制：可以在非常短的时间内通过投票对交易进行确认。具体操作方法是：对于一个交易，如果若干个利益不相关的节点可以达成共识，则全网可以达成共识。

2. 区块链的种类

公有链：高度开放，没有组织机制，去中心化，任何个体都可以访问，信息记录完全公开透明，每一个节点都一视同仁，促成全球范围内点对点之间的信息交换和价值交换。公有链还有一个特点，可以是匿名匿信的，较易保护个人隐私。因此，公有链上很多信息是无法监管的，需要谨慎对待。

私有链：在部门、行业、单位中，领导层有权力决定哪个节点可以进入，哪个节点不可以进入，主要为了方便下层员工自动协调。私有链仅包含一个中心。

联盟链：介于公有链和私有链之间，是多中心化的，兼具开放性和内部性，相对来说可以管控（特别是在我国境内发起并运营的联盟链）。

3. 区块链的特征

区块链具备如图7-10所示的特征。

（1）去中心化　指区块链技术不依赖额外的第三方管理机构或硬件设施，没有中心管制，除了自成一体的区块链本身，通过分布式核算和存储，各个节点实现信息自我验证、传递和管理。去中心化是区块链最突出也是最本质的特征。

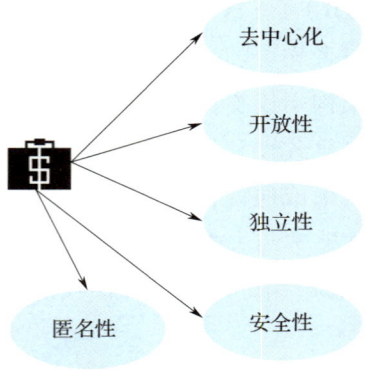

图7-10　区块链的特征

（2）开放性　是指区块链基础技术是开源的，除了交易各方的私有信息被加密外，区块链的数据对所有人开放，任何人都可以通过公开的接口查询区块链数据和开发相关应用，因此整个系统信息高度透明。

（3）独立性　是指基于协商一致的规范和协议（类似数字货币采用的哈希算法等各种数学算法），整个区块链系统不依赖任何其他第三方，所有节点能够在系统内自动安全地验证、交换数据，不需要任何人为干预。

（4）安全性　是指只要不能掌控全部数据节点的51%，就无法肆意操控修改网络数据，这使得区块链本身变得相对安全，避免了主观人为的数据变更。

（5）匿名性　是指除非有法律规范要求，单从技术上来讲，各区块节点的身份信息不需要公开或验证，信息传递可以匿名进行。

4. 区块链的应用领域

首先，区块链的应用领域之一是数字货币。传统的金融系统设计了严格的安全流程，采用了极为复杂的软件和硬件方案，其建设和维护成本都十分昂贵。即便如此，这些系统仍然存在诸多缺陷，每年都会出现安全攻击和金融欺诈事件。此外，交易过程还常常需要经由额外的支付企业进行处理，这些都增加了交易成本。以区块链技术为基础的数字货币的出现，给货币发行与流通的研究和实践提供了新的思路，被认为有可能促使这一领域发生革命性变化。2016年中国人民银行对外发布消息称，将深入研究数字货币涉及的相关技术，包括区块链技术、移动支付、可信可控云计算、密码算法、安全芯片等，体现出国家有关部门积极关注区块链技术的发展。2018年9月，央行数字货币研究所搭建了贸易金融区块链平台，随后苏州相城区也成为央行数字货币（DC/EP）的重要试点地区。

其次，区块链技术被广泛应用于税收技术。传统的税收服务体系在税务信用等级、税收遵从、税源监控等领域存在数据孤岛、信息壁垒等难题，这也导致税务管理中存在增值税发票虚开虚抵、农产品优惠政策骗税、出口骗税、稽查取证困难等问题。2018年8月10日，由深圳市税务局主导、腾讯提供底层技术支持，深圳国贸旋转餐厅开出了国内"首张"区块链电子发票。通过在微信中整合支付、开票、报销等功能，该成果致力于实现"交易即开票，开票即报销"。用区块链作为底层支撑技术，接入税务局、微信支付、财务软件商、商家等相关方，可确保发票唯一，并且领票、开票、流转、入账、报销等流程信息完整可追溯，解决传统系统"一票多报、虚报虚抵"等难题，降低经营成本和税收风险。

最后，区块链技术也被应用于大数据技术。在大数据时代，价值来自对数据的挖掘，数据维度越多、体积越庞大，潜在价值也就越高。一直以来，比较让人头疼的问题是如何评估数据的价值，如何利用数据进行交换和交易，以及如何避免宝贵的数据在未经许可的情况下泄露出去。区块链技术为解决这些问题提供了潜在的可能。利用共同记录的共享账本，数据在多方之间的流动将得到实时地追踪和管理。通过对敏感信息的脱敏处理和访问权限的设定，区块链可以对大数据的共享授权进行精细化管控，规范和促进大数据的交易与流通。

5. 区块链发展趋势

区块链的发展趋势是全球性的，我国目前已成立了中国分布式总账基础协议联盟、中国区块链应用研究中心、金融区块链联盟等机构，以推动区块链产业研究与合作。然而，目前国内的区块链创业项目基本还处于研究设想、小范围试验阶段，少有成型的商业模式，缺乏正式机构组织的推动。因此，建立大而强的联合体，推动并提高我国区块链技术领域的研究、应用和开发水平，促使我国相关产业走出去，在新一轮国际竞争中抢占技术标准和专利的制高点和话语权，将是未来我国在区块链技术领域的着重发力点。区块链进化，如图7-11所示。

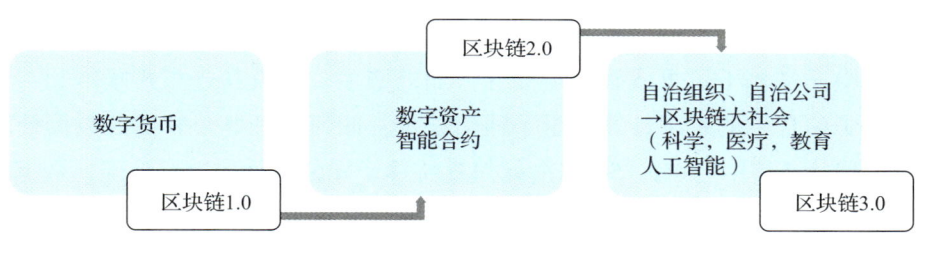

图7-11　区块链的进化

三　任务实施

（一）任务分组

全班学生以3~5人为一组进行分组，各组选出组长，组长对组员进行任务分工并将分工情况记录下来。思考并讨论下面的6个问题，按照讨论结束后的结果，将结果及讨论过程中遇到的问题记录在表7-2中。在进行具体工作之前，请先搜寻并掌握量子信息、移动通信、区块链技术的相关知识。

表7-2　任务实施过程记录表

序号	问题内容	问题答案	存在问题

（二）问题讨论

请各组组长参考以下问题，对问题进行分工，并根据分工收集答案并进行讨论。

问题1：什么是量子信息技术？它经历了怎样的发展历程？

问题2：量子信息技术具有什么样的技术特点？它能实现什么样的功能？

问题3：什么是移动通信技术？它经历了怎样的发展历程？

问题4：移动通信技术具有什么样的技术特点？它能实现什么样的功能？

问题5：什么是区块链技术？它经历了怎样的发展历程？

问题6：区块链技术具有什么样的技术特点？它能实现什么样的功能？

四 机考助手

考试中该任务的考核要点在考查考生对相关理论知识和实际应用技术的掌握程度。考试内容包括理论知识和应用技术。其中，实际操作是重点，实际操作要求考生操作信创办公软件完成任务，如文档处理、协同办公、数据迁移等，涉及区块链技术在电子文档安全方面的应用，量子信息在数据加密中的应用，以及移动通信技术在移动办公中的应用。

（一）典型考点

在信创办公软件应用工程师（中级）认证考试中，区块链、量子信息和移动通信相关的考点，主要集中在这些前沿技术在信创办公软件中的应用场景和基本原理。例如，区块链技术在确保电子文档不可篡改和可追溯性方面的应用，以及其分布式账本和共识机制等基础概念；量子信息中的量子计算和量子通信技术，如何提升办公软件的数据处理能力和通信安全性；移动通信中的4G、5G网络如何支持移动办公软件的远程访问、数据同步和实时协作功能，以及相关的通信安全措施。考生需要理解这些技术的基本原理及其在信创办公软件中的具体应用方式。

（二）提升技巧

要提升对区块链、量子信息和移动通信相关考点的掌握程度，首先，需要系统学习这些技术的基础知识，包括区块链的分布式账本和共识机制、量子计算和量子通信的基本原理、4G和5G网络的特点等。可以通过阅读专业书籍、参加在线课程或专业培训来构建知识体系。其次，关注这些技术在信创领域的实际应用案例，了解其如何解决办公场景中的实际问题。可以通过研究行业报告、白皮书或实际的信创项目案例来加深理解。此外，实践操作也是提升技能的重要环节，例如，在虚拟环境中搭建区块链网络、参与量子计算实验项目、在移动设备上测试信创办公软件的网络性能等。最后，关注这些技术的最新发展动态，通过订阅科技期刊、参加行业研讨会等方式，保持对前沿技术的敏感度。

五 课后练习

思考题

1）请查阅网上相关资料，了解我国在量子信息领域的最新发展情况。

2）我国在移动通信领域有哪些技术创新？我国有哪几家移动通信运营商？

3）我国区块链技术主要应用于哪些场景？

任务十七　模物协同——智筑万物互联新范式

一 任务描述

大三的小明同学被毕业设计导师布置了一项任务。导师要求他设计一个智能家居系统的演示方案。小明虽然对编程和硬件很熟悉，但对于如何将设备互联互通并实现智能化控制却感到有些无从下手。他深知这不仅需要掌握复杂的物联网技术，还需要编写大量代码来实现设备之间的交互，这对他来说无疑是一个巨大的挑战。小明的导师告诉他可以利用通用大模型生成一份详细的物联网设计方案，包括设备选型、通信协议、控制逻辑等关键信息。

在本任务中，将结合通用大模型生成智能家居系统设计方案，剖析通用大模型、物联网等关键技术，并通过智慧城市等物联网场景概念介绍，讲解通用大模型与物联网相关技术知识。

二 相关知识

（一）通用大模型

通用大模型（General-Purpose Large Models，GPLMs）是指能够处理多种任务和领域的人工智能模型。这些模型基于深度学习算法，通过在大规模数据上进行训练，具备了强大的泛化能力，能够在多个任务和领域中表现出色。通用大模型的出现极大地提高了人工智能技术的应用范围和效果，被视为"AI时代"的灵魂，推动了人工智能从专用模型向通用智能的迈进。通用大模型的发展经历了从早期的简单神经网络到如今的深度学习大模型的演变。随着计算能力的提升、数据量的增加以及算法的优化，通用大模型的规模和性能不断提升，逐渐成为人工智能领域的研究热点。

1. 通用大模型核心技术

（1）Transformer架构　　Transformer架构是当前大模型最主流的神经网络架构，通过自注意力机制捕捉序列数据中的长距离依赖关系，使得模型能够处理更长的文本序列，提升对上下文信息的理解能力。在某些大模型中，也会结合卷积神经网络的局部特征提取能力和循环神经网络的序列处理能力，以进一步提升模型性能。

（2）数据收集与预处理　　通用大模型需要海量的数据来训练，这些数据通常来自互联网、书籍、论文等多个来源。在训练前，需要对数据进行清洗、去噪、标注等预处理工作，以确保数据的质量。同时，由于数据量巨大，通常需要使用分布式训练技术，将训练任务分配到多个计算节点上并行执行，以加快训练速度。最后通过数据变换、生成对抗样本等方式，增加数据的多样性，提高模型的泛化能力。

（3）GPU与TPU　训练大模型通常需要数百甚至上千个GPU或TPU（张量处理单元），这些高性能计算设备能够显著加速模型的训练过程。

（4）预训练与微调　在大规模无标注数据上进行预训练，使模型学习到语言的统计规律和语义表示。预训练通常采用自监督学习的方式，如掩码语言模型（MLM）和下一句预测（NSP）等任务。在预训练完成后，通过微调使模型适应特定的下游任务。微调通常使用较小的标注数据集，通过调整模型的参数来优化模型在特定任务上的性能。

2. 通用大模型的应用领域

（1）智能推荐领域　通用大模型在智能推荐领域的应用价值在于其能够根据用户的历史行为和偏好，提供个性化的内容或产品推荐。通过分析用户的浏览记录、购买行为等数据，模型能够精准地预测用户的兴趣点，并推荐符合其需求的电影、音乐、书籍、商品等。这种个性化的推荐方式不仅提高了用户的满意度和忠诚度，还促进了商品的销售和服务的推广，为企业带来了显著的经济效益。

（2）医疗领域　在医疗领域，通用大模型的应用价值体现在辅助诊断和药物研发等方面。通过分析医学影像和病历数据，模型能够为医生提供诊断建议，帮助医生更准确地识别疾病并制定治疗方案。在药物研发过程中，模型能够预测药物分子的活性和副作用，加速药物研发进程，降低研发成本。此外，模型还能够辅助医生进行病历管理、患者随访等工作，提高医疗服务的效率和质量。

（3）金融领域　通用大模型在金融领域的应用价值主要体现在风险评估和投资决策等方面。通过分析客户的信用记录和交易行为，模型能够评估贷款风险，为金融机构提供决策支持。在投资决策方面，模型能够预测市场趋势和股票价格，为投资者提供决策建议。此外，模型还能够辅助金融机构进行反欺诈、合规性检查等工作，提高金融服务的安全性和稳定性。

（4）教育领域　在教育领域，通用大模型的应用价值体现在个性化学习和智能辅导等方面。通过分析学生的学习进度和兴趣点，模型能够推荐个性化的学习资源和路径，帮助学生更高效地学习。在智能辅导方面，模型能够为学生提供实时的答疑和辅导服务，解决学习中的难题。此外，模型还能够辅助教师进行课程设计、学生评估等工作，提高教育教学的质量和效率。

3. 通用大模型的未来发展趋势

通用大模型的未来发展将呈现多元化与深度融合的态势。随着技术的持续进步，模型将更加注重轻量化与高效化，通过算法优化与硬件加速，降低计算资源消耗，提升推理速度，以适应更多边缘计算与实时应用场景。跨模态融合将成为重要发展方向，实现文本、图像、音频等多种模态信息的无缝交互与联合理解，推动多媒体内容创作与交互的革新。同时，可解释性与透明度将受到更多关注，通过研发可解释性算法与模型审计技术，增强模型决策的可信度与可控性。在伦理与法规方面，将建立健全相关准则与监管机制，确保模型公平、公正、无偏见，保护用户隐私与数据安全。此外，通用大模型将深化在医疗、教育、金融等关键领域的行业应用，通过定制化解决方案与垂直领域知识融合，解决实际问题，推动行业智能化升级，并积极探索量子计算、边缘计算等新技术融合带来的新机遇，为人工智能的未来发展开辟更广阔的空间。

（二）物联网

物联网概述

物联网的概念是由美国麻省理工学院的凯文·阿什顿（Kevin Ashton）于1999年提出的。早期的物联网主要指基于互联网、射频识别（Radio Frequency Identification，RFID）技术、电子产品代码（Electronic Product Code，EPC）标准，在计算机互联网的基础上，利用RFID技术、无线数据通信技术等构造的一个实现全球物品信息实时共享的实物互联网。

1. 物联网的概念

物联网是利用RFID、传感器、全球定位系统（Global Positioning System，GPS）、激光扫描器等信息传感设备，按约定的协议，把任何物体与互联网相连接，进行信息交换和通信，以实现对物体的智能化识别、定位、跟踪、监控和管理的一种网络。

通俗来说，当每个物品能够被唯一标识后，利用识别、通信和计算等技术，在互联网的基础上构建的连接各种物品的网络就是物联网。

物联网中的"物"要满足以下条件才能够被纳入物联网的范围：有相应信息的接收器；有数据传送通道；有一定的存储功能；有CPU；有操作系统；有专门的应用程序；有数据发送器；遵循物联网的通信协议；在世界网络中有可被唯一识别的编号。

2. 物联网的特点

物联网具有以下三大特点：

1）全面感知：利用RFID技术、传感器、条形码等可随时随地获取和采集物体的信息。

2）可靠传递：通过无线网络与互联网的融合，将物体的信息实时、准确地传递给用户。

3）智能处理：利用云计算、数据挖掘及模糊识别等人工智能技术，对海量数据和信息进行分析及处理，对物体实施智能化控制。

3. 物联网的体系架构

物联网分为3层，分别是感知层、网络层和应用层。感知层用于实现对物理世界的智能识别、信息采集处理和自动控制，并通过通信模块将物理实体连接到网络层和应用层。其主要作用是识别物体、采集信息。网络层用于实现信息的传递、路由和控制，包括延伸网、接入网和核心网。网络层可以依托公众电信网和互联网，也可以依托行业专用通信网络。应用层的主要作用是使物联网技术与专业技术相互融合，利用分析、处理的感知数据为用户提供丰富的特定服务，并与行业需求结合，实现行业智能化。物联网的应用可分为控制型、查询型和扫描型等，可通过现有的手机、计算机等终端实现广泛的智能化应用解决方案。

4. 物联网关键技术

物联网所涉及的核心技术包括：第6版互联网协议（Internet Protocol version 6，IPv6）相关技术、云计算技术、传感技术、RFID技术、无线通信技术等。因此，从技术角度讲，物联网主要涉及的专业有计算机科学与工程、电子与电气工程、电子通信工程、通信工程、自动控制、遥感与遥测、精密仪器、电子商务等。欧洲物联网研究项目集群于2009年9月发布的《欧盟物联网战略研究路线图》白皮书中，列出了10余类关键技术，包括标识技术、物联网体系结构技术、通信与网络技术、数字和信号处理技术、发现与搜索引擎技术、电源与能量存储技术等。

无线传感器网络是由部署在监测区域内大量的微型传感器节点组成，通过无线通信方式形成的一个多跳的自组织网络系统。

无线传感器网络是传感器、网络通信和微电子等技术相结合的产物。随机分布的大量的传感器节点，以无线自组织的方式构成网络，通过节点中内置的各种类型的传感器，对网络分布区域内的各种环境对象信息进行探测、感知，并通过多跳路由的方式，将采集到的数据传送到数据中心，使逻辑上的信息世界和真实世界融合到一起，从而改变人与自然的交互方式。

RFID技术是一种非接触式自动识别技术，可识别高速运动物体及多个标签，操作快捷、方便。RFID技术通过射频信号自动识别对象并获取相关数据完成信息的采集工作，是物联网中的一种关键技术。每个标签都具有唯一的电子编码，读写器是读取（有时还可以写入）标签信息的设备。电子收费系统、地铁卡是RFID技术的典型应用。

传感器是指能感知预定的被测指标，并按照一定规律将其转换为可用信号的器件或装置，通常由敏感元件和转换元件组成。传感器是一种检测装置，能感受到被测量的信息，并能将检测到的信息按一定规律转换为电信号或其他所需形式的信息输出，以满足信息的传送、处理、存储、显示、记录和控制等要求。例如，声控用到了声音传感器，空调的温度调节用到了温度传感器，自动门用到了红外传感器，电子秤用到了力学传感器，手机背光亮度的自动调节用到了手机正前方的环境光传感器。在物联网中，在传感器基础上增加了协同、计算、通信功能，构成了具有感知、计算和通信能力的传感器节点。智能化是传感器的重要特点，嵌入式智能技术是实现传感器智能化的重要手段。

5. 物联网主要应用场景

（1）智慧物流　是指以物联网、大数据、人工智能等信息技术为支撑，在物流的运输、仓储、配送等各个环节实现系统感知、全面分析及处理等功能。当前，物联网应用于智慧物流领域主要体现在仓储、运输监测以及快递终端3个方面，即通过物联网技术实现对货物的监测以及运输车辆的监测，包括货物车辆位置、状态以及货物温湿度、油耗、车速等。物联网技术的使用能提高运输效率，提升整个物流行业的智能化水平。

（2）智慧城市　物联网为智慧城市提供了坚实的技术基础，是智慧城市中极其重要的元素，它支撑着整个智慧城市系统。物联网为智慧城市提供了城市的感知能力，并使得这种感知更加深入、智能。通过环境感知、水位感知、照明感知、城市管网感知、移动支付感知、个人健康感知、无线城市门户感知、智能交通的交互感知等，实现市政、民生产业等方面的智能化管理。智慧城市建设架构如图7-12所示。

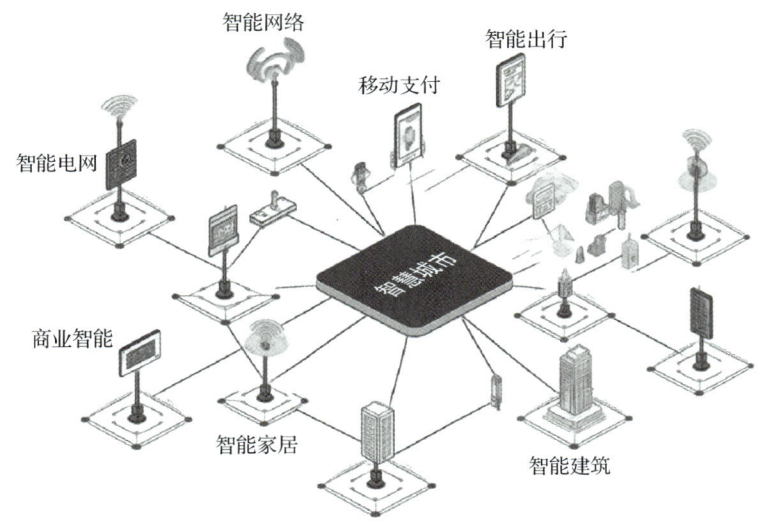

图7-12　智慧城市建设架构

（3）智能交通　是物联网的一种重要体现形式，即利用信息技术将人、车和路紧密结合起来，改善交通运输环境、保障交通安全以及提高资源利用率。物联网技术在智能交通中的具体应用包括智能公交车、共享单车、车联网、充电监测、智能红绿灯以及智慧停车等，其中车联网是近些年来各大厂商及互联网企业争相进入的领域。

（4）智慧农业　是指利用物联网、人工智能、大数据等现代信息技术与农业进行深度融合，实现农业生产全过程的信息感知、精准管理和智能控制的一种全新的农业生产方式，可实现农业可视化诊断、远程控制以及灾害预警等功能。物联网在农业方面的应用主要体现在农业种植和畜牧养殖。

农业种植通过传感器、摄像头和卫星等收集数据，实现农作物数字化和机械装备数字化（主要指的是农机车联网）发展。畜牧养殖方面应用则是指利用传统的耳标、可穿戴设备以及摄像头等硬件收集畜禽产品的数据，通过对收集到的数据进行分析，运用算法判断畜禽产品健康状况、喂养情况、位置信息以及发情期预测等，对其进行精准管理。

三 任务实施

本任务采用的是文心一言与DeepSeek平台工具，解决"设计一个智能家居系统的演示方案"的任务。其中，文心一言平台工具在任务十一中已介绍，DeepSeek平台工具在任务十四中已介绍。

（一）任务分组

如今，通用大模型涌现出的泛化能力、生成能力，正在加速变革各领域的应用生态。在本次任务中，同学们将体验不同大模型在被询问初级软件开发工程师需要掌握的技术时生成的答案。请各组成员以小组为单位，使用通用大模型完成问答任务。

（二）操作步骤

步骤1 启动360浏览器，在地址栏输入"https://yiyan.baidu.com/"并按<Enter>键，打开文心一言中文主页。

步骤2 如图7-13所示，在对话框中输入"请帮我设计一个智能家居系统的演示方案"，并发送，得到答复。

图7-13 使用文心一言解决智能家居设计问题

步骤3 启动360浏览器，在地址栏输入"https：//www.deepseek.com/"并按<Enter>键，打开DeepSeek中文主页，并在网页对话框中输入"请帮我设计一个智能家居系统的演示方案"，并发送，得到答复。

步骤4 对比文心一言与DeepSeek在回答问题时的相同与差异，并记录到表7-3中。

表7-3 任务实施过程记录表

序号	操作内容	回答相同点	回答不同点

四　机考助手

物联网和通用大模型相关的考核内容主要分布在两个科目中。一方面侧重于理论知识，考试形式为线上机考，题型包括单选题、多选题、判断题、填空题和简答题，考查考生对物联网和通用大模型的基础知识、技术原理以及在信创办公场景中的应用的理解。另一方面则更注重实际操作能力，题型为填空题、简答题和实操题，要求考生能够熟练运用信创办公软件，结合物联网设备进行数据采集与分析，以及利用通用大模型完成智能文档生成、内容推荐等任务，以解决实际办公中的问题。

（一）典型考点

在信创办公软件应用工程师（中级）认证考试中，物联网和通用大模型相关的考点主要集中在这些技术在信创办公场景中的应用及其基础原理。例如，物联网技术如何通过传感器和设备互联，实现办公设备的远程监控与管理，以及如何将物联网数据整合到办公软件中以提升智能化办公流程。通用大模型则可能涉及其在办公软件中的应用场景，如智能文档生成、内容推荐和自然语言交互等，以及相关的深度学习框架、预训练与微调等关键技术。考生需要理解这些技术的基本原理及其在信创办公软件中的具体应用方式。

（二）提升技巧

要提升对物联网和通用大模型相关考点的掌握，首先需要系统学习物联网和通用大模型的基础知识，包括物联网的架构、传感器技术、通信技术，以及通用大模型的工作原理、训练方法和应用场景。考生可以通过阅读专业书籍、参加在线课程或专业培训来构建知识体系。其次，关注这些技术在信创办公领域的实际应用案例，了解其如何解决实际问题。可以通过研究行业报告、白皮书或实际的信创项目案例来加深理解。此外，实践操作也是提升技能的重要环节，可以尝试在实际环境中搭建物联网设备，与信创办公软件进行集成，进行数据采集和分析的实验。同时，也可以使用开源的大模型工具进行实验，或者参与相关的开发项目，通过实际操作来加深对理论知识的理解。最后，关注这些技术的最新发展动态，通过订阅科技期刊、参加行业研讨会等方式，保持对前沿技术的敏感度。

五　课后练习

思考题

1）国内有哪些知名的通用大模型产品？世界上最早的通用大模型是什么？

2）哪些产品应用了物联网技术？物联网技术主要负责该产品的什么功能？

项目八 培养信息素养与社会责任

信息技术与人工智能（信创版）

　　信息素养与社会责任是指在信息技术领域，通过对信息行业相关知识的了解，内化形成的职业素养和行为自律能力。信息素养与社会责任对个人在各自行业的发展起着重要作用。

　　本项目就来学习信息素养、信息技术的发展历程、信息伦理与职业行为自律等内容。

01 知识目标

　　了解信息素养的基本概念及主要要素，了解信息技术的发展历程，了解信息安全的基本概念和相关法律法规，了解个人在不同行业发展的共性途径和工作方法。

02 能力目标

　　能够清晰描述信息技术在各领域的典型应用，能认识到信息伦理失范行为对信息社会的不良影响，并能够有效辨别虚假信息。

03 素养目标

　　从知名企业的兴衰变化过程中领悟成功经验和失败教训，自觉树立正确的职业理念；自觉遵守相关法律法规与伦理准则，提高社会责任感与行为能力，为就业和未来发展奠定基础。

04 就业导向

　　通过系统学习信息分析、系统运维、网络安全等技能，掌握信息技术岗位的核心胜任力；培养敏锐的信息甄别能力，在复杂信息环境中保持清醒判断；塑造严谨的信息伦理意识，在企业数字化转型中担当"信任守护者"；建立跨行业发展思维，理解不同领域的共性职业规律。通过持续跟踪人工智能伦理、数据安全等前沿领域，不断拓宽职业边界，为成长为复合型信息管理人才奠定坚实基础。

05 思维导图

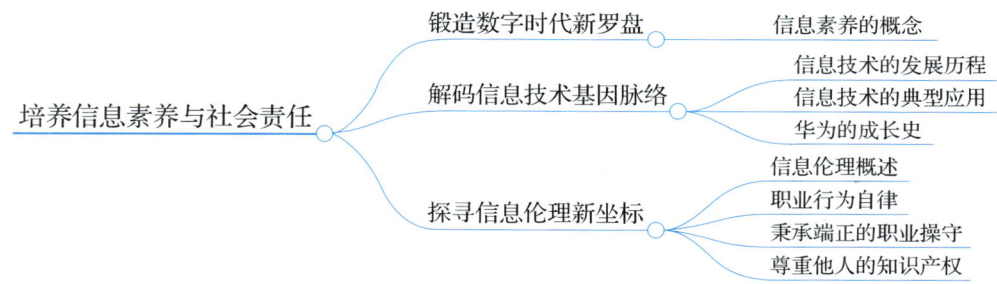

任务十八　明辨求真——锻造数字时代新罗盘

一　任务描述

毕业季已至，同学们都要开始在互联网上投递简历寻找工作。小明同学想找一份会计专业相关的工作，学校的就业老师推荐小明从网上寻找相关行业的招聘信息。同时，就业老师还提醒小明同学不要被虚假招聘信息欺骗。要有效辨别网上的招聘信息，就需要一定的信息素养。

在本任务中，通过在不同招聘网站寻找与会计专业相关的岗位，并记录招聘地区、岗位要求和岗位薪资，来进一步学习信息素养相关知识。

二　相关知识

信息素养的概念

素养，指的是一个人在工作学习、人际交往、待人接物、为人处世等日常行为与活动中所展现出的综合能力和素养水平。它与能力紧密相连、相辅相成。素养是个人为提升自身能力而持续学习、不断积累的结果，而能力则是素养得以体现、发挥作用的具体呈现形式。因此，一个人的素养高低，在很大程度上直接决定着其成功概率的大小。

那么，当我们聚焦于信息时代，信息素养（Information Literacy，IL）又意味着什么呢？信息素养这一概念，源于图书馆素养（Library Literacy）。在信息社会尚未全面来临之前，图书馆是人们获取知识信息的主要阵地。面对图书馆中浩如烟海的藏书，学生若想快速、精准地获取所需信息，就必须掌握高效利用图书馆信息资源的技巧与方法。为此，图书馆会定期针对学生开展文献检索技能培训和教育活动，而图书馆素养，正是学生在接受此类培训后所具备的一种能力素养。

信息素养这一概念，最初由美国信息产业协会于1974年正式提出，它涵盖了文化素养、信息意识以及信息技能三个层面。1989年，美国图书协会下设的一个专业机构在其研究报告中，对信息素养给出了这样的定义：一个具备信息素养的人，应当能够明确判断何时需要信息，并且具备检索、评估以及有效运用信息的能力。1998年，美国图书馆协会与美国教育传播与技术协会联合提出了学生学习的九大标准，标准从信息技能、独立学习以及社会责任三个维度，进一步深化和拓展了信息素养的内涵与外延。

随着社会的持续进步以及信息技术的飞速发展，众多专家和机构都对信息素养的概念提出了新的见解和阐释。尽管在具体界定或描述上存在一定差异，但信息素养的核心内涵始终保持高度一致。我国学者历经长期理论探索与实践验证，构建了具有本土特色的信息素养理论框架。该理论将信息素养定义为个体在信息化社会中，对信息需求的敏锐感知、精准获取、批判评估及创新应用的综合能力体系，其核心内涵由四大要素协同支撑。

1. 信息意识——认知觉醒的导航灯塔

作为信息素养的元认知基础，信息意识体现为个体对信息价值的深度觉醒与战略判断。具备敏锐信息意识者，能主动将信息需求与问题解决建立映射关系，通过多维感知捕捉数据背后的知识脉络；可运用元认知策略对信息源的可靠性、内容的时效性及影响的辐射面进行前瞻性评估；在团队协作中展现信息共享的开放思维，通过信息流动激发集体智慧，使数据资源在交互中产生指数级增值效应。

2. 信息知识——认知重构的理论基石

作为信息素养的知识图谱，该要素涵盖信息生命周期理论、传播动力学机制及检索方法论等核心维度。系统化的信息知识不仅能优化个体的认知结构，更能形成"信息棱镜"效应——使既有专业知识通过信息思维的折射，产生跨界融合的创新视角。例如，掌握信息编码原理的学者，能更高效地构建知识图谱；理解传播规律的科研人员，可制定更精准的成果转化策略。

3. 信息能力——实践创新的核心引擎

作为信息素养的终极表达，信息能力是整合了发现、检索、组织、分析与创造的全价值链技能。在智慧化工具的赋能下，信息能力优异者能驾驭算法实现精准信息捕获，运用数据可视化技术揭示隐性规律，通过知识图谱构建创造新认知维度。这种能力在科研创新中尤为关键，例如，学者可借助文献计量工具快速定位研究前沿，利用机器学习模型挖掘实验数据中的潜在动力，最终实现从数据到知识的质变跃迁。

4. 信息伦理——价值锚定的道德罗盘

作为信息素养的规范维度，信息伦理构建了数字时代的价值坐标系。它要求信息主体在享受技术红利时，既遵循《中华人民共和国数据安全法》等法律框架，又恪守学术诚信、隐私保护等伦理准则。在人工智能创作、数据跨境流动等前沿领域，信息伦理更成为技术向善的保障机制，确保算法决策透明可控，避免数据垄断加剧数字鸿沟，在虚拟空间重构信息文明的秩序基石。

在信息素养的四大要素中，信息意识和信息知识是一个人具备信息能力和遵守信息伦理的前提与基础，信息能力是信息意识和信息知识的具体体现，也是衡量一个人信息素养高低的重要标准，而信息伦理则是保障信息安全的重要依据。

信息素养并不是一个新的概念，从古到今，人类一直在获取信息和使用信息，只是进入信息化社会后，需要运用先进技术获取和使用信息，这对人们的信息处理能力提出更高的要求。信息素养主要包含以下能力：能熟练使用网络、多媒体等信息工具；能根据要解决的问题识别信息源并选取最佳信息；能熟练运用阅读、访问、讨论、参观、实验、检索等获取信息的方法；能解读、分析获取的信息，即能够对获取的信息进行归纳、分类、存储、鉴别、分析、综合、抽象、概括和表达；能整合多种信息源的信息，并组织和建构便于交流和展示的信息作品，即能够在收集并准确加工处理信息的基础上创造新信息，用信息解决问题，发挥效益；使信息和信息工具作为交往与合作的中介，能与外界建立多种和谐的协作关系；能判定信息作品效果，评价信息问题解决过程的效率；浩瀚的信息良莠不齐，需要科学的甄别能力和自控、自律、自我调节能力，能消除垃圾信息和有害信息的干扰和侵蚀。

三 任务实施

（一）任务分组

全班学生以3~5人为一组进行分组，各组选出组长，组长对组员进行任务分工并将分工情况记录下来，并按实际操作步骤，将招聘网站上寻找到的岗位信息记录在表8-1中。

表8-1 任务实施过程记录表

招聘网站	招聘地区	职位要求	岗位薪资

（二）操作步骤

步骤1 如图8-1所示，启动360浏览器，在搜索框中搜索"招聘网站有哪些？"。

招聘平台介绍

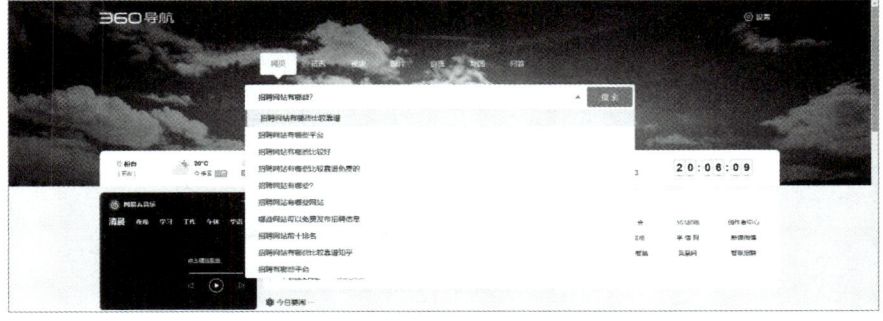

图8-1 搜索招聘网站

步骤2 如图8-2所示，在网页中分别寻找"BOSS直聘""智联招聘""前程无忧"的官方网站。

图8-2 招聘网站

步骤3 在网页中单击"BOSS直聘-企业招聘官网-免费发布招聘信息"并选择"我要找工作",然后注册并登录账号,如图8-3所示。

图8-3 BOSS直聘登录

步骤4 如图8-4所示,在"BOSS直聘"首页中搜索"山东 会计",并在地区选择"济南"。

图8-4 BOSS直聘

步骤5 如图8-5所示,网页中显示了招聘岗位与对应公司的简单展示(薪资与公司名称)。将感兴趣的招聘信息记录在表8-1中。

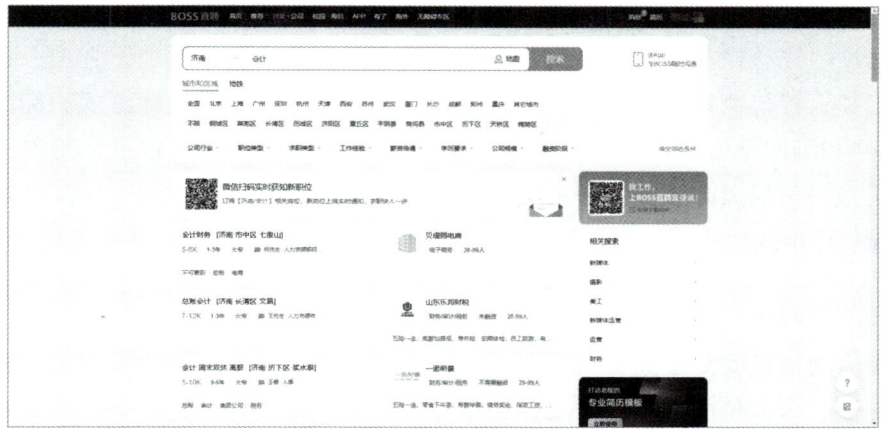

图8-5 招聘信息展示

步骤6 如图8-6所示,单击感兴趣的职位链接并将岗位的职位描述记录在表8-1中。

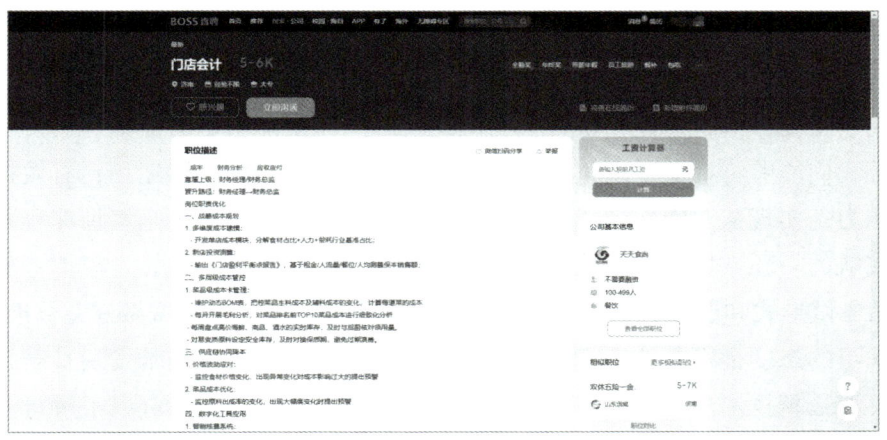

图8-6 招聘详情页

步骤7 分别登录"前程无忧""智联招聘"等招聘网站寻找感兴趣的职位链接,并将岗位的信息记录在表8-1中。

四 机考助手

考试中与信息素养相关的考核主要通过两个科目进行。第一个科目为"信息安全基础知识和技术",题型包括单选题和多选题,重点考查信息安全的基础知识,如计算机网络、操作系统、数据库、密码学等领域的知识及其应用。另一科目为"信息安全工程与综合应用",题型包括简答题和填空题,主要考查考生在实际工作中的应用能力,如网络安全风险评估、安全方案设计、应急响应等。

（一）典型考点

在信创信息安全工程师认证考试中，信息素养相关的考点主要集中在信息安全的基础理论、法律法规、技术应用和信息安全管理等方面。考生需要掌握信息安全的基本概念，如数据保密性、完整性和可用性，以及常见的信息安全技术，包括加密算法、身份认证机制、防火墙和入侵检测系统等。同时，熟悉国家信息安全相关的法律法规和标准规范，如《中华人民共和国网络安全法》《中华人民共和国数据安全法》等，以及信息安全管理体系的构建和实施，包括风险评估、安全策略制定和应急响应计划。此外，还需了解信息安全技术在实际工作中的应用，如网络安全防护、系统安全加固和应用安全开发等。

（二）提升技巧

若想在信创信息安全工程师认证考试中提升与信息素养紧密相关的能力，需从多个方面进行系统性、全方位的强化。首要任务是深入且系统地学习信息安全的基础知识。这要求我们广泛阅读专业书籍，这些书籍犹如知识的宝库，蕴含着信息安全领域的精髓；积极参加在线课程或培训，借助专业讲师的引导和讲解，全面且精准地掌握信息安全的基本概念以及技术原理，为后续的学习和实践筑牢坚实根基。同时，密切关注信息安全领域的法律法规和标准规范至关重要。信息安全领域政策法规不断更新迭代，我们必须时刻保持敏锐的洞察力，及时了解国家相关政策的最新变化，确保自身知识体系与行业要求同频共振。理论学习固然重要，但将理论知识转化为解决实际问题的能力更为关键。通过实际操作和案例分析，我们能够将抽象的理论知识具象化，在实际场景中灵活运用，有效提高解决实际问题的能力，实现从"知"到"行"的跨越。参加专业的信息安全培训课程和模拟考试也是不可或缺的一环。培训课程能够提供系统的知识讲解和实操指导，模拟考试则能让我们提前熟悉考试形式和题型，有针对性地提升应试技巧，为正式考试做好充分准备。此外，保持持续学习的态度是提升信息素养的永恒主题。信息安全领域技术发展日新月异，我们必须时刻关注最新技术动态和发展趋势。通过阅读行业报告，我们可以了解行业的整体走向和前沿技术；参加技术研讨会，能够与同行交流经验、碰撞思想，不断更新和拓展自己的知识体系，始终站在信息安全领域的前沿。

五　课后练习

思考题

1）什么是信息素养？

2）信息素养有哪些表现？

任务十九　溯本求源——解码信息技术基因脉络

一　任务描述

大二机械专业的小亮同学对信息技术行业和我国知名企业发展很感兴趣,因此想前往国内信息技术行业发展前列的知名企业实习。小亮同学最终选择尝试去应聘华为公司的暑期实习生,为提高拿到暑期实习生聘用书的成功率,小亮同学决定提前了解一下信息技术与华为公司的发展历程。

在本任务中,将了解信息技术和华为公司的发展历程,进一步学习信息技术发展史及知名企业的发展过程,树立正确的职业理念。

二　相关知识

（一）信息技术的发展历程

信息技术的发展历程

从原始时代到如今的信息时代,信息技术的发展经历了语言的使用,文字的出现,印刷术的发明,电报、电话、广播和电视的发明,计算机技术与现代通信技术、互联网的有机结合五次革命。每一次信息技术的进步都会给人类社会带来翻天覆地的变化。不仅如此,信息技术的进步还会给个人带来前所未有的重大机遇。纵观信息技术的发展史,在每次技术变革来临之际,都不乏一群拥有远见卓识的人预见信息技术的发展趋势,并牢牢把握住机遇,成就一番事业。如今,信息技术仍然在飞速发展,相信在不远的将来,信息技术必将再一次谱写人类文明的崭新一页,也会有新一批时代的佼佼者们站在时代洪流的浪潮之巅,创造出属于自己的传奇。信息技术始终伴随着人类社会的发展,并随着科学技术的进步而不断变革。迄今为止,人类社会已经发生过五次信息技术革命。

第一次信息技术革命是语言的使用,发生在距今7万—10万年前,语言成为人类进行思想交流和信息传播不可缺少的工具。

第二次信息技术革命是文字的出现,大约在公元前3400年出现了文字,使人类对信息的保存和传播取得重大突破,极大地超越了时间和地域的局限。

第三次信息技术革命是印刷术的发明,约在公元1041年,我国开始使用活字印刷技术（欧洲于1451年开始使用印刷技术）。

第四次信息革命是电报、电话、广播和电视的发明,使人类进入利用电磁波传播信息的时代。19世纪中叶以后,随着电磁波的发现,以及电报、电话的发明,人类通信领域发生了根本性的变革,实现了在金属导线上的电脉冲传递信息以及通过电磁波来进行无线通信。

第五次信息技术革命是计算机技术与现代通信技术、互联网的有机结合。20世纪60年代开始，计算机、网络与通信技术的快速发展，将人类社会推进到了数字化信息时代。当前，世界正在进入以新一代信息产业为主导的新经济发展时期，信息产业核心技术已成为世界各国战略竞争的制高点。

第五次信息技术革命的成果

（二）信息技术的典型应用

1. 教育领域：重构知识传递新生态

信息技术正在引发教育领域的范式革命，构建出"教–学–评"一体化的智慧教育新形态。教师借助AI助教系统实现精准学情分析，通过虚拟现实（VR）技术打造沉浸式课堂，使抽象概念可视化呈现。学习者通过智能学习平台获得个性化学习路径推荐，利用知识图谱技术动态规划学习进度，并通过自适应测评系统实时反馈认知缺陷。更具颠覆性的是，5G+边缘计算技术催生的全息远程课堂，不仅打破物理空间限制，而且实现跨校区的实验资源共享。区块链技术保障的电子学分认证体系，则为终身学习型社会搭建起可信的资历框架。

2. 交通领域：打造智能出行新范式

信息技术正在重塑现代交通系统的神经中枢，构建"车–路–云协同"的智慧出行生态。出行者通过多模态交通信息服务平台，可获取跨运营商的"门到门"出行规划，量子计算优化的动态路径算法，使导航精度达到厘米级。在运营侧，车路协同系统实现信号灯智能配时，C-V2X通信协议保障车车/车路实时交互，使道路通行效率提升40%。无人机物流网络正在构建三维立体运输体系，而自动驾驶接驳巴士已开始在城市微循环系统中常态化运营。

3. 医疗领域：开启精准医疗新时代

信息技术正在深度重构医疗价值链，推动诊疗模式向"预防–诊断–治疗–康复"全周期演进。人工智能辅助诊断系统（如DeepDR系统）在眼底病变识别上达到专家级水平，医学影像组学通过多模态数据融合发现隐匿病灶。区块链技术构建的电子健康档案系统，实现跨机构医疗数据的安全共享，而联邦学习框架则支持多方数据协同建模，加速新药研发进程。在手术机器人领域，达·芬奇系统的四代升级使微创手术精度达到0.01毫米，5G远程手术已突破地域限制，使优质医疗资源实现广域覆盖。

（三）华为的成长史

华为的成长史是一部中国科技企业从草根崛起为全球巨头的奋斗史。1987年，任正非以军人特有的坚韧创立华为，将"以客户为中心，以奋斗者为本"的理念融入企业基因，通过"农村包围城市"策略打开市场，1994年销售额突破8亿元。2004年起加速全球化布局，2012年海外收入占比达75%，超越爱立信成为全球通信设备第一供应商。2019年面对美国极限施压，华为启动"南泥湾项目"和"备胎计划"，国产器件率从不足30%跃升至86%，自主研发的麒麟芯片、昇腾AI处理器相继落地。2019年推出鸿蒙操作系统，采用微内核架构和分布式技术，实现手机、车机、智能家居等设备无缝协同，截至 2025 年已接入 10 亿台设备，覆盖 18 个领域超 1.5 万个原生应用。

华为的崛起与中国"科技自立自强""网络强国"等战略高度契合。它早期突破通信核心技术（如交换机、3G/5G），响应国家打破西方垄断的迫切需求；后期布局芯片、操作系统等"卡脖子"领域，更是直接服务国家信息安全与产业链安全目标。近十年超万亿元研发投入，既是企业生存选择，也是践行国家"将核心技术掌握在自己手中"的使命，实现科技创新与国家战略同频共振。

信息技术不仅是商业竞争工具，更是国家实力博弈的载体。企业唯有将技术创新锚定国家需求、以家国意识驾驭全球化浪潮，才能在技术史中刻下超越商业的价值坐标。华为的成长史表明，从交换机到 5G，从芯片到操作系统，每一项技术突破都映射着国家战略意志与企业创新能力的交织。在全球化遭遇逆流的今天，科技创新需要"顶天立地"——既要瞄准世界前沿，更要扎根国家需求；企业的"爱国"不是口号，而是将技术主权、数据安全、产业链韧性等国家关切问题融入战略基因。这种"国家利益导向的创新哲学"，或许正是中国信息技术实现从追赶到领跑的核心密码。

三 任务实施

（一）任务分组

全班学生以 3~5 人为一组进行分组，各组选出组长，请各组组长思考以下问题，对问题进行分工，根据分工收集答案并进行讨论，将答案记录在表 8-2 中。

表 8-2 任务实施过程记录表

序号	问题内容	问题答案	存在问题

（二）问题讨论

请各组思考以下问题，根据分工收集答案并进行讨论。

问题 1：什么是信息技术？它经历了怎样的发展历程？

问题 2：信息技术有什么特点？它有什么应用范围？

问题 3：华为经历了怎样的发展历程？华为的成功有哪几方面的因素？

四 机考助手

考试中该任务的考核主要分为两个科目，均采用线上机考的形式。科目一为"信创办公软件理论知识"，题型包括单选题、多选题、判断题、填空题和简答题，主要考察信创办公软件的相关政策法规、技术产品特点、应用基础知识等内容。科目二为"信创办公软件应用技术"，题型包括填空题、简答题和实操题，重点考查考生在实际工作中的应用能力，如文档处理、电子表格分析、演示文稿制作等。

（一）典型考点

在信创信息安全工程师认证考试中，与信息技术相关的考点主要集中在信息安全的基础知识、核心技术应用、法律法规以及实际操作能力等方面。考生需要掌握网络信息安全的基础知识，如加密技术、身份认证、访问控制、病毒防治等。同时，要熟悉国产化替代场景中的技术应用，例如，国产芯片、操作系统、数据库和中间件的安全配置与优化。此外，还需了解国家信息安全相关的政策法规和标准规范，以及如何在实际工作中进行网络安全风险评估、应急响应和安全方案设计。

（二）提升技巧

为了提升在信创信息安全工程师认证考试中与信息技术相关的能力，首先需要系统学习信息安全的基础知识，通过阅读专业书籍、参加在线课程或培训，全面掌握信息安全的基本概念和技术原理。其次，关注信息安全领域的法律法规和标准规范，及时了解国家相关政策的更新和变化。通过实际操作和案例分析，将理论知识应用于实际场景，提高解决实际问题的能力。此外，参加专业的信息安全培训课程和模拟考试，熟悉考试形式和题型，提升应试技巧。最后，保持持续学习的态度，关注信息安全领域的最新技术动态和发展趋势，通过阅读行业报告、参加技术研讨会等方式，不断更新知识体系。

五　课后练习

思考题

1）当今计算机诞生于第几代信息技术革命？
2）下一代信息技术革命会诞生什么样的技术成果？

任务二十　守正出奇——探寻信息伦理新坐标

一　任务描述

大三学前教育专业的小红同学在导师的悉心指导下，顺利完成了毕业设计（论文）的撰写工作。为确保论文的原创性，防止因与已发表文献高度相似而被认定为学术不端行为，导师特别叮嘱小红需前往知网平台查询其毕业设计（论文）的重复率。

在本项任务中，首先将深入学习信息伦理与职业行为自律的相关知识。随后，将进一步学习如何通过"知网查重"官方网站获取毕业设计（论文）的查重报告，以此评估论文的原创性水平。

二 相关知识

20世纪70年代以来,一直存在关于信息伦理和信息素养的讨论,不过早期的讨论主要围绕信息从业人员展开,将其视作相关人员的一种职业伦理和素养。进入21世纪以来,信息技术的日益普及显著地推动了经济社会各领域的深入发展,同时也切实改变了人们生活和社会交往的方式,现实世界与虚拟世界交融和并存的新时代逐渐成形。

(一)信息伦理概述

信息伦理概述

俗话说,没有规矩,不成方圆。在社会生活中,我们常常需要遵守一些规则,如红灯停绿灯行,自觉排队,在公共场所不乱扔垃圾、不大声喧哗等。我们遵守这些规则的意义不仅仅是为了体现自身素养和方便他人,更是为了维持社会的正常运转。因此,虽然这些规则并没有法律的强制约束力,却成了大众普遍认可的道德观念、文明行为和公序良俗,即社会伦理。同样地,我们在参与信息活动时,也需要坚守一系列可行、合理且得到广大网民普遍认可的要求、准则和规约,即信息伦理。自1994年我国正式接入国际互联网时,我国就高度重视信息社会的建设和发展,并取得了举世瞩目的成就。然而,在取得互联网建设的伟大成就时,我们也应当清醒地认识到,我国的信息伦理建设还有着长足的进步空间。因此,信息社会的每个公民都应当高度重视、自觉遵守信息伦理,并主动参与到网络秩序的建设中。同时,信息伦理建设还需要法律的维护。虽然法律是社会发展不可缺少的强制手段,但是现有法律法规能够规范的信息活动范围有限,具有一定的滞后性,因此在信息活动中,遵守相应的伦理原则和道德准则具有重要的意义。

信息道德是指涉及信息开发、传播、管理和利用等方面的道德要求和准则,以及在此基础上形成的新型道德关系。传统的道德关系,大多是人与人之间面对面的直接关系,强大的道德舆论压力可以对个体行为产生重大影响。在以信息化的数字和网络为中介的环境下,人与人之间的关系则成为间接关系,他律的作用被淡化。因此,个体的道德自律成为维系正常的道德关系的主要保障。

信息道德意识是信息伦理的第一个层次,包括与信息相关的道德观念、道德情感、道德意志、道德信念、道德理想等,是信息道德行为的深层心理动因。信息道德意识集中体现在信息道德原则、规范的范畴之中。

信息道德关系是信息伦理的第二个层次,包括个人与个人的关系、个人与组织的关系、组织与组织的关系。这种关系是建立在一定的权利和义务的基础上,并以一定的信息道德规范形式表现出来。例如,联机网络条件下的资源共享,网络成员既有共享网上资源的权利,也要承担相应的义务,遵循网络的管理规则;成员之间的关系则是通过大家共同认同的信息道德规范和准则维系的。信息道德关系是一种特殊的社会关系,是被经济关系和其他社会关系所决定、派生出的人与人之间的信息关系。

信息道德活动是信息伦理的第三层次，包括信息道德行为、信息道德评价、信息道德教育和信息道德修养等。信息道德行为即人们在信息交流中所采取的有意识的、经过选择的行动，根据一定的信息道德规范对人们的信息行为进行善恶判断即为信息道德评价，按一定的信息道德理想对人的品质和性格进行陶冶就是信息道德教育。信息道德修养则是人们对自己的信息意识和信息行为的自我解剖、自我改造。

（二）职业行为自律

在信息社会中，无论从事何种职业，都应当自觉遵守信息伦理。尤其是作为准职场人的大学生们，更应当从以下各个方面明晰职业发展的行为规范。

1. 培养良好的职业态度

职业态度是职业精神的基石，其本质是对专业价值的信仰体系。积极职业态度体现为三个层次：认知层面保持终身学习的开放心态，技能层面追求精益求精的工匠精神，情感层面建立职业认同的价值共鸣。这种态度促使从业者将职业使命内化为生命自觉，在数据洪流中坚守专业主义，拒绝职业欺诈与功利主义，以诚信品格铸就职业信誉。

2. 规避产生个人不良记录

在数字经济时代，职业信誉已具象化为可量化的数字信用资产。各行业推行的"黑名单"制度，实质是构建信用惩戒机制，其经济学逻辑是通过声誉机制降低交易成本。从业者需建立"数字足迹"管理意识。在职业交往中保持契约精神，在数据使用中遵守隐私规范，通过自律行为积累信用财富，避免任何可能产生数字污点的行为，确保职业发展的可持续性。

3. 坚守健康的生活情趣

生活情趣是人类精神生活的一种追求和境界。高雅的情趣可以体现一个人对美好生活的追求和健康乐观的心理状态；庸俗的情趣则会使人堕落腐化、玩物丧志、损害身心健康，丧失志向和人生目标。我们应当坚守健康的生活情趣，静心抵制诱惑，保持积极向上的人生态度，严防侥幸和不劳而获的心理。

（三）秉承端正的职业操守

职业操守是职业共同体的生存契约。在数字化工作场景中，这一准则呈现新特征：数据伦理要求建立信息安全意识，算法伦理强调规避算法歧视，协作伦理重视团队知识共享。从业者需将职业规范内化为行为自觉，在利益冲突中坚守专业立场，在技术创新中保持伦理敏感，通过自律维护职业共同体的公信力。

（四）尊重他人的知识产权

知识产权是数字经济的战略资源。其保护机制构成创新生态的免疫体系：法律层面通过《中华人民共和国著作权法》《中华人民共和国专利法》建立制度保障，技术层面运用区块链存证、数字水印等构建保护屏障。从业者应培养"创新共同体"意识：在知识生产中尊重原创价值，在技术交流中恪守引用规范，通过创造性转化实现知识增值，共同维护创新生态的可持续发展。因此，我们应当尊重他人的知识产权，激发自身创意，避免照抄照搬、拒绝使用盗版，支持正版，维护行业秩序。

三　任务实施

本任务采用的是知网查重平台工具，利用知网查重平台工具完成毕业设计（论文）重复率检测。其中，知网查重平台作为国内学术诚信检测领域的权威工具，依托中国知网强大的学术资源数据库，为高校、科研机构及期刊编辑部等提供精准的原创性检测服务。该平台由中国学术期刊（光盘版）电子杂志社有限公司研发，覆盖期刊论文、学位论文、会议论文等海量学术资源，支持中英文双语检测，并采用先进的语义分析技术，结合指纹比对算法，能够精准识别同义替换、改写等隐蔽抄袭行为。其查重报告详细标注重复段落来源及相似度，便于用户定位问题并修改。平台提供单篇与批量检测模式，支持用户自建文献库进行比对，同时全程加密传输，保障论文隐私。尽管费用相对较高，但其权威性和精准度仍使其成为高校毕业论文查重、科研成果审核、期刊审稿及职称评审等场景的首选工具。用户需通过知网官网或授权代理商进行查重，避免出现使用非官方平台导致论文泄露或结果不准确的情况。

（一）任务分组

全班学生以3~5人为一组进行分组，各组选出组长，组长对组员进行任务分工并将分工情况记录下来，按实际操作步骤，将实际操作内容及实施过程中遇到的问题与解决方法记录在表8-3中。

表8-3　任务实施过程记录表

序号	操作内容	遇到的问题	解决办法

（二）操作步骤

步骤1　如图8-7所示，启动360浏览器，在搜索框中搜索"知网查重"。

步骤2　选择网址为"https://cx.cnki.net/#/login"的链接进行登录，打开知网个人查重服务网站，如图8-8所示。

步骤3　进入系统后请单击上传"查重检测文档"，将自己的毕业设计（论文）上传至网页，如图8-9所示。

知网查重平台介绍

图8-7 360浏览器搜索知网

图8-8 知网个人查重服务网站

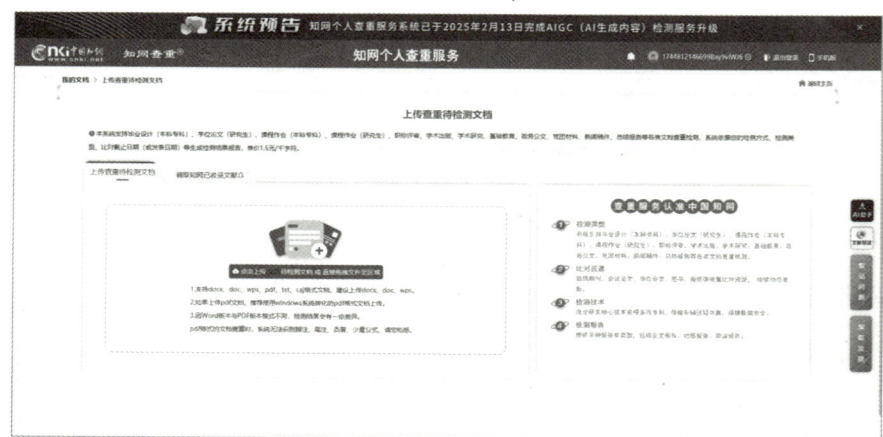

图8-9 上传毕业设计（论文）

步骤4 如图8-10所示，上传毕业设计（论文）并请填写详细信息。

图 8-10　填写论文信息

步骤 5　如图 8-11 所示，待网站解析完成后即可支付查重费用并查看毕业设计（论文）的查重报告及重复率。

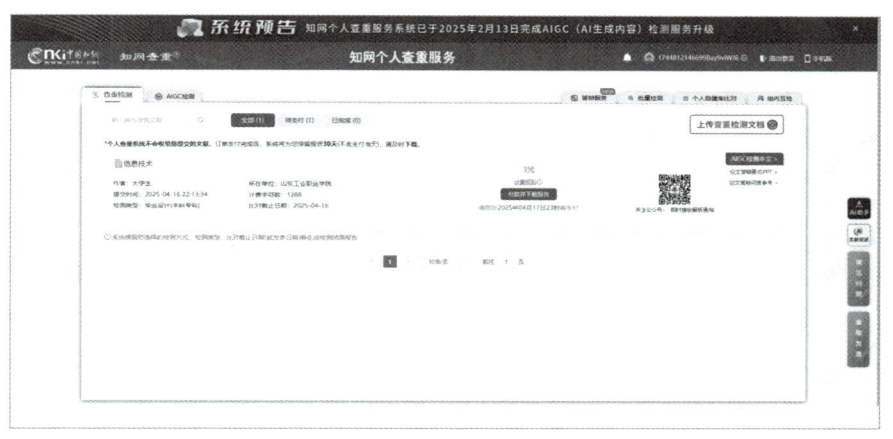

图 8-11　知网查重结果

四　机考助手

考试中与信息伦理和职业行为自律相关的考核主要通过线上机考进行，分为两个科目。科目一为"信息安全基础知识和技术"，题型包括单选题、多选题、填空题和简答题，重点考查信息安全的基础知识，如法律法规、技术产品特点等。科目二为"信息安全工程与综合应用"，题型包括简答题和案例分析题，重点考查考生在实际工作中的应用能力，如网络安全风险评估、安全方案设计、应急响应等。此外，考试中还可能包含情景案例分析，要求考生根据具体情境选择合适的伦理行为。

（一）典型考点

在信创信息安全工程师认证考试中，与信息伦理和职业行为自律相关的考点主要集中在信息安全法律法规、职业道德规范以及信息安全管理体系等方面。考生需要熟悉国家信息安全相关的法律法规，如《中华人民共和国网络安全法》《中华人民共和国数据安全法》等，了解信息安全职业道德规范，包括保密性、诚信、责任和公正性等原则。此外，还需掌握信息安全管理体系的构建和实施，包括风险评估、安全策略制定和应急响应计划。

（二）提升技巧

要提升在信创信息安全工程师认证考试中与信息伦理和职业行为自律相关的能力，首先需要系统学习信息安全法律法规和职业道德规范，通过阅读专业书籍、参加在线课程或培训，全面掌握相关知识。其次，关注信息安全领域的最新政策法规和行业动态，及时了解国家相关政策的更新和变化。通过实际案例分析，将理论知识应用于实际场景，提高解决实际问题的能力。此外，参加专业的信息安全培训课程和模拟考试，熟悉考试形式和题型，提升应试技巧。最后，保持持续学习的态度，通过阅读行业报告、参加技术研讨会等方式，不断更新知识体系。

五　课后练习

思考题

1）信息伦理包含哪几方面的内容？

2）在浏览互联网内容时，应遵循哪些原则？

参 考 文 献

［1］张敏华，史小英．信息技术：基础模块：麒麟操作系统+WPS Office微课版［M］．北京：人民邮电出版社，2024．

［2］王东霞，程亚维．信息技术基础［M］．北京：人民邮电出版社，2024．

［3］徐岚．信息检索实用教程［M］．2版．北京：化学工业出版社，2017．

［4］张卫民，郑建红．走进物联网［M］．北京：机械工业出版社，2018．

［5］潘燕桃，肖鹏．信息素养通识教程［M］．北京：高等教育出版社，2019．

［6］丁韵梅，谭予星，张桥珍．信息技术应用基础教程［M］．2版．北京：清华大学出版社，2019．

［7］赵竞，欧阳芳．信息技术基础［M］．北京：机械工业出版社，2022．

［8］刘万辉，曹亚兰．WPS办公应用案例教程［M］．北京：机械工业出版社，2022．

［9］刁洪斌，衣文娟．信息技术基础［M］．4版．大连：大连理工大学出版社，2024．